CHONGJI KUANGYA FANGZHI JISHU

冲击矿压防治技术

窦林名 牟宗龙 曹安业 巩思园 贺 虎
何 江 蔡 武 李许伟 邵学峰 马志锋
编著

中国矿业大学出版社
·徐州·

内 容 提 要

冲击矿压是煤炭安全开采面临的重大技术难题。本书系统阐述了煤矿冲击矿压及相关动力现象的概念、特点及其联系与区别；提出了冲击矿压的动静载叠加诱冲理论，揭示了冲击矿压发生的力能类型；分析了影响冲击矿压发生的主控因素，对不同冲击危险性预测与评价方法进行了细致论述；建立了冲击矿压的应力-震动-能量"三场"监测预警模型，分析了应力场、震动场、能量场的监测方法及其技术特点与预警指标；阐述了冲击矿压的风险智能判识与多参量监测预警技术体系，介绍了智能监测预警云平台及其应用；阐明了冲击矿压的区域性防治技术的原理及参数选取原则，以及目前主要的卸压技术的适用条件、参数选取方法；提出了冲击矿压巷道支护理论与技术，分析了冲击动载对巷道支护的影响规律，给出了巷道支护抗冲击能力的评价方法；最后介绍了冲击矿压危险区域防护方法与管理制度。

本书可供冲击矿压、矿震或其他煤岩动力灾害等领域的广大工程技术人员、科技工作者、研究生、本科生参考使用。

图书在版编目(CIP)数据

冲击矿压防治技术 / 窦林名等编著. —徐州：中国矿业大学出版社，2020.12(2021.11 重印)

ISBN 978 - 7 - 5646 - 4851 - 0

Ⅰ. ①冲… Ⅱ. ①窦… Ⅲ. ①煤矿—冲击地压—防治—教材 Ⅳ. ①TD324

中国版本图书馆 CIP 数据核字(2020)第 242666 号

书　　名　冲击矿压防治技术
编　　著　窦林名　牟宗龙　曹安业　巩思园　贺　虎
　　　　　何　江　蔡　武　李许伟　邵学峰　马志锋
责任编辑　王美柱
出版发行　中国矿业大学出版社有限责任公司
　　　　　(江苏省徐州市解放南路　邮编 221008)
营销热线　(0516)83884103　83885105
出版服务　(0516)83995789　83884920
网　　址　http://www.cumtp.com　**E-mail**:cumtpvip@cumtp.com
印　　刷　广东虎彩云印刷有限公司
开　　本　787 mm×1092 mm　1/16　**印张** 14　**字数** 349 千字
版次印次　2020 年 12 月第 1 版　2021 年 11 月第 2 次印刷
定　　价　60.00 元
(图书出现印装质量问题，本社负责调换)

本书的研究得到了如下基金项目的资助

国家自然科学基金项目(51934007、51874292、51804303、51634001、51174285、51674253、51974302)

国家重点研发计划课题(2016YFC0801403)

国家重点基础研究发展计划(973 计划)项目(2010CB226805)

江苏省自然科学基金项目(BK20180643)

前　言

冲击矿压（又称“冲击地压”）是一种特殊的矿山压力现象，其典型表现特征为煤岩体的瞬间、猛烈动态破坏，常导致巷道和工作面严重破坏，设备损坏，甚至人员伤亡。冲击矿压还可引发冒顶、煤与瓦斯突出、透水、瓦斯爆炸、煤尘爆炸等次生灾害。

冲击矿压始于1738年的英国，在至今近300年的历史中，包括我国在内的20多个主要产煤国家和地区均受过冲击矿压的威胁。对于这种煤岩动力灾害防治的世界性难题，研究人员给予了极大的关注并进行了深入的探索，促使冲击矿压防治工作取得了长足的进展。

我国最早有记录的冲击矿压发生于1933年，而随着中华人民共和国成立以来煤矿开采规模、开采深度、开采强度的加大，冲击矿压危害日趋严重。为此，从20世纪90年代开始，我国逐渐加大冲击矿压研究力度。经过几十年的艰苦努力，在冲击矿压机理、监测预警水平、预防控制方法等方面取得了巨大的进步，形成了系统的研究成果。在冲击矿压机理方面，冲击矿压的动静载叠加理论从力源的角度，将诱发冲击矿压的力分为动载、静载两种载荷，认为当两者叠加达到煤岩体发生冲击矿压的临界载荷时，冲击矿压才会发生。该理论深刻揭示了冲击矿压发生的动力学机理，显著提高了冲击矿压的监测预警和预防控制水平。在该理论的指导下，研究人员提出采用区域微震法监测动载，采用钻屑法、应力在线法等方法监测静载，进而将多种监测方法有机融合形成多参量综合监测预警技术体系。在冲击矿压预防控制方面，研究人员提出主要从动载源、动载传播衰减、动载诱冲效应等几个方面进行动载控制，主要从避免应力集中、高应力卸压与转移等角度实施静载控制，从而全方位实现了冲击矿压预防控制的体系化。

通过多年的努力，我国冲击矿压防治取得了显著效果。虽然伴随煤矿开采深度和开采强度的增加，冲击矿压矿井不断增多，但冲击矿压发生的次数逐年下降。由于冲击矿压的复杂性和影响因素的多样性，冲击矿压重大灾害还时有发生。例如，2011年11月3日义马煤业集团股份有限公司千秋煤矿掘进巷道发生冲击矿压事故，导致10人死亡；2018年10月20日山东龙郓煤业有限公司发生了导致21人死亡的重大冲击矿压事故，受到了党中央、国务院的高度重视，中央多次作出重要指示和批示，要求深入研究冲击矿压灾害机理，从源头对冲击矿压进行治理。要实现冲击矿压灾害源头治理，防冲人员的业务水平至关重要。因此，《防治煤矿冲击地压细则》明确规定："冲击地压矿井必须依据冲击地压防治培训制度，定期对井下相关的作业人员、班组长、技术员、区队长、防冲专业人员与管理人员进行冲击地压防治的教育和培训，保证防冲相关人员具备必要的岗位防冲知识和技能。"2019 年 4 月 29 日，国家发展改革委、应急管理部、国家能源局、国家煤矿安监局等四部门联合下发的《关于加强煤矿冲击地压源头治理的通知》也明确规定"制定并落实冲击地压……职工培训……等综合性防治措施"。2020 年 8 月 10 日国务院安全生产委员会下发的《国务院安全生产委员会关于进一步贯彻落实习近平总书记重要指示精神坚决防范遏制煤矿冲击地压事故的通知》，进一步强调要"安全培训到位"和"强化防冲技术人员培训"。

为了配合做好防冲技术人员的培训工作，同时为冲击矿压防治工作的教学、科研提供参考，我们组织冲击矿压防治专家编写了这本《冲击矿压防治技术》。本书融合了冲击矿压发生机理、监测预警、预防控制等方面的基础知识和最新研究成果，采用通俗易懂的语言，遵循冲击倾向性鉴定、冲击危险性评价、冲击矿压预防、监测预警、控制解危、效果检验、安全管理等冲击矿压防治的一般流程进行相关知识介绍，力求简明、适用。

在编写本书过程中得到了许多专家、学者及现场工程技术人员的关心和大力支持，在此一并深表感谢！

编著者

2020 年 9 月

目 录

第 1 章　冲击矿压的现象及特点

1.1　冲击矿压的现象

冲击矿压(也称为"冲击地压")是煤炭开采过程中出现的典型煤岩动力灾害之一，也是一种特殊的矿山压力显现形式。

在煤矿开采过程中，采掘工作面周围煤岩体在高应力作用下积聚大量弹性能，当超过煤岩体的临界应力状态时，聚集的能量突然释放，剧烈破坏煤岩体并造成其冒落或大量抛出，产生声响、震动以及气浪等明显动力效应的现象，统称为煤矿动压现象。

根据煤矿动压现象的成因和机理，可将其归纳为三种形式，即煤与瓦斯突出、顶板大面积来压和冲击矿压。

煤与瓦斯突出是指在地应力和瓦斯的共同作用下，破碎的煤、岩和瓦斯由煤体或岩体内突然向采掘空间抛出的异常的动力现象。

顶板大面积来压是指煤层上方的坚硬顶板在煤层被采空后，大面积悬露，当悬露面积超过极限后突然垮落，造成剧烈动压的动力现象。

冲击矿压是指煤矿井巷或工作面周围煤(岩)体中聚集的弹性能在动力扰动下瞬时释放而产生的突然、剧烈破坏的动力现象，常伴有煤岩体瞬间抛出、强烈震动，巨响及气浪等。冲击矿压会摧毁井巷及设备，造成人员伤亡，还会诱发突出、瓦斯煤尘爆炸等次生灾害，严重时可造成地面建筑物破坏，是煤矿极为严重的灾害之一。

冲击矿压在不同行业的称谓是不一样的，煤矿领域常称之为"冲击地压(冲击矿压)"，非煤矿山、水利隧道等岩土工程领域称之为"岩爆"。英语一般将其表示为"Rock Burst""Coal Burst""Coal Bump"等。

全球第一次记载的冲击矿压是 1738 年在英国的南斯塔福(South Stanford)煤田发生的。自那时起至今二百多年来，冲击矿压几乎遍布世界各采矿国家，包括英国、德国、南非、波兰、苏联、捷克、加拿大、日本、法国和中国等 20 多个国家和地区。全球震级最大的冲击矿压是于 1989 年 3 月 13 日在德国默克尔(Merker)附近发生的一起开采导致的冲击矿压，并引起局部地震，震级 5.4 级，造成地面 3 人受伤和部分建筑物损坏；造成人员伤亡最多的冲击矿压事故是于 1960 年在南非的科尔布鲁克诺斯(Coalbrook North)煤矿发生的，5 min 内造成4 000 个房柱破坏，20 min 内造成 7 000 个房柱破坏，破坏面积达 3 km^2，伤亡人数达 437 人。

我国煤矿冲击矿压灾害极为严重。我国最早的冲击矿压于 1933 年发生在抚顺胜利煤矿。自那时以来，在我国华东、华北、东北、西南、西北等矿区的所属煤矿相继发生过冲击矿压现象。我国震级最大的冲击矿压是于 2004 年 6 月 26 日在木城涧煤矿发生的，震级达

4.3 级，破坏巷道 500 多米；冲击矿压诱发次生灾害最大的是 2005 年 2 月 14 日发生在孙家湾煤矿由冲击矿压诱发的“2·14”特大瓦斯爆炸事故，造成 214 人死亡。

1.2 冲击矿压的特点

1.2.1 冲击矿压的特点

冲击矿压具有如下典型的显现特征：

(1) 突发性。冲击矿压发生前一般无明显的宏观前兆，冲击过程短暂，持续时间几秒到十几秒，因此，难以事先准确确定其发生的时间和地点。根据统计，绝大部分冲击矿压发生在巷道中，且多发生在回采期间的超前巷道内，通常在超前工作面 0～90 m 范围内；冲击矿压发生后，煤壁大范围片帮，煤从煤体中抛出，底板突然鼓起等。

(2) 瞬时震动性。冲击矿压实质是弹性能急剧释放的过程，一部分能量以震动波形式传播，造成巨大的声响和强烈的震动，震动波及范围可达几千米甚至几十千米。

(3) 巨大破坏性。冲击矿压发生时，往往造成煤壁片帮、底板突然开裂鼓起甚至接顶，有时顶板瞬间下沉，但一般并不冒落；冲击矿压可瞬间造成上百米巷道的破坏，破坏性巨大。

(4) 复杂性。在各种地质和生产技术条件下均发生过冲击矿压，影响冲击矿压发生的因素众多，原理与机理复杂。主要表现在所有的煤种，开采深度由浅到深(最浅小于 150 m，最深大于 1 400 m)，地质构造从简单到复杂，煤层厚度由薄、中厚、厚到特厚，煤层倾角由近水平、缓倾斜、中斜到急倾斜，顶板岩性由砂岩、灰岩、砾岩到页岩、油页岩等，采煤方法由炮采、普采、综采到综采放顶煤等均发生过冲击矿压。

1.2.2 矿震、岩爆与冲击矿压

巷道掘进和工作面采煤都要破坏煤岩体，随着采空区面积的增加，顶板破断、垮落，上覆岩层破断运动，直至地表。煤岩体在破坏、破断运动过程中，会产生弹性波并向外传播。这些弹性波根据能量与频率不同，被分别称之为地音(声发射)和微震、矿震等。

(1) 地音(声发射)

地音(声发射)是指煤岩体在受载过程中产生的损伤、微破裂、微裂纹的扩展、微破坏等现象，其振动频率一般处于 100～2 000 Hz 范围，震动能量一般小于 100 J。由于声波的振动频率就处于这个范围，故把这种煤岩体的破裂等称为地音。

(2) 微震

微震(微地震)是指频率小于 150 Hz、能量一般大于 100 J 的低频震动现象，其频率范围和能量范围与地音(声发射)有部分重叠，但能量上限显著高于地音。微震事件的能量范围很广，取决于煤岩体破裂范围与尺度；微震对采掘工作面造成的影响也不尽相同，与震动能量传播、煤岩体的动力响应有关。

(3) 矿震

广义的矿震即矿山震动，与微震含义相同。狭义的矿震是指矿山开采引起的地震活动，是微震事件中能量较高的部分，一般会造成地表震感；主要由煤体的大范围失稳，坚硬厚层岩层的破断运动，断层的滑移与运动造成。

本书中矿震指广义矿震，狭义矿震称为矿区地震。

（4）岩爆

岩爆是指非煤矿井或隧道工程的围岩或岩柱破坏、碎化发生崩出或弹射的现象，伴随能量的猛烈释放。岩爆发生的机制为，开挖卸荷或动力作用诱发围岩中应力场变化，或直接导致围岩的破坏碎化和弹射，或通过围岩中的已有断层和结构面滑移（活化）或新结构面滑移引起围岩破坏和弹射。岩爆一般分为应变型岩爆、滑移型岩爆和剪切型岩爆等三类。

（5）煤炮

煤炮是指微震事件中造成明显声响与震动，有时产生煤尘，但没有煤岩体向已采空间抛出的现象。

（6）冲击矿压

冲击矿压是指煤矿井巷或工作面周围煤（岩）体中聚集的弹性能在动力扰动下瞬时释放而产生的突然、剧烈破坏的动力现象，常伴有煤岩体瞬间抛出、强烈震动，巨响及气浪等。

研究表明，煤矿开采区域的矿震都是由开采活动引起的；每年每个能量等级的矿震出现的次数是不同的。能量级别越低，矿震出现的次数越多；能量级别越高，矿震出现的次数则越少。冲击矿压的发生和煤岩体内的矿震有很密切的关系，发生冲击矿压的可能性和震动能量有很大的关系。震动能量越大，发生冲击矿压的可能性就越大。统计分析表明，发生冲击矿压的最小能量等级一般为 1.0×10^4 J；随着能量等级的加大，冲击矿压发生的可能性逐渐提高；当震动能量达到 1.0×10^8 J 以上时，几乎每一次矿震都会造成冲击矿压灾害。

图 1-1 为地震、矿震（微震）、地音（声发射）之间的频率关系，图 1-2 为地音、矿震、冲击矿压之间的关系，图 1-3 为某矿矿震、冲击矿压的频次与能量之间的关系。

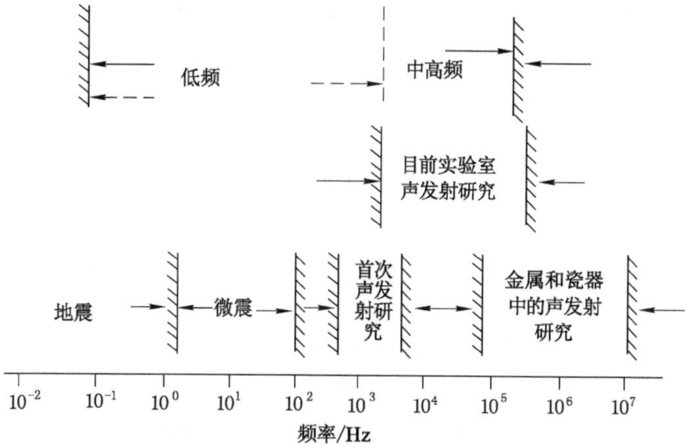

图 1-1　地震、矿震（微震）、地音（声发射）之间的频率关系

矿震频次与矿震能量之间的关系可用式(1-1)表示：

$$\lg n = a\lg E + b \tag{1-1}$$

式中，n 为矿震频次；E 为矿震能量；a，b 为系数。

由图 1-1 和图 1-2 可见，冲击矿压是矿震的一种表现形式。矿震是矿山采掘工程中发

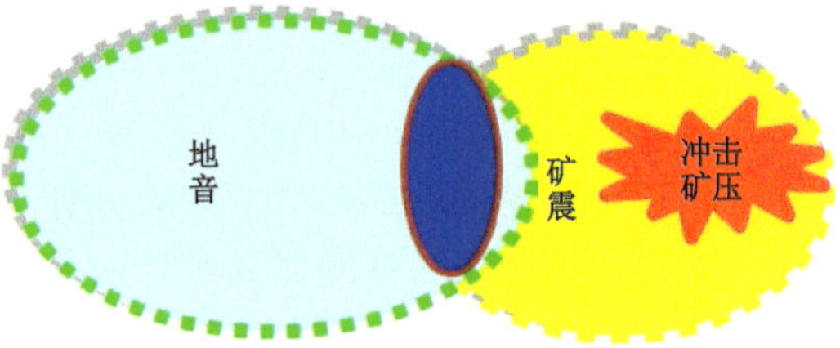

图 1-2　地音、矿震、冲击矿压之间的关系

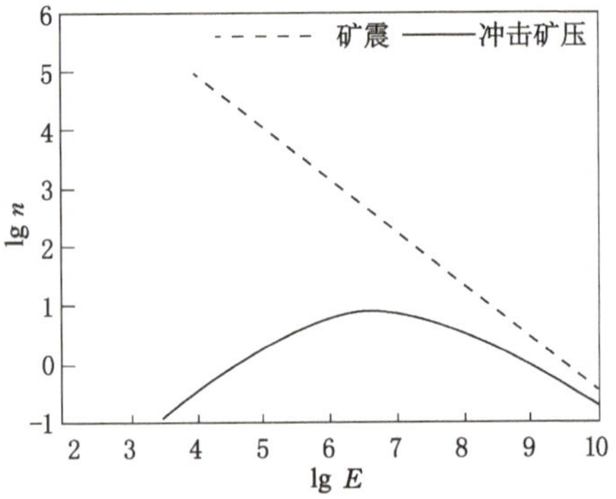

图 1-3　矿震和冲击矿压的频次与能量之间的关系

生的震动事件，而冲击矿压是在采掘空间中造成破坏性和灾害性的一类矿震；本质上，矿震是煤岩体内发生的动力现象，而冲击矿压是动力现象在支护工作空间内产生的破坏结果。因此，造成巷道破坏、设备损坏、人员伤亡的矿震事故就是冲击矿压。冲击矿压发生时，伴随着巷道的变形及动力显现，所以一定伴随有矿震现象。反过来，并不是每一次矿震都会造成冲击矿压灾害。

因此，矿震和冲击矿压的基本关系是：冲击矿压是矿震事件的集合之一；每一次冲击矿压的发生都伴随着矿震，但并非每一次矿震都会引发冲击矿压。

1.3　冲击矿压的危害

煤矿井下巷道或者采掘工作面发生冲击矿压时，会对巷道和工作面造成破坏、对井下工作人员造成伤害，甚至对地面建筑物造成损坏。

(1) 对井下巷道的影响：高能量矿震造成的冲击矿压对井下巷道的影响主要是瞬间动力破坏煤岩体，将煤岩抛向巷道，破坏巷道周围煤岩体的结构及支护系统，使支护系统失去功能；破坏冲击区域安装的设备和管线。当矿震能量较小，或震源距巷道较远时，则一般不会对巷道支护系统产生影响。

巷道支护系统用来支撑一定的静载，抵抗由振动速度、振动加速度作用的动载。研究表明，震源处于巷道附近对巷道的影响是非常大的。如果已知矿震的振动速度或振动加速度，就可以计算应力降，即

$$\Delta\sigma_x = \rho v_{\mathrm{P}}(\mathrm{PPV})_x \tag{1-2}$$

$$\Delta\sigma_y = \Delta\sigma_z = \Delta\sigma_x\left[\frac{\nu}{1-\nu}\right] \tag{1-3}$$

$$\Delta\tau_{xy} = \rho v_S(\mathrm{PPV})_y \tag{1-4}$$

式中，$\Delta\sigma_x$，$\Delta\sigma_y$，$\Delta\sigma_z$ 为正应力降；$\Delta\tau_{xy}$ 为剪应力降；ν 为泊松比；v_P，v_S 分别为矿震的纵波和横波传播速度；$(\mathrm{PPV})_x$，$(\mathrm{PPV})_y$ 分别为矿震的振动速度在 x，y 方向的分量。

因此，可以采用振动速度来确定矿震对井巷的损坏程度，道丁(C. H. Dowding)和罗森(A. J. Rezon)给出了经验分类方法，如表 1-1 所示。

表 1-1　矿震对井巷的影响

影响程度	PPV/(mm/s)	应力降/MPa	影响特征
Ⅰ	<200	$\Delta\sigma_x$=1.25 MPa $\Delta\tau_{xy}$=1.00 MPa	对井巷有影响
Ⅱ	200～400	$\Delta\sigma_x$=1.25～2.50 MPa $\Delta\tau_{xy}$=1.00～2.00 MPa	对井巷影响较小，产生小的破坏，出现裂缝、剥落等现象
Ⅲ	>400	$\Delta\sigma_x$=2.5 MPa $\Delta\tau_{xy}$=2.00 MPa	对井巷影响明显，出现大的新裂缝

(2) 对井下人员的影响：低能量矿震对井下人员影响不大。高能量矿震造成的冲击矿压会对井下人员造成直接或者二次伤害，严重时会导致死亡。由于冲击矿压是在一瞬间发生的，发生区域的人员来不及撤离，会瞬间造成伤亡。相关分析结果表明，发生冲击矿压事故后，人员受伤的部位主要是脑部，其次是胸部(受机械损坏)，包括肋骨折断等，而内部器官受损的主要是心、胃、肺等，再次为上下肢(折断)等。

冲击矿压对井下人员的伤害主要通过撞击和共振。撞击伤害主要包括井巷中煤岩、设备抛出对人员的机械损伤和震动使人员撞击巷道支护体及设备而受伤；而共振伤害是指矿震的频率与井下工作人员各个器官的自振频率产生共振，对工作人员的器官造成的损伤。

当井下发生冲击矿压时，震动持续时间为 0.01～0.1 s，其振动加速度可能为 2～1 000 $\mathrm{m/s^2}$。图 1-4 为人体所能承受的垂直与水平加速度与震动持续时间之间的关系，图 1-5 为撞击力与撞击时速度降时之间的关系。例如，在速度降时为 1.5 ms 时，质量为 4.5 kg 的头撞击到固定的物体，则加速度为－3 270 $\mathrm{m/s^2}$，撞击力为 14.7 kN，撞击强度约为 900 $\mathrm{N/cm^2}$，而头顶盖撞击巷道壁的极限强度为 300～650 $\mathrm{N/cm^2}$，这样就会产生灾害性后果。从图 1-5 可见，降低撞击力可用延长撞击时间来实现。

图 1-6 为某次冲击矿压的振动频率及人体各器官的自振频率分布的对应关系。在这次冲击矿压事故中，有 6 人死亡，大部分为脑部脸部损坏，还有心脏、胃、脊柱、肾等损坏。这与图 1-6 的分析结果是非常吻合的。

波兰曾对冲击矿压造成伤亡的 48 人进行医学分析，结果表明：在受伤亡人员中，脑部损伤的占 91%，胸部损伤的占 60%，内部器官损伤的占 18%，上下肢损伤的占 18%。

(3) 对地表建筑物的影响：当发生大能量冲击矿压时，地面都会有明显的冲击震感，会引起地表的下沉，甚至会破坏地面的建筑物。表 1-2 为波兰几次大的矿震和冲击矿压对地表的影响结果。其中，破坏最严重的一次为 1982 年 6 月 4 日在比托姆(Bytom)市下发生的

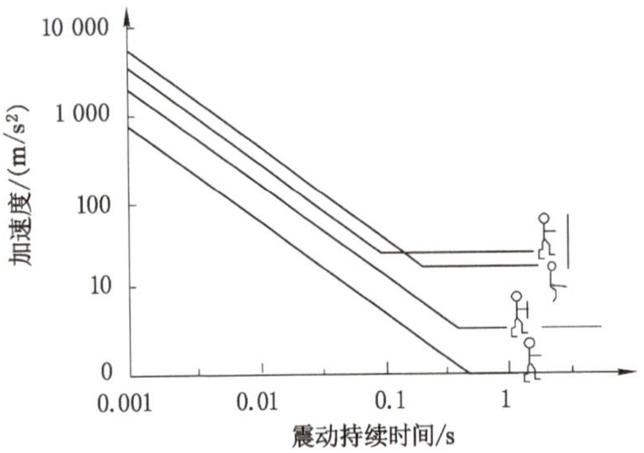

图 1-4　人体允许的加速度与震动持续时间之间的关系

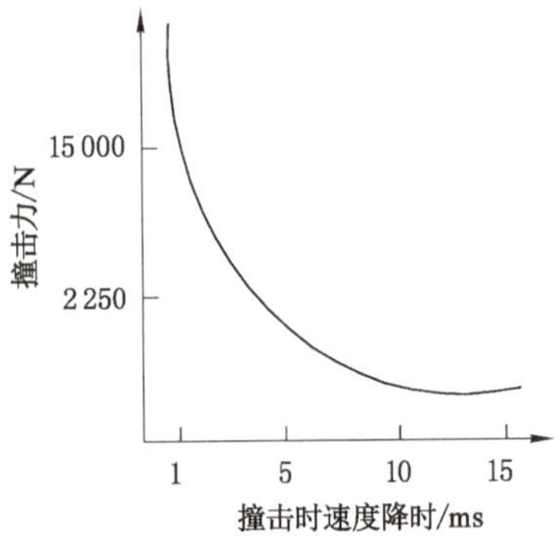

图 1-5　撞击力与撞击时速度降时之间的关系

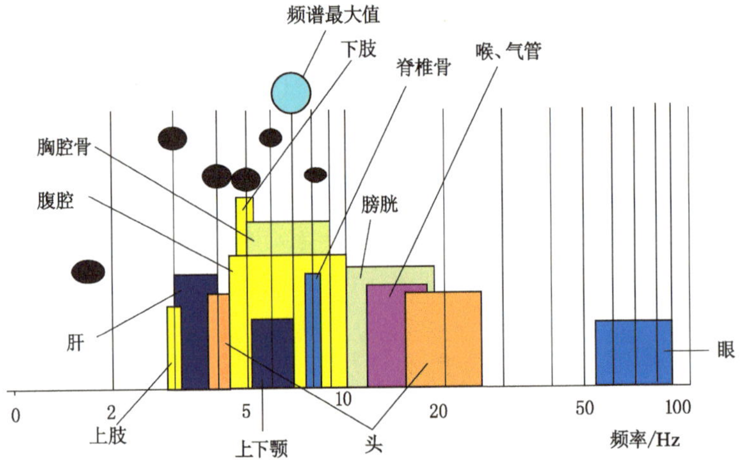

图 1-6　人体各器官自振频率分布及某次冲击矿压振动频率对应关系

3.77 级的矿震，造成了 588 幢建筑物的损坏。

表 1-2　波兰几次大的矿震和冲击矿压对地表的影响

日期	地点	震动能量/J	震级/级	建筑物破坏数量/幢
1970-09-30	Bytom	8.0×10^9	4.26	427
1981-07-12	Bytom	1.0×10^9	3.80	452
1982-06-04	Bytom	9.0×10^8	3.77	588
1984-02-18	Ligota-Kochlowice	2.0×10^9	3.95	241
1992-05-05	Bojszowy	2.0×10^9	3.95	300
1994-12-09	Kochlowice	3.0×10^9	4.04	140

德文(Dedwon)将矿震和冲击矿压对地表的影响程度分为 7 类，并用震动能量、振动加

速度和振动速度来表征，如表1-3所示。

表1-3 矿震和冲击矿压对地表的影响程度

强度等级	影响程度	震动能量/J	振动加速度/(mm/s²)	振动速度/(mm/s)
1—4	0	$<1.0\times10^{7}$	<120	<5
5	1a	$1.0\times10^{7}\sim5.0\times10^{7}$	120～180	5～7
	1b	$5.0\times10^{7}\sim1.0\times10^{8}$	180～250	7～10
6	2a	$1.0\times10^{8}\sim5.0\times10^{8}$	250～370	10～15
	2b	$5.0\times10^{8}\sim1.0\times10^{9}$	370～500	15～20
7	3a	$1.0\times10^{9}\sim5.0\times10^{9}$	500～750	20～25
	3b	$5.0\times10^{9}\sim1.0\times10^{10}$	750～1 000	25～30

① 3和4级：地面大楼中的一些居民能感觉到震动，振动类似于一卡车在楼旁经过。

② 5级：大楼中的所有居民均能感觉到震动，楼外的居民也能感觉到震动，动物受惊，悬挂的物体来回摆动，某些轻的物体移动，未锁的门窗来回扇动，振动类似于一个很重的物体从楼外掉下。

③ 6级：大楼内外的居民均能感觉到震动，画从墙上掉落，书从书架上掉下，家具移动。

④ 7级：振动类似于坐在行驶中的小汽车内，建筑物内部家具受到强烈损坏。

1.4 冲击矿压发展趋势

1.4.1 国外冲击矿压发展历史

国外冲击矿压极严重而且防治工作极有成效的国家是苏联、波兰和德国。

(1) 苏联

苏联的冲击矿压最早于1947年发生在吉谢罗夫矿区。苏联在1947—1970年共发生冲击矿压675次。

发生冲击矿压的一般条件：初始深度为400 m，煤厚为0.5～20 m，在各种倾角、各个煤种(包括褐煤)中都记录到冲击矿压现象。多数情况下煤层顶板为坚硬砂岩，也有一些煤田煤层顶板破碎。开采技术条件涉及刀柱式或长壁式等开采方法，充填法或垮落法等顶板管理方法，整层或分层开采情况。

(2) 波兰

波兰有三个井工开采煤田：上西里西亚、下西里西亚和鲁布林煤田。波兰煤炭产量的98%来自上西里西亚煤田。该煤田煤的单轴抗压强度为10～35 MPa，煤厚为0.5～20 m(一般为1.5～3.5 m)，倾角为0°～45°(一般为5°～15°)，平均开采深度为600 m，顶板多为坚硬砂岩。长壁工作面产量占99%，其中70%采用垮落法开采，其余采用水砂充填法开采。工作面平均长150 m，日产1 300～1 400 t商品煤。机械化程度96.2%，其中综采占83.7%。

冲击矿压是波兰煤矿开采过程中的重大灾害之一，最早记载于1858年的法纳(Fanny)

煤矿。1982 年，波兰全国 67 个煤矿中曾有 36 个具有冲击矿压危险，产量占 55%以上。开采的 400 号、500 号、600 号、700 号和 800 号煤层组中 45%以上的煤层有冲击倾向性，其中 500 号煤层组最为严重。开始发生冲击矿压灾害的平均开采深度约为 400 m，随着开采深度的增加，冲击矿压危险越来越严重。冲击矿压发生时，其能量一般为 1.0×10^{5} ～ 1.0×10^{9} J，最大 1.0×10^{11} J。1949—1982 年，共发生破坏性冲击矿压 3 097 次，造成 401 人死亡，12 万米井巷破坏。

（3）德国

鲁尔矿区是德国的主要产煤区，也是发生冲击矿压的主要矿区。该矿区在 1910—1978 年间共记载了危害性冲击矿压 283 次，有冲击倾向性或危险性的煤层 20 余层，其中，底克班克、阳光和依达煤层具有较强的冲击倾向性，其单轴抗压强度为 10～20 MPa，煤种为长焰煤、气煤和肥煤等。冲击矿压发生深度为 590～1 100 m，其中，850～1 000 m 深度范围内冲击矿压数占 75%左右，最大抛出量为 2 000 m^3。发生冲击矿压的煤厚为 1～6 m，主要为 1.5～2 m，倾角为 4°～44°。

在德国，发生冲击矿压的煤层顶板绝大部分是 5～40 m 厚的砂岩或其他坚硬岩层，因而，认为砂岩顶板是有冲击矿压危险煤层的主要标志。

综上所述，世界采矿业发生冲击矿压的历史已超过 280 年。近 50 年来，冲击矿压所造成的破坏后果日益严重，引起了各国的注意。冲击矿压已成为岩石力学学科中与现代科学联系极为密切的一个独立的分支。

1.4.2 我国冲击矿压发展趋势

（1）我国最早记录的冲击矿压现象于 1933 年发生在抚顺胜利煤矿，当时开采深度在 200 m 左右，煤矿开采深度较浅、开采强度不高。

（2）从 1949 年中华人民共和国成立到 1978 年改革开放，其间只有为数不多的几个煤矿发生过冲击矿压事故，且多数冲击矿压是顶板的坚硬和不及时垮冒而导致高应力集中造成的，冲击矿压的现象和发生条件远没有被人们所认识。

（3）进入 20 世纪 80 年代，随着矿井开采深度的增加和采掘范围的扩大，到 1985 年我国发生过冲击矿压的矿井数量达 32 个，主要产煤省都有冲击矿压矿井。

（4）进入 20 世纪 90 年代，随着开采深度和采高的不断加大，多个煤矿发生冲击矿压事故，加上煤炭形势的持续走低，煤矿对冲击矿压防治工作的投入明显不足，冲击矿压防治工作完全处于被动状态。

（5）进入 21 世纪，煤炭行业逐渐从低谷中走出，并且随着煤矿开采技术的不断提高，相关采掘支护设备的性能得到很大改善，加之采煤工作面的开采强度显著提高，因而发生冲击矿压的矿井数量显著增多。

（6）近十年来，随着我国东部煤炭开采向深部转移和煤炭开发向西部转移，东部的黑龙江省和山东省成为我国冲击矿压的重灾区，西部的陕西省和内蒙古自治区不断有新的冲击矿压矿井出现，较多矿井受到冲击矿压的影响。

目前，我国主要产煤基地均有冲击矿压灾害发生，已有近 200 对冲击矿压矿井，并且呈快速上升趋势(图 1-7)。

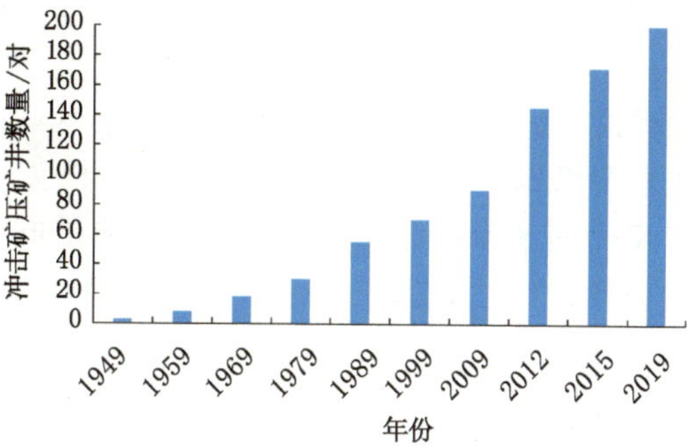

图 1-7 我国冲击矿压矿井的增长趋势

1.5 冲击矿压研究现状

1.5.1 冲击矿压机理的研究

冲击矿压发生机理，也就是冲击矿压发生的原因、条件、机制和物理过程。具有代表性的机理有强度理论、刚度理论、能量理论、冲击倾向性理论、“三准则”理论、扰动响应失稳理论、“三因素”理论、冲击地压启动理论、动静载叠加诱冲理论等。

(1) 强度理论：认为井巷和采场周围产生应力集中，当应力达到煤岩强度极限时，煤岩突然发生破坏，形成冲击矿压。

(2) 刚度理论：认为矿山结构的刚度大于矿山负荷系统的刚度是发生冲击矿压的必要条件。

(3) 能量理论：认为当矿体与围岩系统的力学平衡状态破坏后释放的能量大于消耗的能量时，就会发生冲击矿压。

(4) 冲击倾向性理论：认为煤岩介质产生冲击破坏的能力称为冲击倾向性。由此，可利用一些试验或实测指标对发生冲击矿压可能程度进行估计或预测。当煤岩介质实际的冲击倾向性大于规定的极限值时，就存在发生冲击矿压的可能性。

(5) “三准则”理论：将强度理论提出的强度准则看作煤岩发生破坏的判据，作为必要条件；把能量理论和冲击倾向性理论提出的准则作为煤岩突然破坏的充分条件。

(6) 扰动响应失稳理论：认为冲击矿压是煤岩介质受采动影响而产生应力集中，当高应力区的局部形成应变软化与未形成应变软化的煤岩介质处于非稳定平衡状态时，在外界扰动下的动力失稳过程。

(7) “三因素”理论：认为冲击矿压发生的过程是煤岩层受力的瞬间黏滑过程，是煤岩层满足剪切强度准则而突然滑动并在滑动过程中伴随着动能释放的动力过程，即内在因素(煤岩的冲击倾向性)、力源因素(高度的应力集中或高变形能的贮存与外部的动态扰动)和结构因素(具有软弱结构面和易于引起突变滑动的层状界面)是导致冲击矿压发生的最主要因素。

(8) 冲击地压启动理论：认为顶板-煤层-底板和空洞的组合工程结构体，其冲击启动原理为弹脆性单一结构体突破材料强度极限，材料失稳，从而导致组合工程结构体结构动力失稳。

(9) 动静载叠加诱冲理论：认为采掘空间周围煤岩中的静载与矿震形成的动载叠加，当叠加载荷超过煤岩冲击的临界载荷时，煤岩就会瞬间动力破坏，发生冲击矿压；并给出了动载与静载叠加诱发冲击矿压的能量和应力条件。当叠加载荷接近煤岩强度时，单轮或多轮动载作用可诱发煤岩冲击破坏；当叠加载荷远小于煤岩强度时，多轮动载虽然能使煤岩产生损伤，但难以诱发冲击破坏。

1.5.2 冲击矿压的分类

可按照煤(岩)体弹性能释放的主体、载荷类型等对冲击矿压进行分类，从而对不同类型的冲击矿压采取针对性的防治措施，实现分类防治。

(1) 根据动静载的力源与主控因素、能量释放的主体，将冲击矿压分为四类：煤柱压缩型(以静载垂直高应力为主，动载扰动为辅，能量释放主体为煤柱中积聚的弹性能)、顶板破断型(静载应力加顶板强动载扰动，能量释放主体为坚硬顶板破断滑移运动时释放的矿震动能)、褶曲构造型(以静载构造水平高应力为主，动载扰动为辅，能量释放主体为构造区煤体中积聚的弹性能)、断层活化型(静载应力加断层活化强动载扰动，能量释放主体为断层活化滑移时释放的矿震动能)。

(2) 根据动静载力源叠加的不同组合形式，可将冲击矿压分为高静载低应力扰动型、强动载扰动型、动静载叠加型和动载反射拉伸型等四类。

此外，我国对冲击矿压的分类还有以下几种。

(1) 根据应力种类和加载方式，将冲击矿压分为重力型、构造型、震动型和综合型等四类；

(2) 根据诱发冲击的能量来源，将冲击矿压分为煤体压缩型、顶板断裂型和断层错动型等三类；

(3) 根据能量释放的主体，将冲击矿压分为三类：煤柱型、顶板型和构造型；

(4) 根据材料和结构失稳形式，将冲击矿压分为材料失稳型、结构失稳型和滑移错动失稳型等三类；

(5) 根据震级和抛出的煤量，可将冲击矿压分为三类：轻微冲击矿压(抛出煤量 10 t 以下，震级 1 级以下的冲击矿压)、中等冲击矿压(抛出煤量 10～50 t，震级 1～2 级的冲击矿压)、强烈冲击矿压(抛出煤量 50 t 以上，震级 2 级以上的冲击矿压)。

1.5.3 冲击矿压的监测

目前，冲击矿压危险的监测预警方法主要有采矿方法、采矿地球物理方法、多参量综合监测预警方法等三大类。

(1) 采矿方法：包括根据采矿地质条件确定冲击矿压危险性的钻屑法、综合指数法、煤岩层冲击倾向性分类法、数值模拟分析法、应力监测法和工作面支架阻力监测法等。

① 钻屑法：又名煤粉钻孔法，是通过在煤层中打直径为 42～50 mm 的钻孔，根据排出的煤粉量及其变化规律和有关动力效应鉴别冲击危险性的一种方法。

② 综合指数法：是综合考虑影响冲击矿压发生的地质因素和开采因素，形成综合指数

来判别冲击危险性的一种早期预测和危险性评价方法。

③ 煤岩层冲击倾向性分类法：是主要采用冲击能量指数、弹性能量指数、动态破坏时间、单轴抗压强度等四个指标来确定煤的冲击倾向性，采用弯曲能量指数来确定顶板的冲击倾向性的方法。

④ 数值模拟分析法：是采用计算机技术进行地质开采情况的模拟分析，确定采掘过程中的应力场分布状态和应力场演化规律，掌握应力的大小和集中程度，分析冲击危险性的程度和区域的一种方法。

⑤ 应力监测法：是通过监测煤岩体中的应力及变化趋势，来确定冲击矿压危险性的一种监测方法。

⑥ 工作面支架阻力监测法：是通过监测采煤工作面液压支架的工作阻力及其变化情况，来确定工作面的来压规律及冲击矿压危险性的方法。

(2) 采矿地球物理方法：包括微震法、地音法(声发射法)、电磁辐射法等。

① 微震法：微震法通过记录矿震的能量，确定和分析震动的方向，对震中定位来评价和预测矿山动力现象。具体地说，微震法是指通过记录震动的地震图，确定已发生的震动参数，如震动发生的时间、震中的坐标、震动释放的能量等，以此为基础，进行震动危险的预测预报，如预报震动能量大于给定值的平均周期、在时间 T 内震动能量小于或等于给定值的概率、该区域内震动的危险性及其他参数。

② 地音法：地音是指在采掘条件下，煤岩体在受力变形过程中以较高频率应力波形式释放变形能所产生的声学效应，也称为声发射。煤岩体破坏的不稳定现象是煤岩体中裂缝扩展的结果；而声发射现象则是微扩张(煤岩体中出现的破裂和零星裂隙、裂缝)超过界限的表征，该现象的进一步发展则表现为煤岩体的最终宏观破坏。根据矿山压力理论可知，煤岩体的宏观破坏会引发高能量的震动，对巷道的稳定造成威胁，也可能引发冲击矿压。

③ 电磁辐射法：煤岩在变形破裂过程中将释放电磁辐射，电磁辐射和煤岩的应力状态及变形破裂程度有关，应力高时电磁辐射信号强、频率高，应力越高，则冲击危险性越大。电磁辐射强度和脉冲数两个参数可综合反映煤体前方应力的集中程度和煤岩变形破裂的剧烈程度。

(3) 多参量综合监测预警方法：冲击矿压危险的多参量综合监测预警方法，是指以综合指数法、震动波 CT、微震、声电一体化及应力监测为基础，建立的矿井探测评价→区域预测→局部预警的冲击矿压危险综合监测预警方法。

该方法以综合指数法评估矿井范围冲击危险，以震动波 CT 探测评价矿井采掘范围冲击危险与分区分级，确定重点区域；根据震动波 CT 和冲击变形能以及多参量对重点区域冲击危险进行区域预测，进一步确定局部危险区域和冲击危险类型；利用声电一体化监测和应力监测技术对局部危险区域进行即时预警和检验，并通过监测预警云平台，实现冲击危险空间分区、分级、自主判识、实时预警与远程专业化监控。

1.5.4 冲击矿压的防治

冲击矿压的防治主要从区域防范和主动解危两方面进行。

(1) 区域防范：开采保护层，即先开采无冲击危险的煤层，或在进行开采设计时，选择合适的开采顺序、开采方法和开采工艺，力争消除发生冲击矿压的因素。

（2）主动解危：措施包括卸压爆破、煤层注水、钻孔卸压、顶板预裂等。

① 卸压爆破：在可能发生冲击矿压的煤岩体区域，通过爆破松动煤岩体的方法来达到卸压效果，减少对巷道的压力。

② 煤层注水：将高压水注入待卸压煤层区域，使煤体逐渐龟裂，产生较大裂隙，完整性破坏，脆性减弱，塑性增强，从而改变物理力学性质，降低应力集中程度和冲击倾向性。

③ 钻孔卸压：在煤岩层中打钻孔，通过钻孔变形来实现卸压。

④ 顶板预裂：顶板预裂是指采用一定的方式将顶板破断，降低其强度，释放顶板中聚集的能量，从而减少顶板的破断对煤层和支架的冲击震动等。

1.5.5　冲击矿压研究取得的成果

经过长期的研究，我国在冲击矿压机理、监测预警、治理和防护等方面取得了长足的进展，形成了一整套冲击矿压监测预警和防治的技术体系。研究成果已经被编入《煤矿安全规程》《防治煤矿冲击地压细则》，形成了国家标准《冲击地压测定、监测与防治方法》。

中国矿业大学冲击矿压研究团队在中华人民共和国科学技术部、国家自然科学基金委员会、煤炭企业和同行的大力支持下，经过 20 多年的研究，在冲击矿压机理、监测预警和防治方面取得了长足的进展，攻克了冲击矿压防治的多项关键技术难题，形成了“一个理论、三种原理、八项技术、一个云平台”的冲击矿压监测预警与防治技术装备体系，如图 1-8 所示，并在国内外广泛成功推广应用，取得了良好的社会经济效益。

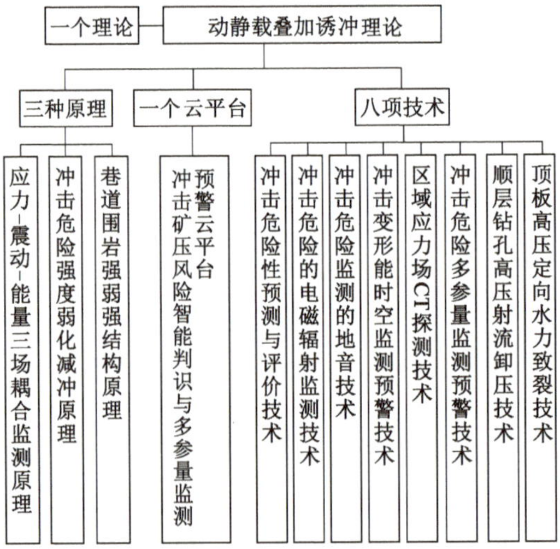

图 1-8　中国矿业大学冲击矿压研究团队研究成果

（1）“一个理论”

即动静载叠加诱冲理论。该理论包括动静载叠加诱冲力学模型、冲击临界应力的确定、利用动态应变率定义动静载、力能的冲击矿压分类、动静载及其叠加作用效应等。

（2）“三种原理”

① 应力-震动-能量三场耦合监测原理。该原理包括力-电-震-能耦合模型、归一化监测预警准则、时空强分级预测模式等。

② 冲击危险强度弱化减冲原理。该原理包括强度弱化减冲力学模型、区域降压减震吸能效应、局部强度弱化减冲效应等。

③ 巷道围岩强弱强结构原理。该原理包括巷道围岩强弱强力学模型、强弱强结构降压吸波效应、支护体的抗冲击效应等。

(3)“八项技术”

① 冲击危险性预测与评价技术。该技术包括综合指数法、多因素耦合分析法、应力分析法等。

② 冲击危险的电磁辐射监测技术。该技术包括力-电磁辐射耦合模型、冲击危险预警准则、电磁辐射监测预警技术等。

③ 冲击危险监测的地音技术。该技术包括监测预警原理、监测预警指标体系、监测预警判别准则等。

④ 冲击变形能时空监测预警技术。该技术包括冲击变形能预测模型、冲击变形能时空监测预警模型、冲击变形能监测预警技术等。

⑤ 区域应力场 CT 探测技术。该技术包括 CT 应力场探测原理、弹性波(主动)CT 探测技术、震动波(被动)CT 探测技术、双震源(主被动)一体化 CT 探测技术与装备等。

⑥ 冲击危险多参量监测预警技术。该技术包括应力-震动-能量三场监测指标、冲击矿压分类监测指标体系、冲击危险多参量监测预警体系等。

⑦ 顺层钻孔高压射流卸压技术。该技术包括高压射流基本原理、高压射流技术装备、钻孔高压射流卸压技术等。

⑧ 顶板高压定向水力致裂技术。该技术包括定向致裂原理、高压定向致裂装备、高压定向致裂技术等。

(4)“一个云平台”

即冲击矿压风险智能判识与多参量监测预警云平台。该平台功能包括大的震动自动报警、冲击危险区 CT 判识、多参量实时自动预警、防治信息化处理等。

研究成果先后在我国华东、东北、西部、华北等地区主要产煤基地的 26 个大型煤业集团和孟加拉巴拉普库里亚(Barapukuria)煤矿、波兰佐菲奥夫卡(Zofiowka)煤矿、澳大利亚澳星(Austar)煤矿等得到了广泛成功应用,取得了良好的社会经济效益。成果被编入了《煤矿安全规程》《煤矿安全规程执行说明》《防治煤矿冲击地压细则》等规程规范和相关标准。

第 2 章　动静载叠加诱发冲击机理

本章在进行冲击矿压统计分析的基础上，提出了冲击矿压的动静载叠加诱冲机理，定义并界定了静载和动载，给出了冲击矿压发生的临界应力水平和临界应力水平与冲击倾向性、加载速度之间的关系；根据冲击发生的力源和能量释放的主体，对冲击矿压进行了分类，并对动静载叠加类型及作用效应进行了分析。

2.1　冲击矿压灾害统计

冲击矿压是煤矿煤岩动力灾害之一，近年来，随着开采深度和开采强度的增加，较大、重大冲击矿压事故时有发生。以下是近年来发生的十起较大、重大冲击矿压事故案例。

(1) 唐山煤矿“8·2”冲击矿压事故。发生时间：2019 年 8 月 2 日；事故位置：F5010 工作面联络巷；巷道埋深：760 m；矿震震级：2.0 级；破坏范围：共计 110 m，其中，F5010 工作面联络巷 40 m 范围帮鼓 1.0 m、底鼓 1.5 m，F5009 工作面刮板运输机巷 70 m 范围帮鼓 2.0 m、底鼓 1.5 m。

(2) 龙家堡煤矿“6·9”冲击矿压事故。发生时间：2019 年 6 月 9 日 19 时 48 分；事故地点：305 工作面运输顺槽；微震能量：1.5×10^{8} J；矿震震级：2.3 级；破坏范围：运输顺槽自工作面向外 220 m，严重破坏段长度达 170 m。

(3) 龙郓煤业有限公司“10·20”冲击矿压事故。发生时间：2018 年 10 月 20 日；事故地点：1303 工作面泄水巷及 3 号联络巷；巷道埋深：1 027～1 067 m；微震能量：2.2×10^{6} J；破坏范围：1303 工作面泄水巷及 3 号联络巷破坏长度 348 m，严重破坏段长度 198 m。

(4) 红阳三矿“11·11”冲击矿压事故。发生时间：2017 年 11 月 11 日；发生地点：702 工作面回风顺槽；矿震震级：2.4 级；破坏范围：702 工作面前方回风顺槽约 220 m 巷道，其中，严重破坏段长度 154 m，近 20 m 巷道闭合。

(5) 担水沟煤业有限公司“1·17”冲击矿压事故。发生时间：2017 年 1 月 17 日；事故位置：4003 工作面运输顺槽；巷道埋深：400 m；破坏范围：200 m，其中，严重破坏段长度 105 m。

(6) 耿村煤矿“12·22”冲击矿压事故。发生时间：2015 年 12 月 22 日；破坏范围：13230 采煤工作面下安全出口以外 160 m 巷道变形。

(7) 千秋煤矿“3·27”冲击矿压事故。发生时间：2014 年 3 月 27 日 11 时 18 分；事故地点：21032 回风上山西翼 128 m；事故位置埋深：476 m；微震能量：1.0×10^{7} J；矿震震级：2.7 级；破坏范围：回风上山 128 m，其中，72 m 巷道基本闭合。

(8) 峻德煤矿“3·15”冲击矿压事故。发生时间：2013 年 3 月 15 日 5 时 20 分；事故地点：三水平北 17 层三四区一段工作面上下两巷；事故位置埋深：550 m；矿震能量：4.6×10^{6} J；矿震震级：2.47 级；破坏范围：工作面上下两巷及上下端头部分共 200 m。

(9) 五龙煤矿“1・12”冲击矿压事故。发生时间：2013 年 1 月 12 日 22 时 30 分；事故地点：3431B 综放面运输顺槽掘进工作面至向外 57 m；事故位置埋深：825 m。

(10) 千秋煤矿“11・3”冲击矿压事故。发生时间：2011 年 11 月 3 日 19 时 18 分；事故地点：21221 工作面下巷；事故位置埋深：800 m；微震能量：4.0×10^{8} J；矿震震级：2.9 级；破坏范围：21221 工作面下巷 420 m，其中，严重破坏段长度达 350 m，180 m 范围巷道基本闭合。

为了更好地掌握冲击矿压发生的规律，对兖州、义马、华亭、新汶、京西、鹤岗等矿区进行了调研，总结了 2001—2012 年期间发生的 600 多次冲击矿压的规律。统计分析表明：冲击矿压诱发成因是多尺度、多因素、多形式的，与区域范围内断层、褶曲等地质活动和构造应力场有关（如兖州矿区、华亭矿区等），或由采掘面厚硬覆岩破断运动（如兖州鲍店煤矿、新汶华丰煤矿、义马矿区等）、开采布局、煤柱留设不合理（如义马常村煤矿等）等引起的高应力集中及工程爆破（如京西木城涧煤矿、义马跃进煤矿、华亭矿区等）所诱发，是动静载叠加的结果。

图 2-1 为冲击矿压数据统计分析结果，由此可得出如下规律：

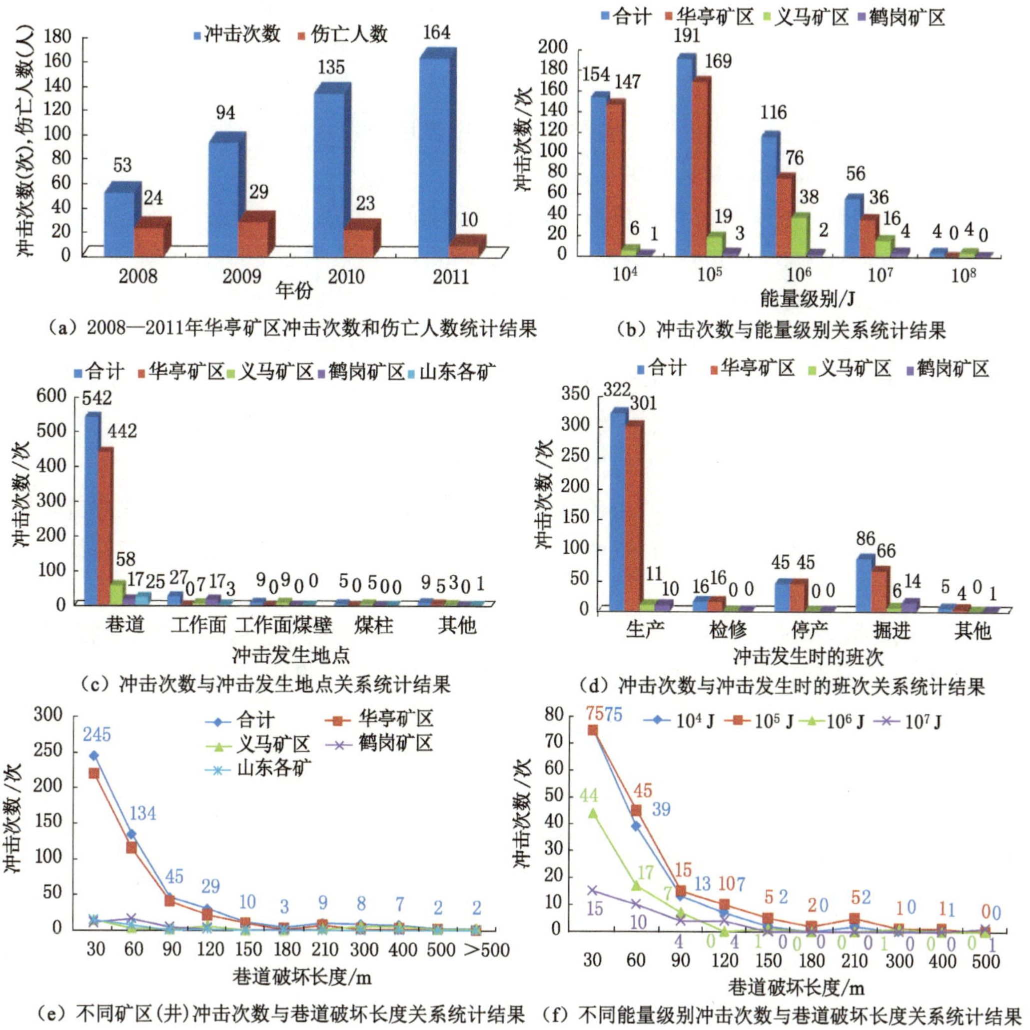

(a) 2008—2011年华亭矿区冲击次数和伤亡人数统计结果　(b) 冲击次数与能量级别关系统计结果

(c) 冲击次数与冲击发生地点关系统计结果　(d) 冲击次数与冲击发生时的班次关系统计结果

(e) 不同矿区(井)冲击次数与巷道破坏长度关系统计结果　(f) 不同能量级别冲击次数与巷道破坏长度关系统计结果

图 2-1　冲击矿压数据统计分析结果

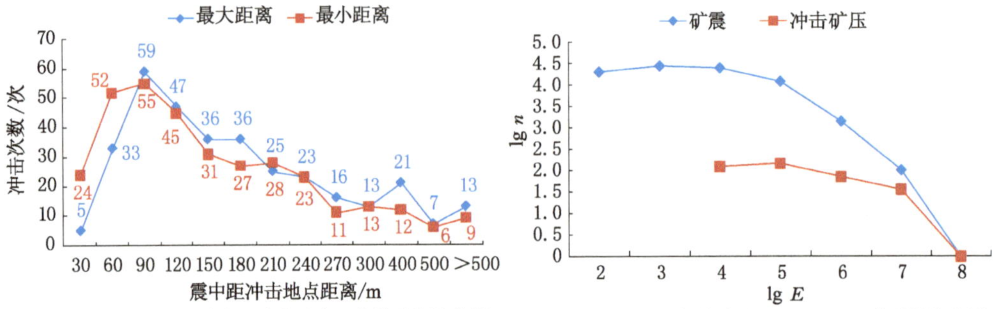

(g) 冲击次数与震中距冲击地点距离关系统计结果

(h) 2009—2011年华亭矿区lg n—lg E关系统计结果

图 2-1(续)

(1) 空间上,91%的冲击矿压事故发生在巷道;时间上,采掘作业期间发生的冲击矿压事故占 86%,其中,约 1/5 发生在掘进工作面,约 4/5 发生在采煤工作面的超前两巷,特别是沿空侧的巷道内。

(2) 冲击矿压发生时,均记录有强矿震;中及厚煤层中发生冲击矿压时的最小矿震能量等级为 1.0×10^4 J,最大达 1.0×10^8 J。

(3) 冲击矿压一般发生在巷道或者采煤工作面,而矿震震源与冲击地点不在同一位置上。在水平方向,震源与冲击点的距离一般在 150 m 以内,最大达 500 m;在垂直方向,震源一般位于煤层顶板 90 m 和底板 60 m 范围以内。

(4) 冲击矿压发生时,巷道破坏长度一般在 90 m 以内,最大达 1 000 m。

通过对大量冲击矿压现场实例的分析发现,冲击矿压在如下情况下容易发生:

(1) 工作面采空区单次见方、二次见方、三次见方等见方时,冲击矿压多发。

(2) 工作面上覆坚硬顶板的大范围破断运动容易诱发冲击矿压。

(3) 采掘相互扰动容易诱发冲击矿压,开采深度越大,采掘扰动越容易诱发冲击矿压。

(4) 坚硬煤层、坚硬顶底板、孤岛煤柱、褶曲等构造应力集中区和断层滑移易诱发冲击矿压。

(5) 所有冲击矿压事故均与矿震应力波有关,且冲击矿压发生地点位于采掘形成的高应力集中区,矿震能量越大、距离采掘高应力区越近,则越容易发生冲击矿压。

2.2 动静载叠加诱冲机理

2.2.1 动静载叠加诱冲机理概述

根据长期的理论研究、实验室试验、现场测试,一致认为,冲击矿压的发生必须要满足强度条件(即只有煤岩体所受的应力超过煤岩体的强度,煤岩体才会发生破坏)、能量条件(即煤岩体中能量聚集的速度大于能量消耗的速度)、煤岩体具有冲击倾向性(即煤岩体具有发生脆性破坏的能力)等三个条件。这里,第一个条件是必要条件,而后两个是充分条件。即煤岩体所受的应力没有超过煤岩体的强度,煤岩系统就不会发生破坏,也就不会发生冲击矿压;煤岩系统中虽然能够聚集能量,但能量耗散的速度大于聚集的速度,能量就不会突然释放,也不会发生冲击矿压;而如果煤岩系统没有突然破坏的能力,就不会发生冲击矿压。

根据能量准则,冲击矿压是煤体-围岩系统在其力学平衡状态破坏且所释放的能量大于所消耗的能量时产生的动力现象,可用式(2-1)表示:

$$\frac{\mathrm{d}U_{\mathrm{R}}}{\mathrm{d}t}+\frac{\mathrm{d}U_{\mathrm{C}}}{\mathrm{d}t}+\frac{\mathrm{d}U_{\mathrm{S}}}{\mathrm{d}t}>\frac{\mathrm{d}U_{\mathrm{B}}}{\mathrm{d}t} \tag{2-1}$$

式中,U_{R} 为围岩中储存的能量;U_{C} 为煤体中储存的能量;U_{S} 为矿震能量;U_{B} 为冲击矿压发生时消耗的能量。

煤岩体中储存的能量和矿震能量可用式(2-2)表示:

$$U=\frac{(\sigma_{\mathrm{s}}+\sigma_{\mathrm{d}})^2}{2E} \tag{2-2}$$

式中,σ_{s} 为煤岩体中的静载;σ_{d} 为矿震形成的动载。

而冲击矿压发生时消耗的最小能量可用式(2-3)表示:

$$U_{\mathrm{Bmin}}=\frac{\sigma_{\mathrm{bmin}}^2}{2E} \tag{2-3}$$

式中,σ_{bmin} 为发生冲击矿压时的最小载荷。

因此,冲击矿压的发生需要满足如下条件,即

$$\sigma_{\mathrm{s}}+\sigma_{\mathrm{d}}\geqslant\sigma_{\mathrm{bmin}} \tag{2-4}$$

也就是说,当采掘空间周围煤岩体中的静载与矿震形成的动载叠加超过煤岩体冲击的临界应力水平时,煤岩体就会瞬间破坏,发生冲击矿压。可用图 2-2 表示冲击矿压发生的"动静载叠加诱冲机理"。

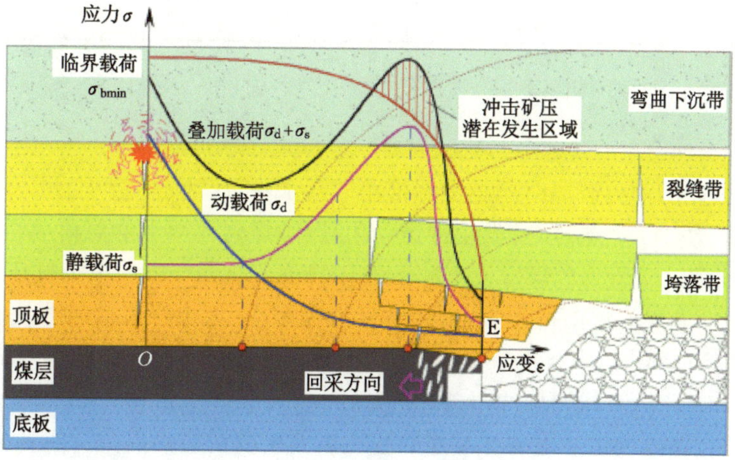

图 2-2 动静载叠加诱冲机理示意

由冲击矿压的"动静载叠加诱冲机理"可知,冲击矿压是采动空间区域静态应力场和局部动态应力场与围岩结构多尺度耦合迭代演化的结果,静载是煤岩失稳的应力和能量基础,动载主要起诱发煤岩冲击破坏的作用。因此,冲击矿压的监测预警和防治也主要从这两个方面进行。

静载的监测：主要监测采掘工作面周围的应力分布状态，可采用煤体应力监测、钻屑法监测和弹性波 CT 透视法监测等方法。

动载的监测：主要监测煤岩体的破断运动规律，可采用微震法进行矿井区域和工作面局部监测，采用声发射法、电磁辐射法进行工作面局部监测等。

静载的防治：采取降低应力集中程度，将应力高峰往煤体深部转移的措施，如大直径钻孔、煤体爆破、保护层开采等措施。

动载的防治：采用破坏煤体结构，减小煤岩体运动程度的措施。即采取降低震源的震动能量，加大震源与采掘工作面的距离，增加震动波的衰减程度的措施，如走向和倾向切顶爆破、顶底板深孔爆破、保护层开采等措施。

2.2.2 动静载的定义

现场测试和实验室试验表明，煤岩力学特性及动静载叠加作用下煤的破坏形态均与应变率相关。因此，煤岩体所受载荷的类型可采用应变率来定义。

现场原位测试表明，煤矿强矿震近震源动载应变率最大值处于 $1.0\times10^{-3}\sim1.0\times10^{-1}$/s 之间。根据实验室动载对煤岩作用的试验结果，煤岩破坏在应变率大于 5.0×10^{-3}/s 时表现出较强的应变率相关性，因此，可将应变率大于 1.0×10^{-3}/s 的载荷划分为煤矿动载。表 2-1 为煤矿载荷类型。

表 2-1　煤矿载荷类型

应变率/s^{-1}	载荷状态	载荷变化率/(MPa/s)	应力变化规律
$<1.0\times10^{-5}$	静态	<0.1	静载
$1.0\times10^{-5}\sim1.0\times10^{-3}$	准动态	$0.1\sim10$	应力扰动
$>1.0\times10^{-3}$	动态	>10	动载

2.2.3 冲击临界应力

煤岩体发生冲击动力破坏时所承受的最小载荷水平，即冲击临界应力。

根据动静载叠加诱冲机理，要发生冲击动力破坏，煤岩体所受的载荷应达到冲击临界应力水平。图 2-3 为试验所得的煤样发生冲击破坏的最小应力与煤的单轴抗压强度之间的关系。图中，横坐标为煤的单轴抗压强度，纵坐标为应力，σ_1 为煤样发生冲击时所需的最小应力。图中的三条曲线分别为在三轴应力状态下，当某方向应力降为 $\Delta\sigma=2.5$ MPa、5.0 MPa、7.5 MPa 时，煤样发生冲击破坏的最小应力。

由试验可知，煤体发生冲击破坏与煤的强度以及所受的应力有关。煤的强度越大、所受应力越高，煤体越容易发生冲击破坏。当煤的单轴抗压强度 $R_c>20$ MPa 时，煤体发生冲击破坏的临界应力为 50 MPa；当煤的单轴抗压强度 $R_c<16$ MPa 时，煤体发生冲击破坏的临界应力为 70 MPa；而当煤的单轴抗压强度 $R_c=16\sim20$ MPa 时，煤体发生冲击破坏的临界应力为 50～70 MPa。

由此可知，煤体发生冲击破坏的临界应力水平要远大于煤的单轴抗压强度；煤体发生冲击破坏不仅要完全满足强度条件，也要满足冲击倾向性条件。

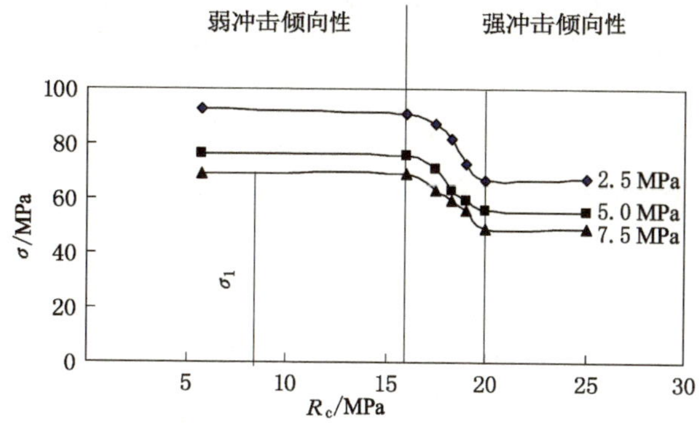

图 2-3 煤样发生冲击破坏的临界应力与煤的单轴抗压强度之间的关系

2.2.4 动载及动静载叠加类型

2.2.4.1 煤矿动载

煤矿采掘过程中的动载主要有三种类型：Ⅰ类动载——震动波传播产生的动载；Ⅱ类动载——顶板岩层破断、断层滑移等时面力瞬间消失或减小产生的瞬间载荷(受迫动载)；Ⅲ类动载——炸药爆炸爆破中心高压气体产生的冲击动载。如图 2-4 所示，顶板岩层破断可产生两类动载：其一，断裂面能量释放产生矿震，震动波传播到煤体或支护结构产生Ⅰ类动载；其二，顶板断裂块体由于断裂面应力消失或减小，对煤体和支护体产生瞬间动载，该动载为Ⅱ类动载。Ⅱ类、Ⅲ类动载产生的同时，在远距离处将演变为Ⅰ类动载。

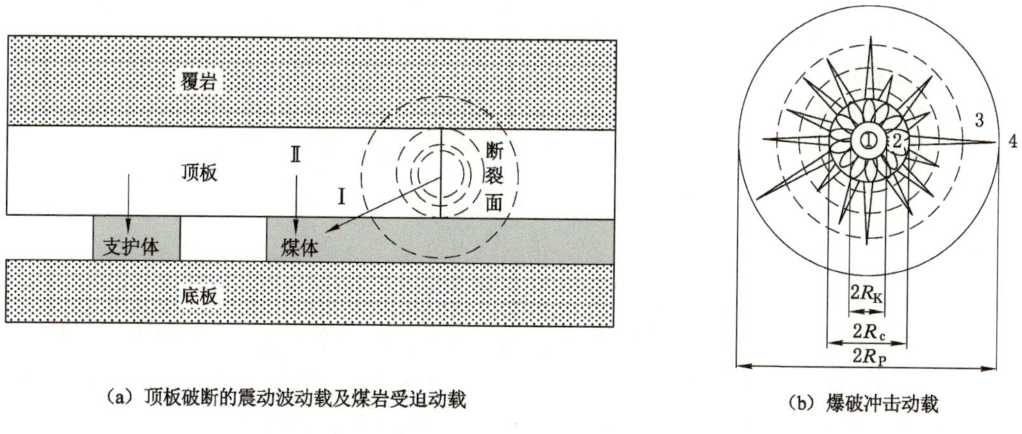

图 2-4 煤矿动载类型

(1) Ⅰ类动载

假设煤岩体为弹性各向同性连续介质，则矿震产生的震动波在煤岩体中引起的动载可表示为：

$$\begin{cases} \sigma_{dP} = \rho v_P (v_{pp})_P \\ \tau_{dS} = \rho v_S (v_{pp})_S \end{cases} \tag{2-5}$$

式中，σ_{dP}，τ_{dS}分别为P波、S波产生的动载；ρ为煤岩介质密度；v_P，v_S分别为P波、S波传播的速度；$(v_{pp})_P$，$(v_{pp})_S$分别为P波、S波传播引起的质点峰值振动速度。

(2) Ⅱ类动载

即顶板岩层破断等对煤体及支护结构(工作面支架、煤柱等)产生的瞬间动载。可建立如图2-5所示的模型进行Ⅱ类动载计算，计算式见式(2-6)。

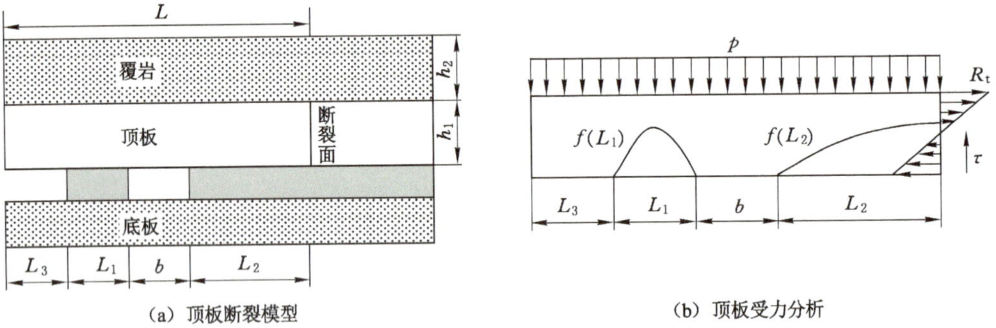

p—上覆岩层均布载荷；$f(L_1)$—支护体上应力分布函数；$f(L_2)$—煤体内应力分布函数。

图2-5　Ⅱ类动载计算模型

$$\sigma_d = \frac{K_d \sum C_{ti} h_i^2}{3(L_1^2 + L_2^2) + 6(bL_1 + L_1 L_2)}[R_t]_i + \frac{K_d \sum C_{\tau i} h_i}{L_1 + L_2}[\tau]_i \tag{2-6}$$

式中，K_d为动载系数；L_1为支护体宽度；L_2为顶板岩层在煤体内断裂的深度；L_3为顶板岩层在采空区悬顶长度；b为采掘空间空顶(未支护)宽度；h_i，$[R_t]_i$，$[\tau]_i$，C_{ti}，$C_{\tau i}$分别为关键层上部各附加岩层的厚度、抗拉强度、抗剪强度、拉破坏参数、剪切破坏参数，其中，若岩层为拉破坏则$C_t=1$、$C_\tau=0$，若岩层为剪切破坏则$C_t=0$、$C_\tau=1$。

(3) Ⅲ类动载

即在耦合装药条件下，煤岩体中的柱状药包爆炸后向煤岩体施加的强冲击动载，其计算式为：

$$p = \frac{2\rho c_P}{\rho c_P + \rho_0 D_v} p_0 \tag{2-7}$$

$$p_0 = \frac{1}{1+\gamma} \rho_0 D_v^2 \tag{2-8}$$

式中，p为透射入煤岩体中的冲击波初始压力；p_0为炸药的爆轰压；ρ_0，ρ分别为煤岩体和炸药的密度；c_P，D_v分别为煤岩体中波速和炸药爆速；γ为爆轰产物的膨胀绝热指数，一般取3。如果爆破采用不耦合装药，则煤岩体中的透射冲击波初始压力为：

$$p = \frac{1}{2} \rho_0 K^{2\gamma} l_c n \tag{2-9}$$

式中，K为装药不耦合系数，$K=d_b/d_c$；d_b，d_c分别为炮孔半径和药包半径；l_c为装药长度系数；n为炸药爆炸产物膨胀碰撞炮孔壁时的压力增大系数，一般取10。

2.2.1.2　煤矿动静载叠加类型

冲击矿压是采掘空间周围煤岩体中的静载与矿震形成的动载叠加造成的。试验表明：在动静载叠加作用下，当静载相同，增加动载时，煤的强度显著增大。当静载一定时，煤样破坏过程动载占主导。当应变率较小时，煤样表现为剪切破坏；当应变率较大时，煤样表现为劈裂剪切破坏；随着应变率进一步增大，煤样表现为劈裂破坏甚至爆裂破坏。随静载增大，煤样破坏所需动载逐渐减小，静载越接近煤样强度，动静载叠加作用时煤样破坏所需应力越小。当静载较小时，在一定的动载反复作用下，煤样虽然会产生损伤，但难于产生冲击破坏；当静载较大时，较小的动载即可促使煤样破坏。

因此，静载是冲击矿压发生的应力基础，动载是冲击破坏的诱因。在动静载叠加作用下，当静载较小时，需要较大的动载才能使煤岩破坏。此时，如果动静载叠加载荷小于煤岩强度，则当两者差值较大时，动载多轮作用虽然能使煤岩产生部分损伤，但很难导致煤岩破坏；当两者差值较小时，多轮动载反复作用，随着煤岩内部损伤累积，也可导致煤岩破坏。而当动静载叠加载荷大于煤岩强度时，动载首次作用即可导致煤岩破坏。当静载较大时，煤岩表现为静态破坏特性；当动载较大时，煤岩表现为动态破坏特性。

图 2-6 为几种动静载叠加诱发冲击的类型，其主要表现为：

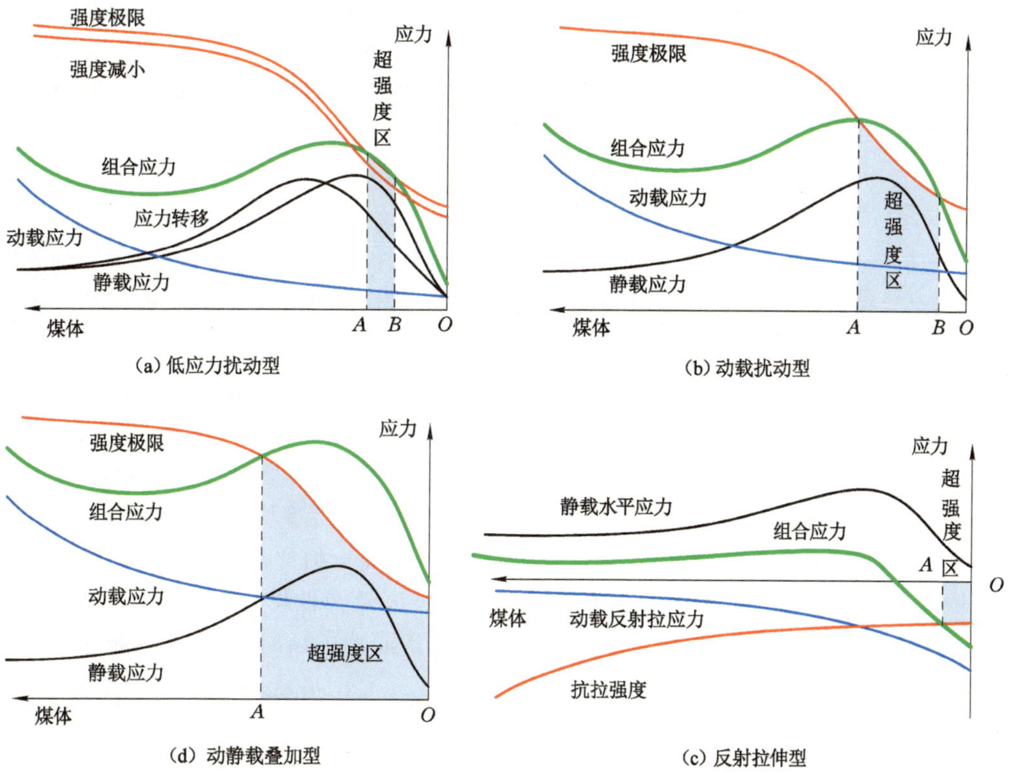

图 2-6 动静载叠加诱发煤岩冲击的类型

(1) 高静载。深部开采中，巷道或采场围岩原岩应力很高，巷道开挖或工作面回采导致巷道或采场周边高静载应力集中，此时应力水平虽未超过但已接近临界载荷，远场矿震产生的微小动载应力增量便可满足动静载叠加诱冲条件，从而导致煤体冲击破坏。此时，矿震产生的动载应力扰动在煤体冲击破坏时主要起诱发作用，是目前最为普遍的一种形式。

(2) 高动载。浅部开采中，巷道或采场围岩原岩应力不很高，但远场矿震强度很大，震动波传至煤体的瞬间动载应力增量很大，巷道或采场周围静载应力与动载应力叠加超过临界载荷，从而导致煤体冲击破坏。此时，矿震的动载应力扰动在煤体冲击破坏时起主导作用。另外，在高加载速率下，煤样的冲击倾向性比标准状态下更强，原本鉴定为无冲击倾向性的煤样也具有冲击倾向性。这给出了浅部开采及原本鉴定为无冲击倾向性的煤层仍然发生冲击矿压的原因。

(3) 低临界载荷。因煤体的不均匀性及物理力学性质差异，不同区域发生冲击矿压的临界载荷不同。当煤体中静载应力较低，且矿震引发的动载应力不高时，若采掘空间煤岩体的物理力学性质或应力状态突然变化，导致冲击临界载荷降低，且小于动静载叠加应力，则也会发生冲击矿压。如在断层附近进行采掘活动时，断层面上受力处于临界平衡状态，冲击矿压主要由断层滑移失稳诱发，具体可由应力场局部调整触发，也可由震动波触发。此时，动载通过改变断层区的应力状态或物理力学性质而使临界应力降低，从而诱发冲击。

高静载＋低动载叠加作用比低静载＋高动载叠加作用更易于诱发冲击矿压。煤矿深部开采时，原始地应力高，在较小的动载扰动下容易诱发冲击矿压；浅部开采时，原始地应力虽小，但如果存在坚硬顶板且大面积破断运动产生高动载，则也会诱发冲击矿压。煤岩的冲击倾向性越强，冲击临界应力就越小(50 MPa)，越容易发生冲击矿压；冲击倾向性弱的煤岩也会发生冲击矿压，只是冲击临界应力较高(70 MPa)。

2.2.5 冲击倾向性与加载速率

在实验室对煤岩样进行单轴加载试验。试验过程中，随着加载速率的增大，即加载应变率增加，煤岩样破坏声响增大，破坏变得剧烈，由剪切破坏逐渐转变为劈裂破坏乃至爆裂破坏，破碎块体逐渐变得碎小。当加载应变率较小时，破碎块体不脱离煤岩样母体；随着加载应变率增加，破碎块体开始脱离母体，且飞出速度逐渐增大。可见，随着加载应变率增加，煤岩样破裂猛烈程度增大，冲击倾向性增强。

试验表明，煤岩单轴抗压强度、弹性模量与加载应变率之间呈指数函数关系，加载应变率越大，则煤岩单轴抗压强度、弹性模量越大，即随着加载应变率增加，应力由静载过渡到动载的过程中，煤岩的单轴抗压强度、弹性模量急剧增大，煤岩的冲击倾向性随加载速率的增加而增大，图 2-7 和图 2-8 所示为煤岩样单轴抗压强度及弹性模量与加载应变率的关系。因此，在动载作用下，煤岩可能从无冲击倾向性转变为弱冲击倾向性，甚至可能达到强冲击倾向性。

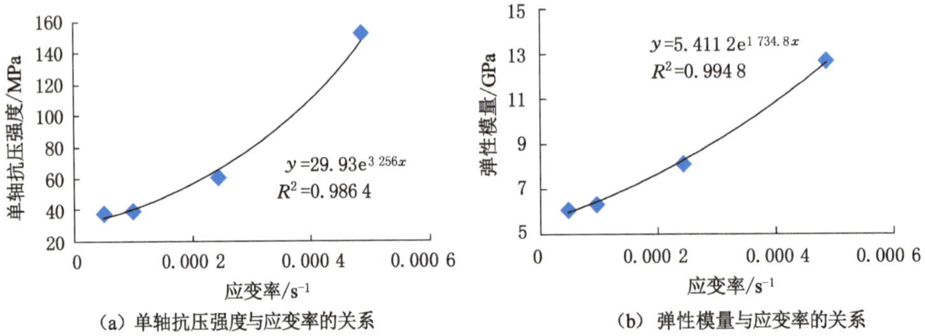

(a) 单轴抗压强度与应变率的关系　　(b) 弹性模量与应变率的关系

图 2-7　顶板岩样力学参数与加载应变率的关系

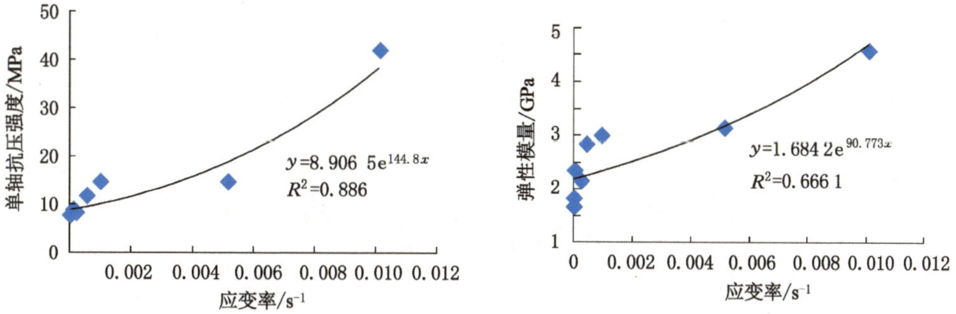

(a) 单轴抗压强度与应变率的关系　　(b) 弹性模量与应变率的关系

图 2-8　煤样力学参数与加载应变率的关系

2.3　冲击矿压的力能分类

2.3.1　冲击矿压的力能类型

按照煤岩体发生冲击矿压时的受力特征、动静载的力源、主控因素与能量释放的主体，可将其分为四种类型，即煤柱压缩型、褶曲构造型、顶板破断型和断层活化型。

(1) 煤柱压缩型冲击矿压

煤柱压缩型冲击矿压以静载垂直高应力为主，动载扰动为辅，能量释放主体为煤柱中积聚的弹性能。其破坏形式主要为煤柱的压破坏及底板的瞬间鼓起。在冲击力源方面，以煤柱中集中静载应力为主体，附加矿震震动应力波扰动，集中静载应力主要为垂直应力。巷道帮部煤体主要受垂直应力作用；巷道底板主要受水平应力作用，包括自身承载的水平构造应力作用和帮部煤体垂直应力在底板内转化的水平应力作用。煤柱压缩型冲击矿压力学模型如图 2-9 所示。

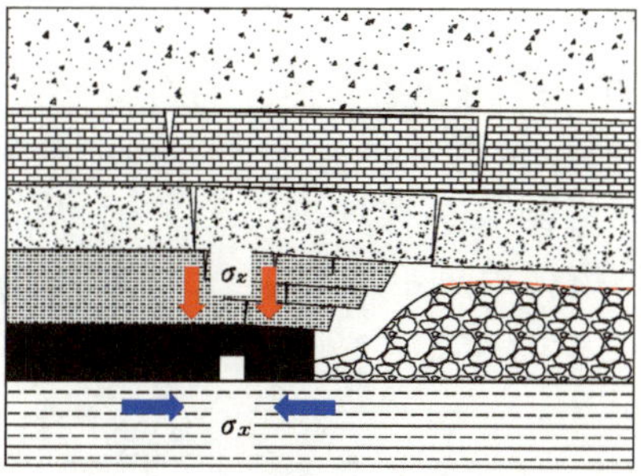

图 2-9　煤柱压缩型冲击矿压力学模型

(2) 褶曲构造型冲击矿压

褶曲构造型冲击矿压以静载构造水平高应力为主，动载扰动为辅，能量释放主体为构造区煤体中积聚的弹性能。其破坏形式主要为底板的瞬间鼓起及帮部破坏。在冲击力源方面，以煤体中集中静载应力为主体，附加矿震震动应力波扰动，集中静载应力主要为水平应力。巷道底板主要受水平应力作用，帮部煤体主要受垂直应力及由底板水平应力在帮部煤体中转化的垂直应力作用。褶曲构造型冲击矿压力学模型如图 2-10 所示。

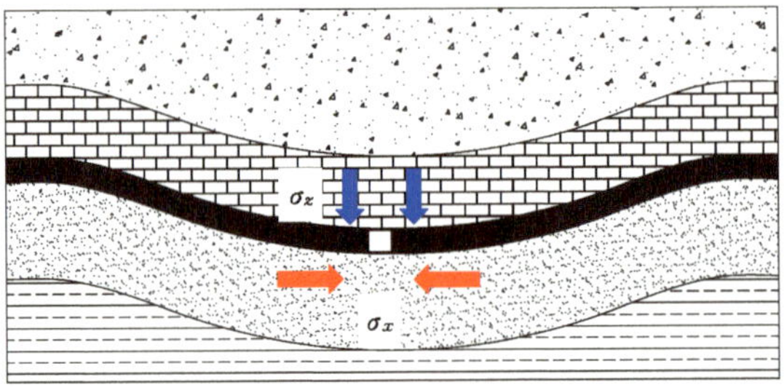

图 2-10　褶曲构造型冲击矿压力学模型

（3）顶板破断型冲击矿压

顶板破断型冲击矿压由静载应力加顶板强动载扰动而诱发，能量释放主体为坚硬顶板破断滑移运动时释放的矿震动能。其破坏形式主要为煤岩体强烈震动、重型设备移动、底板瞬间底鼓、煤帮破坏及锚网索断裂。在冲击力源方面，以坚硬顶板破断滑移运动时形成震动应力波（矿震动载）为主体，附加煤体中集中静载应力。顶板破断型冲击矿压示意如图 2-11 所示。

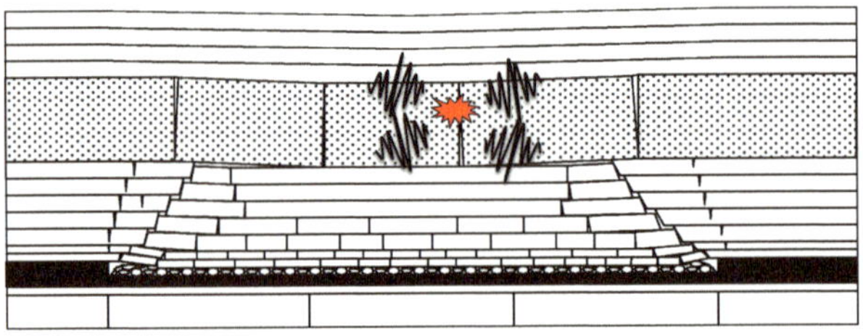

图 2-11　顶板破断型冲击矿压示意

（4）断层活化型冲击矿压

断层活化型冲击矿压由静载应力加断层活化强动载扰动而诱发，能量释放主体为断层活化滑移时释放的矿震动能。其破坏形式主要为煤岩体强烈震动、重型设备移动、底板瞬间底鼓、煤帮破坏及锚网索断裂。在冲击力源方面，以断层活化滑移时形成震动应力波（矿震动载）为主体，附加煤体中集中静载应力。断层活化型冲击矿压示意如图 2-12 所示。

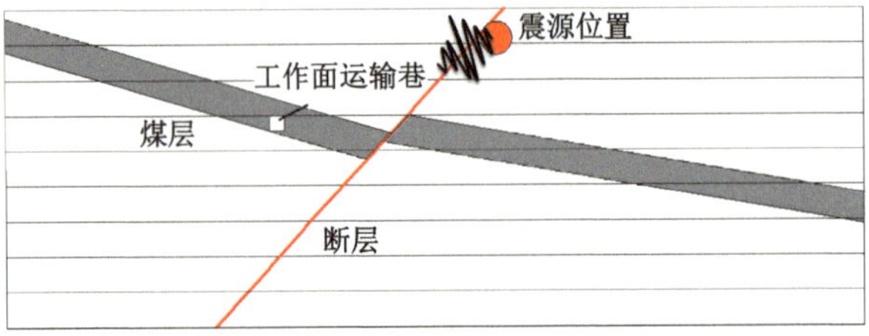

图 2-12　断层活化型冲击矿压示意

2.3.2　急倾斜特厚煤层水平分段开采的夹持型冲击矿压

急倾斜特厚煤层水平分段开采过程中也会发生冲击矿压灾害，从而严重影响矿井正常安全生产。急倾斜煤层处于两侧顶底板的夹持作用下，在煤体中形成倾向采动应力，从而导致煤体内部塑性区的非对称分布以及煤体表面膨胀挤压变形。处于夹持煤体中的采煤工作面和巷道均受到夹持作用的影响，均处于顶底板夹持的采动应力场中。因此，可将急倾斜特厚煤层水平分段开采冲击矿压(包括采场和巷道)统称为夹持型冲击矿压。根据采场和巷道冲击的诱发机制，可将夹持型冲击划分为采场冲击型和巷道冲击型两类。

(1) 采场冲击型

急倾斜特厚煤层水平分段开采采场冲击型是由多因素耦合影响致灾的，如图 2-13 所示。其发生需要满足如下三个条件：① 高静载应力场；② 强矿震影响；③ 低支架支撑强度。急倾斜特厚煤层水平分段开采采场冲击发生位置位于夹持煤体采动应力峰值附近，煤体冲击本身也由动载扰动，将与矿震动载一同作用于采煤工作面，故工作面才是冲击显现的位置。采场冲击需要同时满足以上三个条件才能发生，尤其是强矿震的形成，因此，采场冲击破坏程度一般比巷道冲击严重。

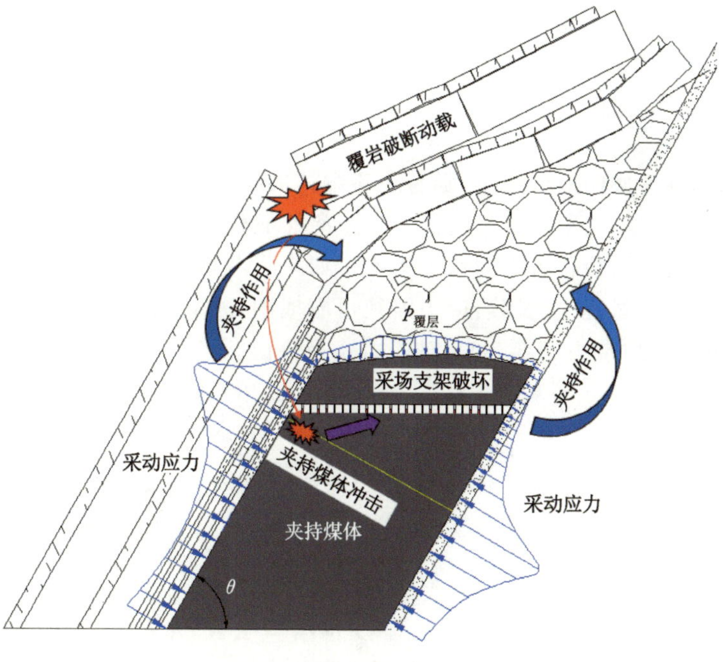

图 2-13　急倾斜特厚煤层水平分段开采采场冲击型

(2) 巷道冲击型

急倾斜特厚煤层水平分段开采巷道冲击型如图 2-14 所示。由图 2-14 可知，急倾斜特厚煤层水平分段开采煤层巷道处于夹持煤体内部，夹持煤体成为巷道围岩大结构，顶底板夹持作用下的采动应力场决定巷道所处的围岩应力场，进而影响巷道围岩小结构的应力、位移及塑性区分布。

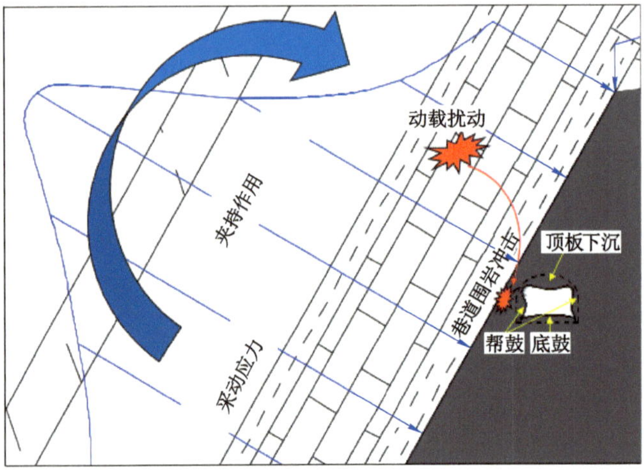

图 2-14　急倾斜特厚煤层水平分段开采巷道冲击型

2.4　动静载叠加作用效应

2.4.1　巷道围岩应力路径

煤巷掘进后，巷帮倾向应力减小，随着距巷帮自由面距离的增加，卸载作用逐渐减弱；竖向受顶板下沉的加载作用，距巷帮自由面一定距离处加载作用达到最大；而巷道在走向上受到相邻围岩的约束作用，位移可近似认为不变。如果将巷道围岩看作由无数个微小的围岩单元组成，则煤巷掘进过程中的围岩应力路径可看成图 2-15 所示的“竖向（y 轴）加载-倾向（z 轴）卸载-走向（x 轴）应力不变”的三轴应力路径特征。

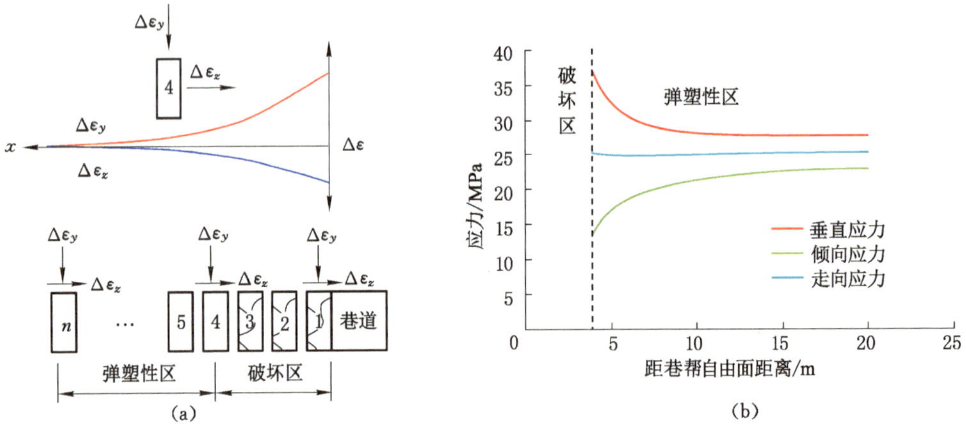

图 2-15　掘进巷道围岩三向应力曲线

定义巷道围岩卸载侧应变速率与加载侧应变速率之比为卸加比，则卸加比和加卸载应变率均随着距巷帮自由面距离的增加呈指数下降，如图 2-16 和图 2-17 所示。在弹塑性区，卸加比在 0～3 之间波动，随着距巷帮自由面距离的增加而逐渐减小，最终接近围岩泊松比 0.3，这说明煤巷掘进后期围岩不存在卸载状态特征，仅存在加载作用。

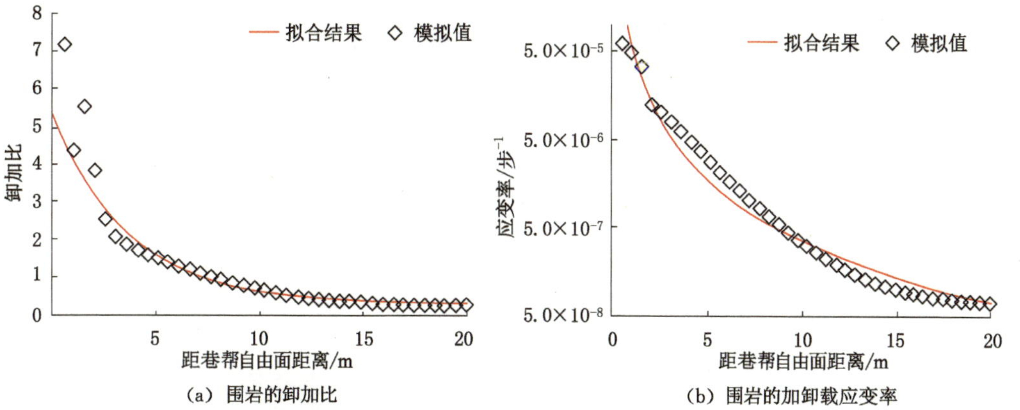

图 2-16　巷道围岩卸加比及加卸载应变率与距巷帮自由面距离的关系

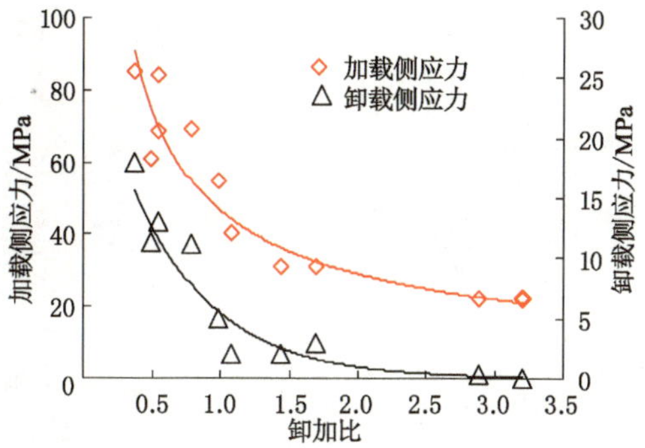

图 2-17　掘进巷道围岩应力路径特征

巷道围岩的高原岩应力和地质异常区的集中应力为巷道掘进期间的冲击提供了高应力基础，而高掘进速率和地质异常区为巷道掘进冲击提供了高卸载速率。高三向应力和高卸载速率是掘进应力路径下煤岩冲击的必要条件。试验得出，当最大应力大于 65 MPa，最小卸载速率大于 2.77 mm/min 时，可造成煤岩体的冲击。由此可知，原岩应力越高，越容易发生冲击矿压，冲击临界区域距巷帮自由面距离越小，如图 2-18 所示。

实体煤巷道几乎不受覆岩运动动载的影响，因此，实体煤巷道的冲击矿压有两种类型：一是应力扰动静载型冲击矿压；二是矿震诱发动静载叠加型冲击矿压。

(1) 应力扰动静载型冲击矿压

巷道帮部煤体受到高应力的加卸载作用，在采掘动载扰动下发生突然破坏，垂直应力产生突降并引起煤体的瞬间扩容，从而造成水平应力的迅速增加，形成能量增量，增加的能量将巷帮煤体抛向巷道，形成冲击矿压，此种冲击矿压即应力扰动静载型冲击矿压，如图 2-19 所示。

巷道煤体中要发生这种冲击破坏，至少需要满足两个条件：① 煤体所受应力达到

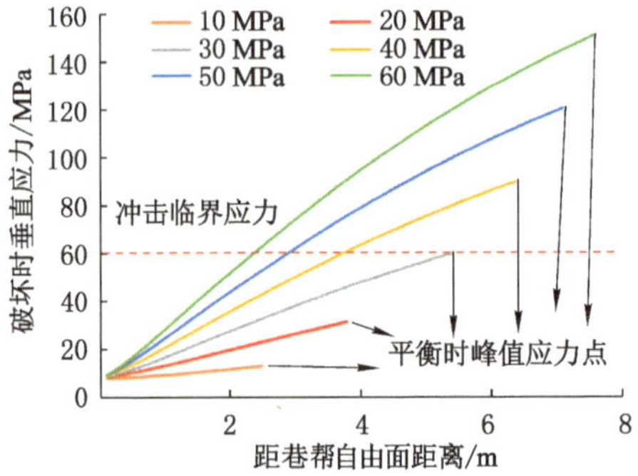

图 2-18　巷道围岩应力峰值与距巷帮自由面距离的关系

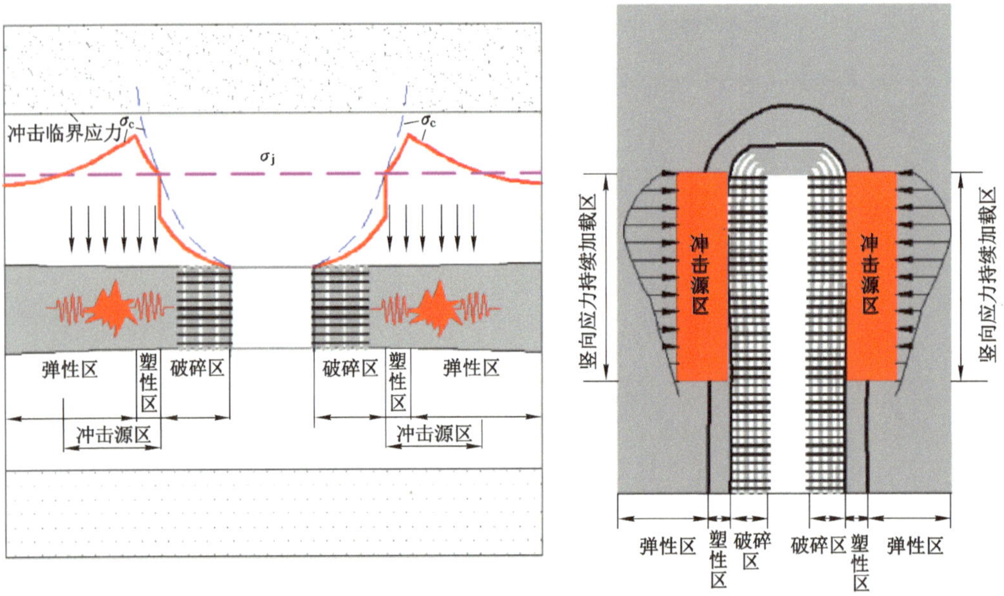

(a)　　(b)

图 2-19　应力扰动静载型冲击矿压示意

60 MPa 以上，实体煤巷帮的应力集中系数为 2～3，要满足这一条件，则需要煤体所受的原岩应力较高，原岩应力至少达到 20 MPa。② 煤体要被持续加载，且加载速率需要满足一定要求。满足这两个条件的区域只可能在高应力巷道开挖的支承压力峰值附近，即塑性区和弹性区，如图 2-19(a)所示；且处于巷道掘进应力扰动范围内，即在掘进工作面后方一定范围内，一般在 100 m 范围内。冲击能量来源平面和剖面示意如图 2-19(b)所示。

(2) 矿震诱发动静载叠加型冲击矿压

实体煤巷道在掘进过程中，如果靠近断层等地质异常区，则会诱发断层滑移，或者地质活动引发岩层破断而产生矿震释放能量；在进行爆破作业时，爆破形成的冲击波也会释放能量。巷帮煤体吸收的外界动载能量与自身支承压力叠加，引起煤体突然破坏，进而引发冲击矿压，这种冲击矿压称为矿震诱发动静载叠加型冲击矿压，如图 2-20 所示。

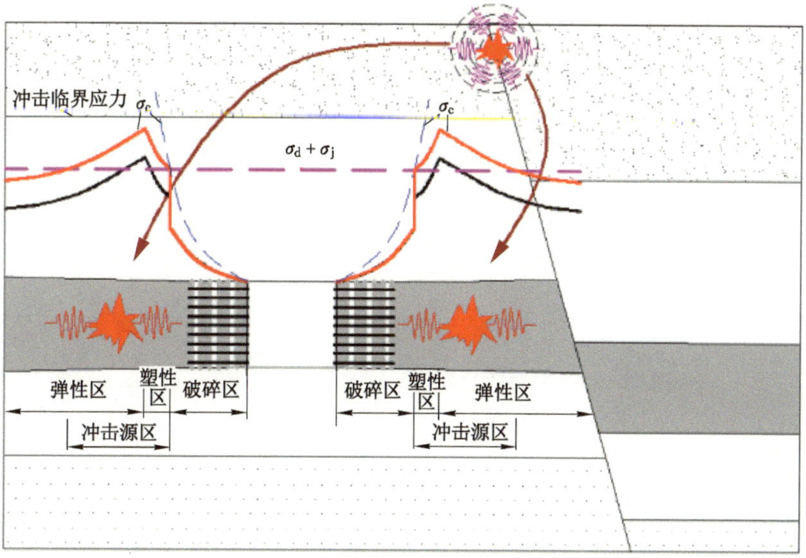

图 2-20　矿震诱发动静载叠加型冲击矿压

当外界震动波的动载应力 σ_d 与煤岩体自身的静载应力 σ_j 之和超过煤岩系统强度极限 σ_c 时，煤岩系统发生破坏；当破坏时的极限载荷 σ_c 大于冲击临界应力 60 MPa 时，煤岩系统以冲击形式破坏，形成诱发冲击矿压的动载源。

2.4.2　综放开采的降载减冲效应

(1) 综放开采的冲击矿压显现特征

综放开采时，发生的冲击矿压显现具有较显著的特征：① 综放开采的工作面冲击所占比例与综采相比显著较小；② 综放开采的巷道冲击一般超前端头一段距离，而综采的巷道冲击一般起始于端头；③ 综放开采的冲击破坏范围与综采相比较小；④ 综放开采的冲击破坏程度与综采相比较轻；⑤ 综放开采条件下诱发冲击的矿震能量比综采高一个能级，综放开采的冲击矿震能量为 $1.0\times10^6\sim1.0\times10^7$ J，而综采为 $1.0\times10^5\sim1.0\times10^6$ J，这说明综放开采需要比综采条件下更加强烈的动载扰动才能诱发冲击；⑥ 综放开采的冲击破坏地点以临空巷占绝大多数，且冲击破坏形式以底鼓占主导，如图 2-21 和图 2-22 所示。

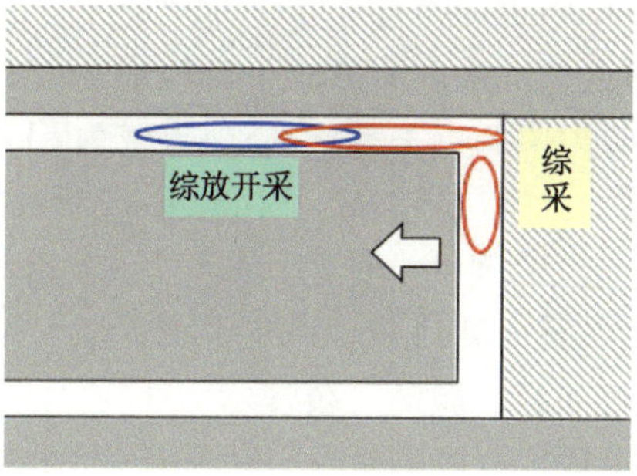

图 2-21　综放与综采工作面冲击矿压位置对比

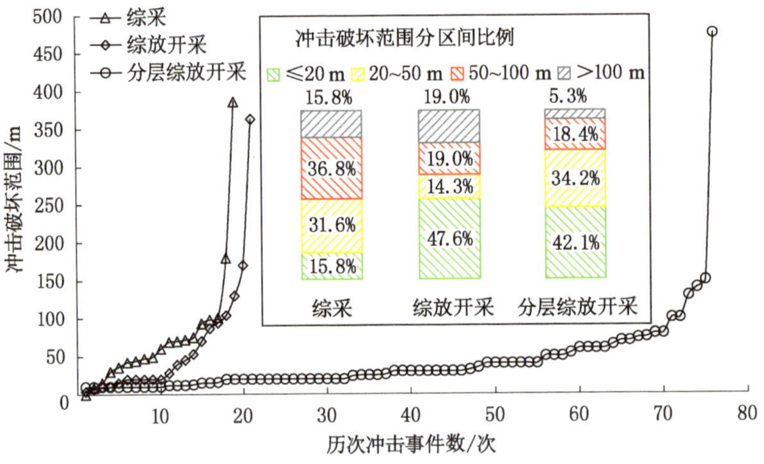

图 2-22 回采冲击造成破坏范围及其区间比例

(2) 综放工作面前方煤体中的应力分布特征

厚煤层综放开采情况下,“两带”发育高度较大,部分覆岩重力由煤壁支承转变为由采空区支承,加之(裂隙)顶煤传递应力的效能较低,覆岩结构传递水平推力效能较高,最终造成采场与巷道围岩的应力集中程度较低、应力峰值位置距煤壁距离较大、能量集中区向深部转移,如图 2-23 所示,图 2-24 和图 2-25 为数值模拟结果。由模拟分析可知,增加采高可降低围岩应力集中程度,且应力峰值向煤体深部转移;但采高对围岩应力的影响是有限的,当采高超过某一定值后继续增大时,围岩应力不再明显改变。

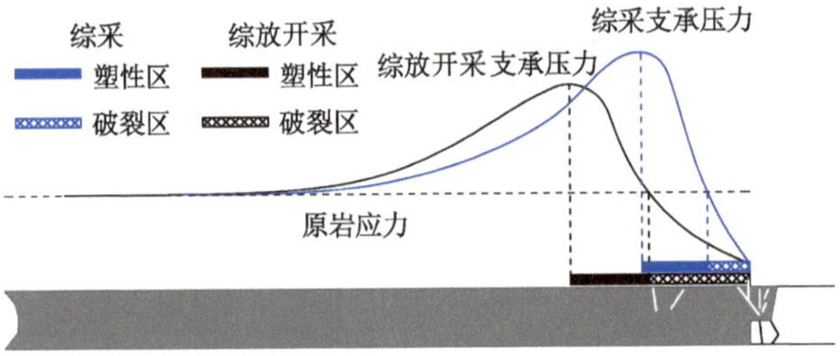

图 2-23 综放开采与分层综采的围岩应力分布差异

(3) 综放开采覆岩破断特征

综放开采条件下,由下而上关键层破断方式可分为图 2-26 所示的 4 种情况,其中,对采场和巷道围岩造成显著影响的为中低位关键层,破断方式为 a1,a2,b1。

力学分析表明,同等条件下关键层以方式 a1,a2,b1 破断时的周期破断步距和释放能量之比分别为 1∶0.707∶(0.632～0.577) 和 1∶0.913∶(0.860～0.813)。可见,随采高增大,对关键层而言,其转角增大,垂向载荷减小而水平推力增大,造成低位关键层周期破断步距加大。关键层周期破断步距和释放能量先缓慢增大再陡然呈台阶状升高,这表明覆岩破断动载扰动随采高增大先缓慢增大再陡然呈台阶状升高,如图 2-27 所示。

(4) 综放开采的降载减冲效应

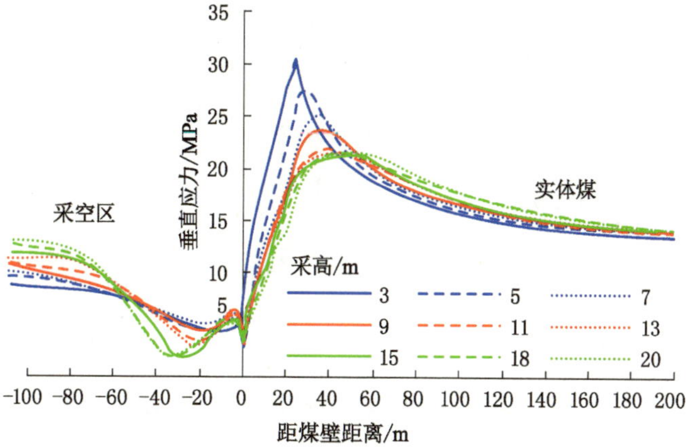

图 2-24　采空区和实体煤垂直应力分布随采高的演化规律

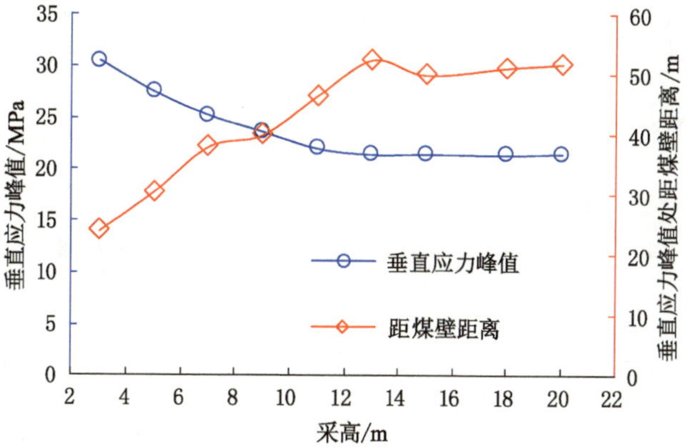

图 2-25　煤体垂直应力峰值及其位置随采高的演化规律

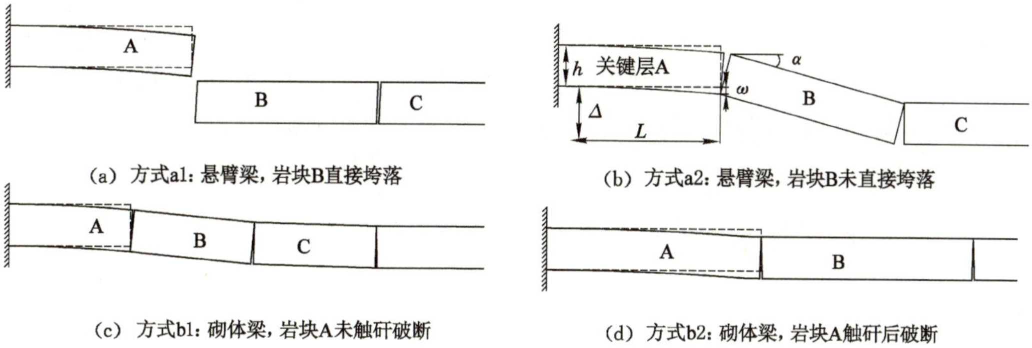

图 2-26　综放开采关键层破断形成结构一般形式

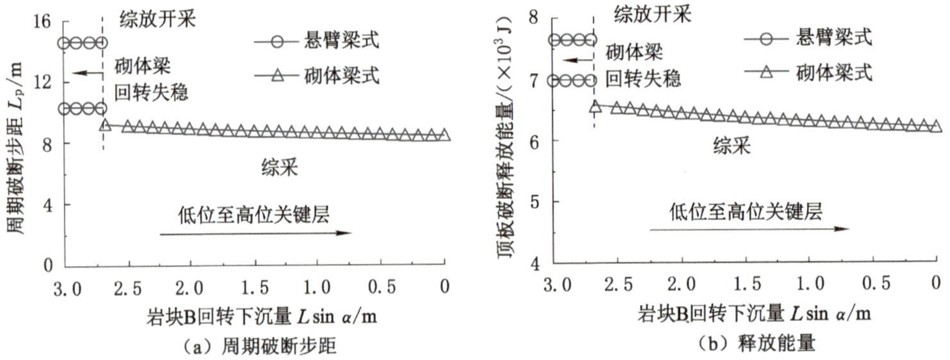

图 2-27　关键层的周期破断步距和破断时的释放能量

综放开采的覆岩结构特征相对分层综采具有特殊性，从而造成其独特的动静载特征：随采高的增加，动载扰动先缓慢增大再陡然呈台阶状升高，而静载先快速降低再趋于稳定。动载和静载的叠加载荷在采高增加过程中先趋于减弱再陡然增大，见图 2-28。由动静载叠加诱冲机理可知，厚煤层采用综放开采在一定采高范围内有利于降低冲击危险、减少冲击矿压发生频次、减弱冲击矿压显现强度，即综放开采具有降载减冲效应，但不能彻底消除冲击矿压。

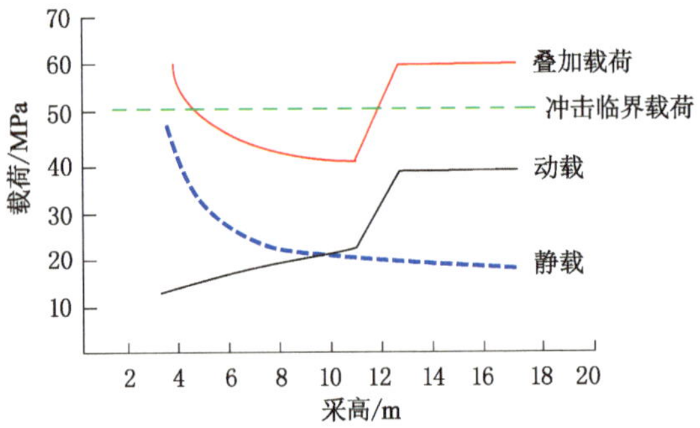

图 2-28　综放开采的动静载特征

因此，采用综放采煤工艺，增加顶煤厚度、破碎顶煤，可使覆岩破断矿震震源至围岩的传播距离增加，传播路径包含(裂隙)顶煤，增大对震动波的衰减吸收；实施断顶措施，可减小覆岩破断步距、降低动载源强度，从而达到控制和降低冲击矿压危险的目的。

第 3 章　冲击危险性预测及评价

要防止煤矿冲击矿压发生，首先要进行冲击矿压危险性预测与评价。本章在分析影响冲击矿压发生主控因素的基础上，给出了煤岩冲击倾向性测定的方法，冲击危险性预测及评价的综合指数法、多因素耦合方法、应力分析方法、计算机数值模拟方法等。

3.1　冲击矿压的主控因素

影响冲击矿压发生的因素很多，总体可以分为三类，即煤岩赋存的自然条件、煤层的开采技术工艺、煤矿生产的组织管理等三个方面，如图 3-1 所示。

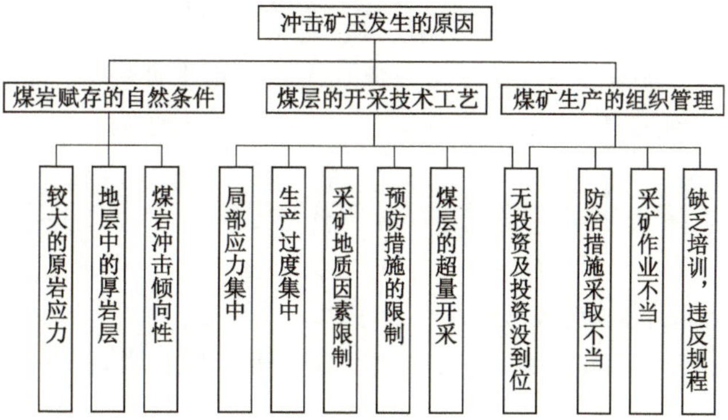

图 3-1　冲击矿压影响因素

煤岩赋存的自然条件因素中起主要作用的为原岩应力，它由煤岩体的自重应力和构造残余应力组成。井巷周围煤岩体的应力主要由开采深度决定，而构造残余应力一般出现在褶曲和断层附近。煤岩的冲击倾向性和岩层结构也是冲击矿压危险的重要影响因素。

煤层的开采技术工艺因素是指那些能够引起局部应力集中或采动压力增大的因素。主要包括开采系统设计不合理或不完善，或在坚硬顶板条件下开采导致较大的悬顶，开采历史造成的(如煤柱、停采线造成的应力集中)等。同时，生产的集中化程度越高，开采强度越大，越容易发生冲击矿压。

煤矿生产的组织管理对冲击矿压的发生也起一定的作用。管理制度及措施落实不到位，监管力度不够等，使得冲击矿压的危害程度大幅度提高。例如，没有得到合理摆放的支柱等设备可能由于冲击矿压产生的强烈震动而弹起，从而伤及人员和损毁其他设备；闲杂人员在冲击矿压危险区域不必要的长时间逗留而受到冲击矿压事故的伤害等。

技术和管理相互交叉影响的因素主要是采矿作业不当，支护装备没有到位，没有选择有效的冲击矿压预报仪器和防治装备，以及没有进行合理的控制和治理等。

3.1.1 煤层赋存条件

3.1.1.1 开采深度

随着开采深度的增加，煤层中的自重应力随之增加，煤岩体中聚积的弹性能也随之增加。由弹性能理论可知，在开采深度为 H 且无采动影响的三向应力状态下，煤体中的应力可表示为：

$$\sigma_1 = \gamma H, \sigma_2 = \sigma_3 = \frac{\nu}{1-\nu}\gamma H \tag{3-1}$$

式中，γ 为岩层重度；ν 为泊松比；σ_1 为垂直应力；σ_2，σ_3 为水平应力。

因此，煤体因体积变形而积聚的弹性能可表示为：

$$U_V = \frac{(1-2\nu)(1+\nu)^2}{6E(1-\nu)^2}\gamma^2 H^2 \tag{3-2}$$

式中，E 为煤体弹性模量。

煤体形变而积聚的弹性能为：

$$U_f = \frac{(1+\nu)(1-2\nu)^2}{3E(1+\nu)^2}\gamma^2 H^2 \tag{3-3}$$

可见，煤体积聚的弹性能与开采深度有密切关系。根据冲击矿压能量条件，可求得发生冲击矿压的初始开采深度为：

$$H \geqslant 1.73\frac{R_c}{\gamma}\sqrt{\frac{K_0}{C}} \tag{3-4}$$

$$C=(1-2\nu)(1+\nu)^2/(1-\nu)^2$$

式中，R_c 为煤体单轴抗压强度；K_0 为系数，大于 1。

统计分析表明，开采深度越大，冲击矿压发生的可能性越大，开采深度与冲击指数的关系如图 3-2 所示。

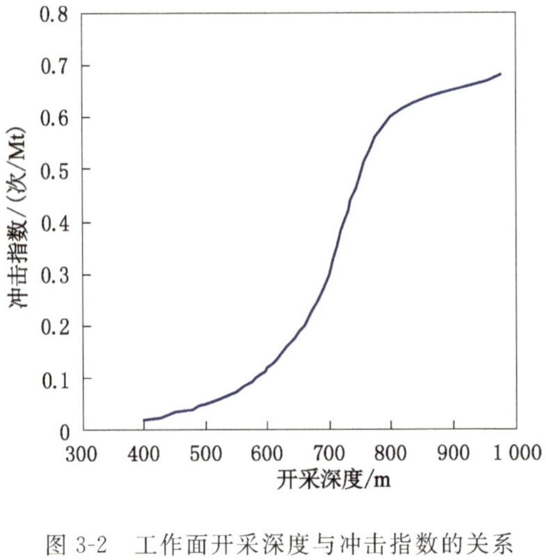

图 3-2 工作面开采深度与冲击指数的关系

由此可见，开采深度与冲击矿压发生的概率呈正相关关系：当开采深度 $H \leqslant 350$ m 时，冲击矿压一般不会发生；当 350 m$<H \leqslant 500$ m 时，在一定程度上冲击危险性逐步增加；当 500 m$<H \leqslant 1\ 000$ m 时，随着开采深度的增加，冲击矿压的危险性急剧增长，开采深度为 800 m 时的冲击指数（$W_t=0.57$）比开采深度为 500 m 时的冲击指数（$W_t=0.04$）增加了约 13 倍；当 $H>1\ 000$ m 时，冲击指数增加梯度会减小，但其值会非常高。

根据资料统计，我国煤矿发生冲击矿压的最小临界深度为 150～540 m，平均为 400 m。

3.1.1.2　煤岩的冲击倾向性

煤岩冲击倾向性对冲击矿压的发生具有显著影响，在相同条件下，冲击倾向性高的煤层和顶板发生冲击的可能性要远大于冲击倾向性低的煤层和顶板。

生产实践与试验研究均表明：在一定的围岩与压力条件下，任何煤层中的巷道或工作面均有可能发生冲击矿压灾害；煤的强度越高，引发冲击矿压灾害所要求的应力越小，反过来说，煤的强度越小，要引发冲击矿压灾害，就需要比硬煤高得多的应力水平；冲击倾向性是评价煤层冲击性的特征参数之一。

冲击倾向性是煤（岩）介质产生冲击破坏的固有能力或属性，是煤（岩）冲击式破坏的必要条件。在工作面开采过程中，当煤岩体应力和能量积聚到一定程度，且具备临空面条件时，会产生强烈的动力冲击破坏。对顶板岩层及煤的冲击倾向性鉴定采用国家标准《冲击地压测定、监测与防治方法 第1部分：顶板岩层冲击倾向性分类及指数的测定方法》（GB/T 25217.1—2010）和《冲击地压测定、监测与防治方法 第2部分：煤的冲击倾向性分类及指数的测定方法》（GB/T 25217.2—2010）的有关指标，底板岩层冲击倾向性参照顶板岩层鉴定方法确定。

3.1.1.3　坚硬顶板岩层结构

煤体内的弹性能由体变弹性能 U_V、形变弹性能 U_f 和顶板弯曲弹性能 U_w 三部分组成，即

$$U = U_V + U_f + U_w \tag{3-5}$$

其中，顶板弯曲弹性能 U_w 为：

$$U_w = \frac{1}{2} M\Phi \tag{3-6}$$

式中，M 为煤壁上方顶板岩层的弯矩；Φ 为顶板岩层弯曲下沉的转角。

由此，相应地可得顶板初次垮落期间的弯曲弹性能为：

$$U_w = \frac{q^2 L^5}{576EJ} \tag{3-7}$$

顶板周期垮落期间的弯曲弹性能为：

$$U_w = \frac{q^2 L^5}{8EJ} \tag{3-8}$$

由式（3-7）和式（3-8）可以看出，顶板弯曲弹性能 U_w 与岩层悬伸长度的 5 次方成正比，即顶板跨距（悬伸长度）L 越大，积聚的能量越多。一般情况下，厚度越大的坚硬岩层越不易垮落，其跨距（悬伸长度）L 也就越大，所以，厚度大的坚硬岩层顶板发生冲击矿压的可能性很大。

3.1.2 地质构造

3.1.2.1 断层构造

随着开采深度的增加与地质条件的日趋复杂，断层及断层煤柱引起的冲击矿压的发生频次与强度逐年升高，严重影响矿井的正常生产与人员安全。例如，河南某矿 25110 工作面在接近 F_{16} 逆冲大断层附近时，发生过多次冲击矿压，如图 3-3 所示；山东某矿在小断层附近掘进和回采时，均发生过冲击矿压，如图 3-4 所示。

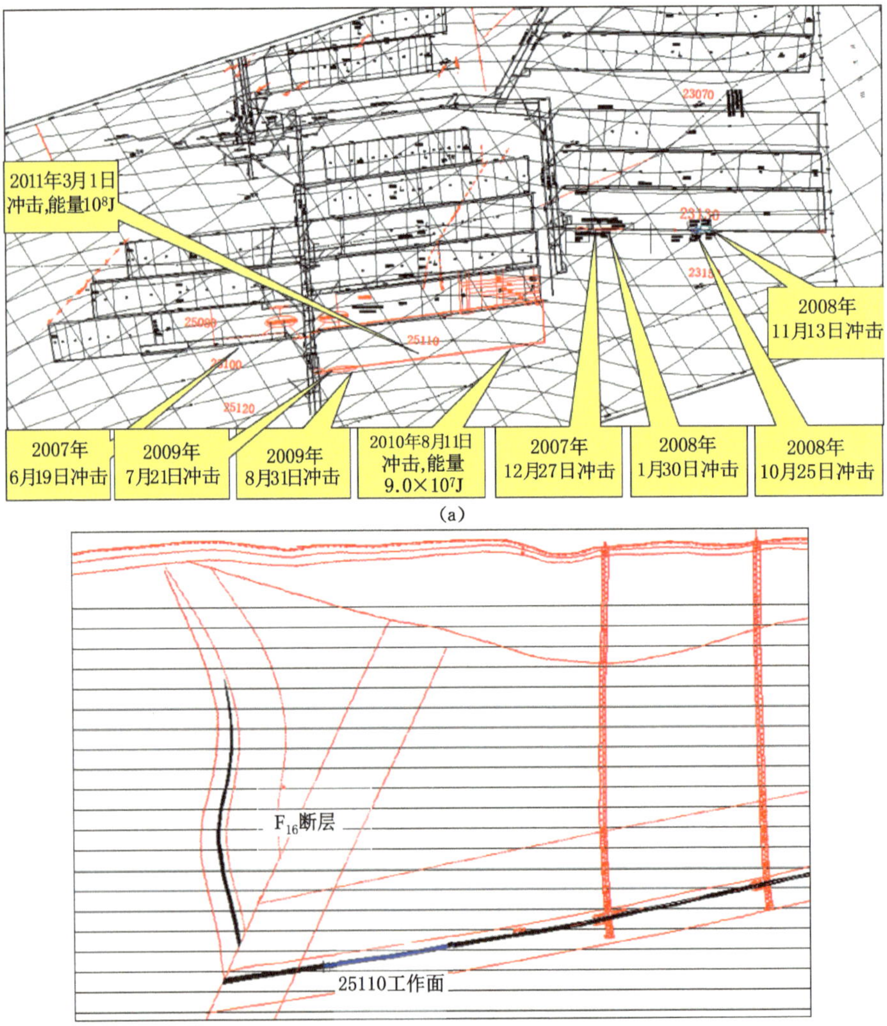

(a)

(b)

图 3-3 河南某矿 F_{16} 逆冲大断层附近发生的冲击矿压

当工作面接近断层时，断层会影响工作面超前支承压力分布范围、分布形式和峰值，并且断层倾向与工作面推进方向的夹角不同，断层对支承压力的影响程度也不同。采动影响下断层对工作面支承压力影响的数值模拟研究表明，当工作面从断层下盘向断层推进时，会在工作面和断层间的煤柱中产生较高的集中应力，从而积聚大量的弹性能，并且随着工作面

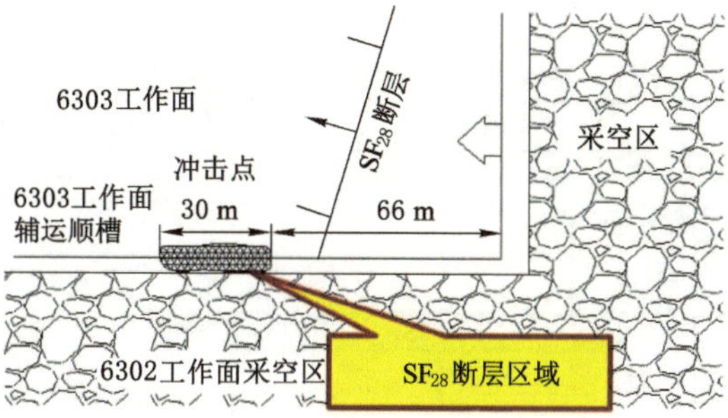

图 3-4　山东某矿 6303 工作面小断层附近发生的冲击矿压

的推进，积聚的能量不断增加，冲击危险性也越来越大。图 3-5 为采掘工作面接近断层时煤体内的应力变化情况。图 3-6 为断层超低摩擦效应的数值仿真试验结果。图 3-7 为断层活化型冲击的两种类型：断层活化型和断层煤柱失稳型。断层活化型冲击矿压可能会在同一个地点多次发生。

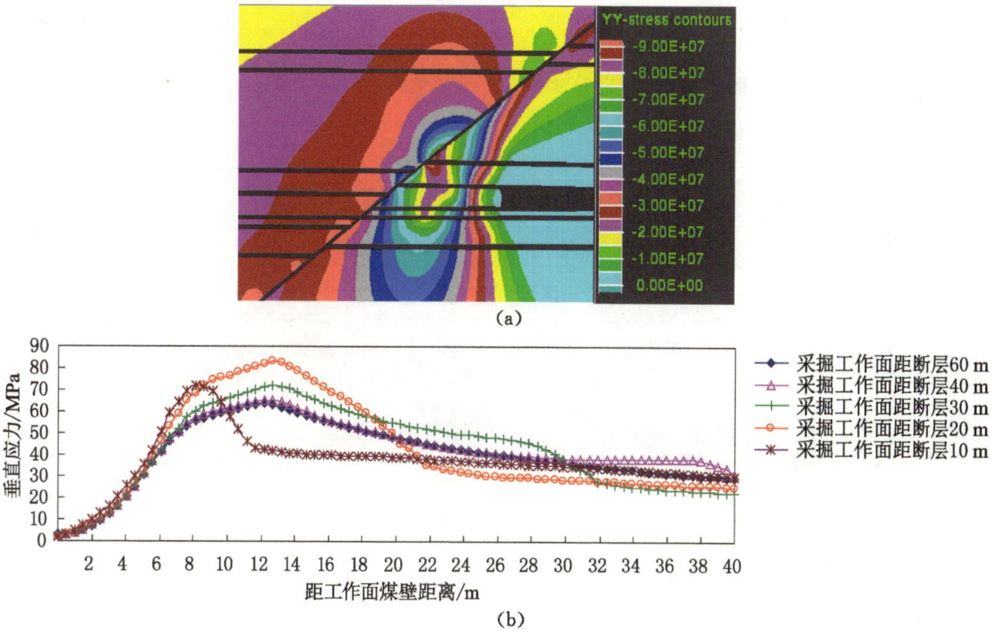

图 3-5　采掘工作面接近断层时煤体内的应力变化规律

3.1.2.2　褶曲构造

褶曲构造是岩层在水平应力的挤压作用下发生弯曲变形形成的，褶曲不同部位的应力分布是不同的，如图 3-8 所示。

根据褶曲的形成机制，可将褶曲各部位的受力状态分为 5 个区：Ⅰ区（向斜内弧），竖直方向受拉，水平方向受压，采掘工程布置在该区域时容易发生片帮；Ⅱ区（向斜外弧），竖直方向受压，水平方向受拉，采掘工程布置在该区域时易发生冒顶和冲击矿压；Ⅲ区（褶曲翼部），水平、竖直方向均受压，采掘工程布置在该区域时易发生冲击矿压；Ⅳ区（背斜外弧），受力状态同Ⅱ区；Ⅴ

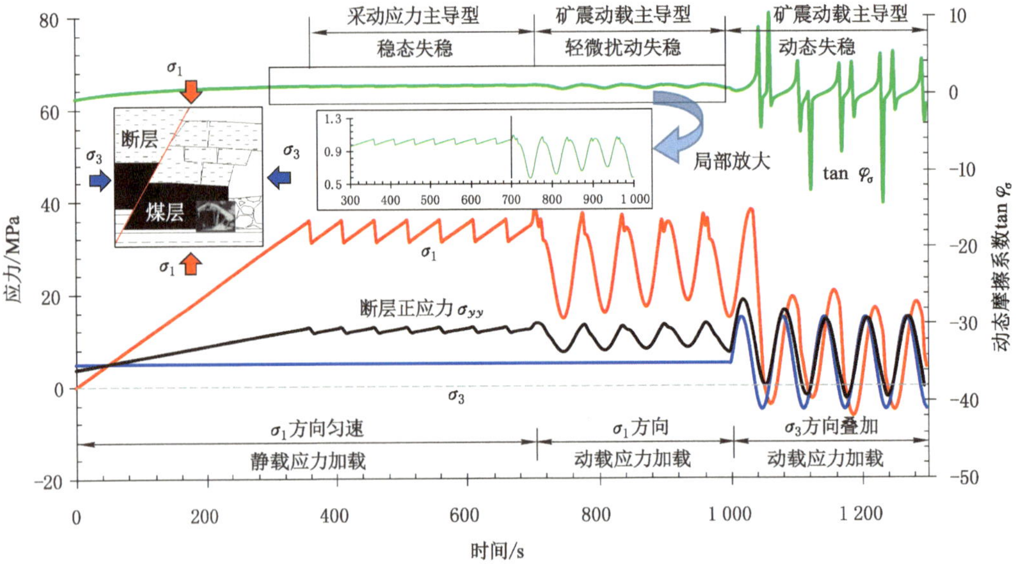

图 3-6　断层超低摩擦效应的数值仿真试验结果

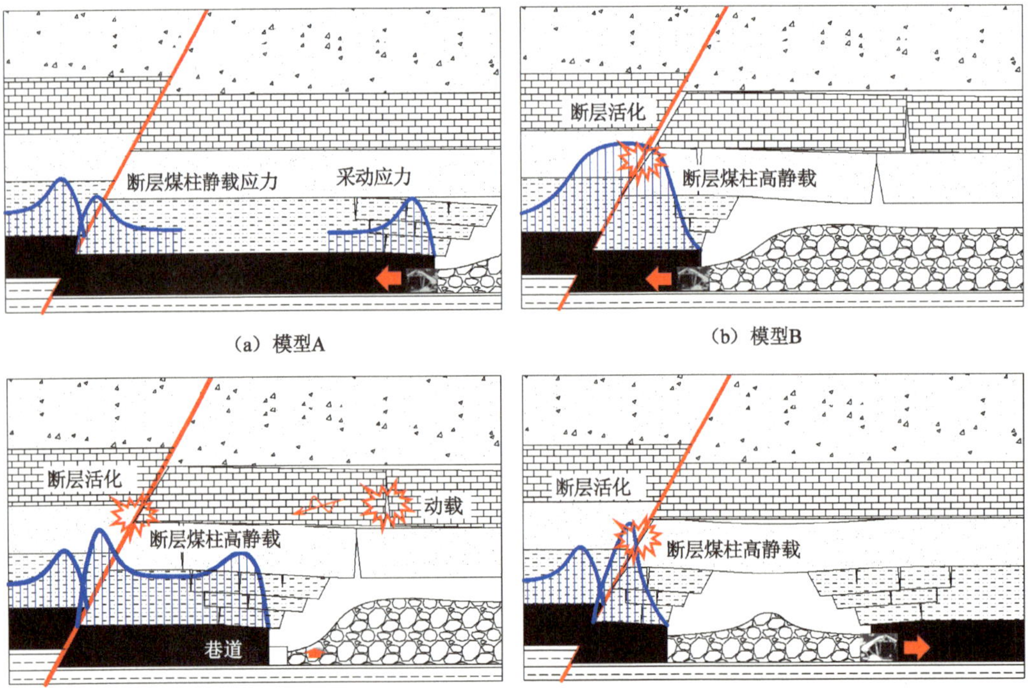

(a) 模型A　(b) 模型B
(c) 模型C　(d) 模型D

图 3-7　断层冲击的断层活化型和断层煤柱失稳型

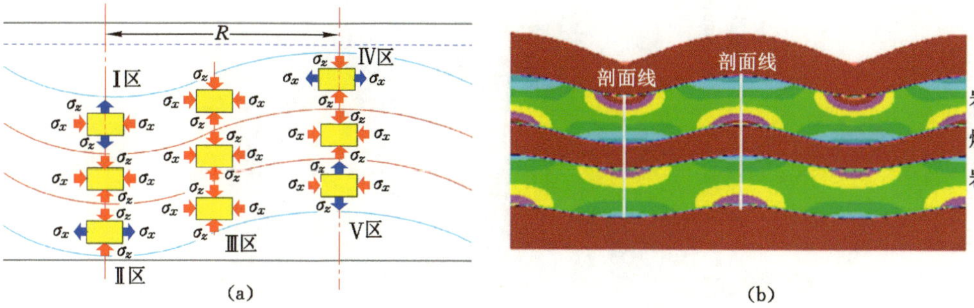

图 3-8　褶曲不同部位的受力状态

区（背斜内弧），受力状态同Ⅰ区。褶曲翼部受到强剪切作用，采掘工程布置在该区域时还易发生剪切失稳。另外，由于褶曲是受水平挤压形成的，褶曲区域岩体内部存有残余应力和弹性能，弹性能释放也是褶曲诱发冲击矿压的重要原因。图 3-9 是通过数值模拟得到的褶曲向背斜处水平应力的分布规律。模拟结果表明，坚硬岩层中的水平应力远大于煤层中的；煤层顶底板交界面的应力变化大；向斜坚硬岩层中的水平应力由底部向顶部升高；背斜坚硬岩层中的水平应力由底部向顶部降低。由此可见，在顶底板与煤层交界处形成很大的应力差，在此区域进行采掘作业时，煤层与顶底板交界处容易剪切滑移，产生强矿震而诱发冲击矿压。

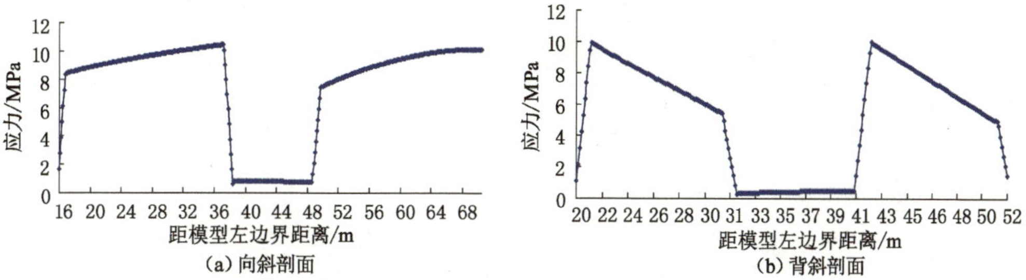

图 3-9　褶曲向背斜处水平应力的分布规律

图 3-10 为陕西某矿在向背斜处发生的多次强矿压显现情况。

3.1.2.3　煤层分叉合并

根据统计分析可知，冲击危险性与煤层厚度及其变化情况密切相关。在煤层厚度突然变薄或者变厚的地方、煤层分叉或者合并的区域，由于构造应力的作用，这些区域的地应力异常，应力集中程度高，往往容易发生冲击矿压，如图 3-11 所示。煤厚变化越剧烈，应力集中的程度越高。

煤层局部厚度变化对应力场的影响规律主要表现在：

(1) 煤层厚度变化越剧烈，应力集中的程度越高。

(2) 当煤层变薄时，变薄部分范围越小，应力集中系数越大。

(3) 煤层厚度局部变化区域应力集中的程度与煤层和顶底板岩层的弹性模量差有关，差值越大，应力集中程度越高。

2013 年 1 月 12 日，辽宁某矿在煤层分叉合并区发生冲击矿压，如图 3-12 所示。山东某矿 3112 孤岛工作面开切眼处的冲击也发生在煤层厚度突然变化的区域，如图 3-13 所示。

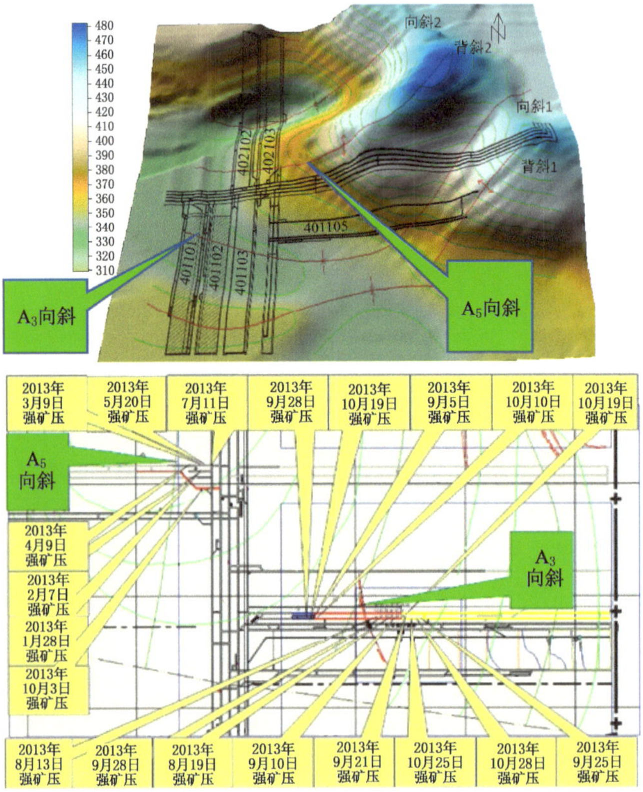

图 3-10　陕西某矿褶曲向背斜处强矿压显现情况

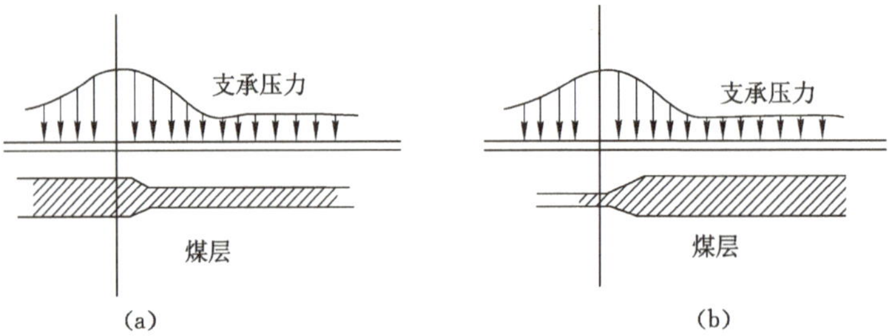

图 3-11　煤层厚度变化对工作面支承压力的影响

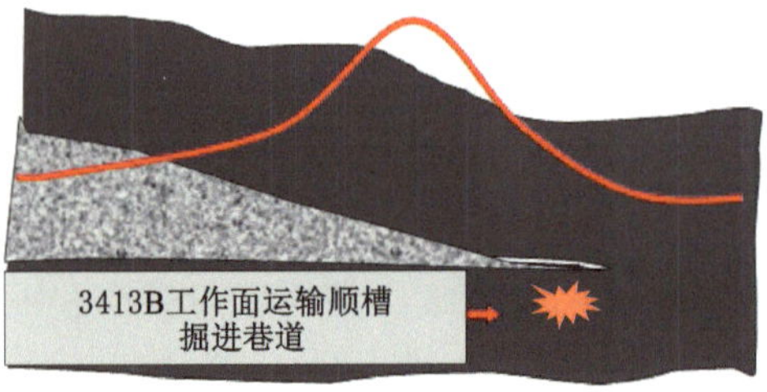

图 3-12　辽宁某矿煤层分叉合并区冲击矿压

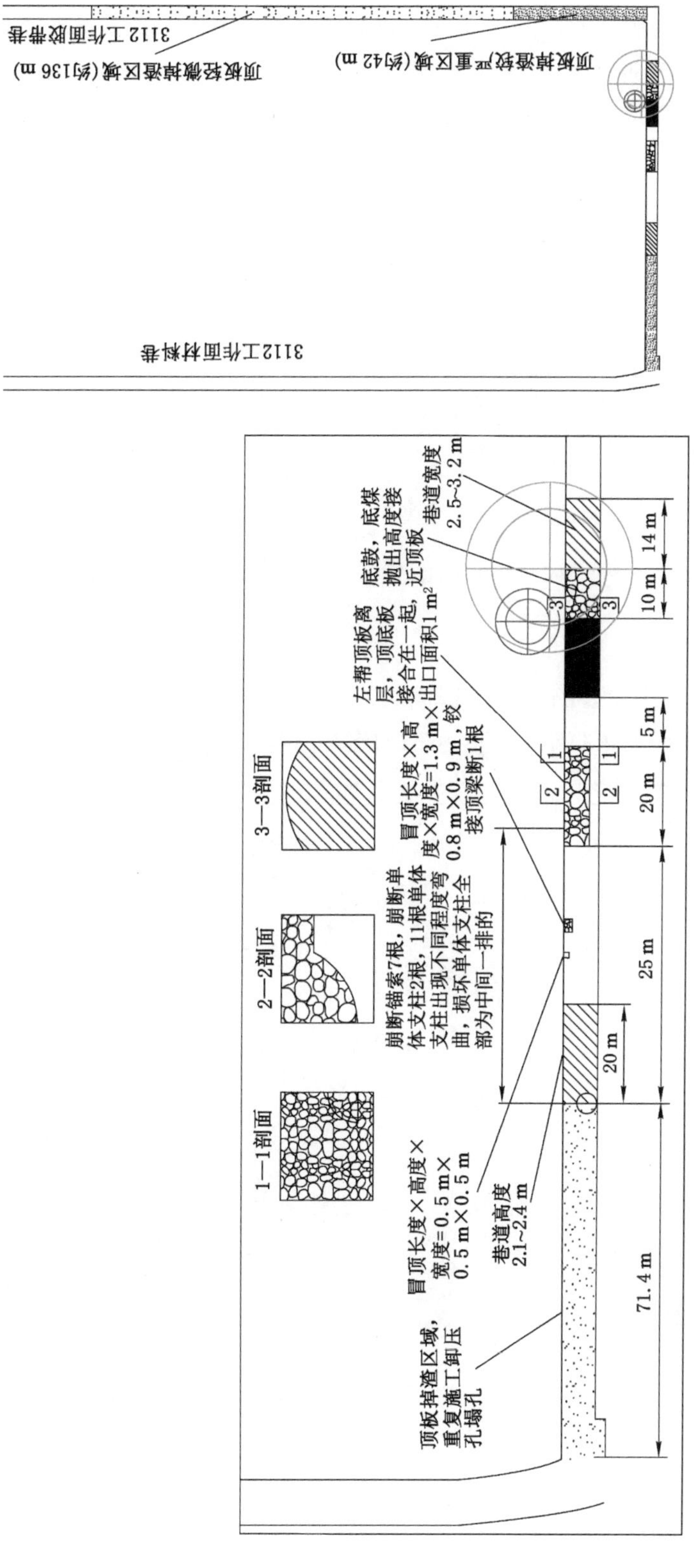

图3-13　山东某矿3112工作面煤层厚度变化区冲击矿压

3.1.2.4 顶板砂岩带

顶板砂岩带对于冲击矿压的影响较大。徐州某矿 74101 工作面在顶板砂岩变化带附近掘进回采期间发生的两次冲击矿压显现和多次应力异常矿压显现情况，如图 3-14 所示。74101 工作面在顶板砂岩带与东一下山巷道之间的运输巷和部分辅运巷为强冲击危险区域，大能量矿震、应力异常区和动力显现发生区均位于此区段。

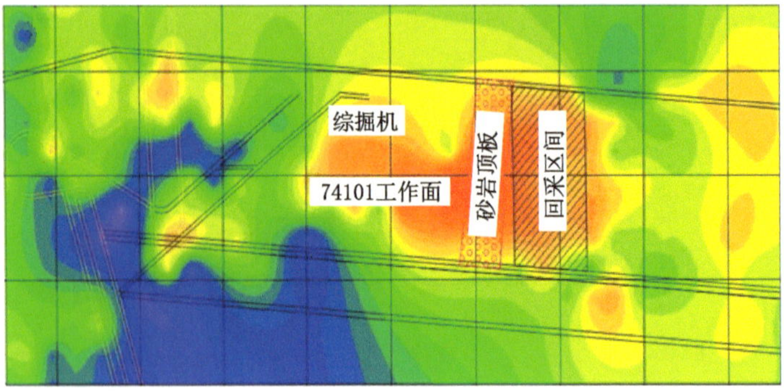

图 3-14　徐州某矿 74101 工作面顶板砂岩带附近的冲击矿压

3.1.2.5 火成岩侵入

由于侵蚀与热作用，火成岩的侵入会造成局部应力集中。图 3-15 为山东某矿 1302 工作面在火成岩侵入区附近巷道掘进期间发生的两次冲击矿压。

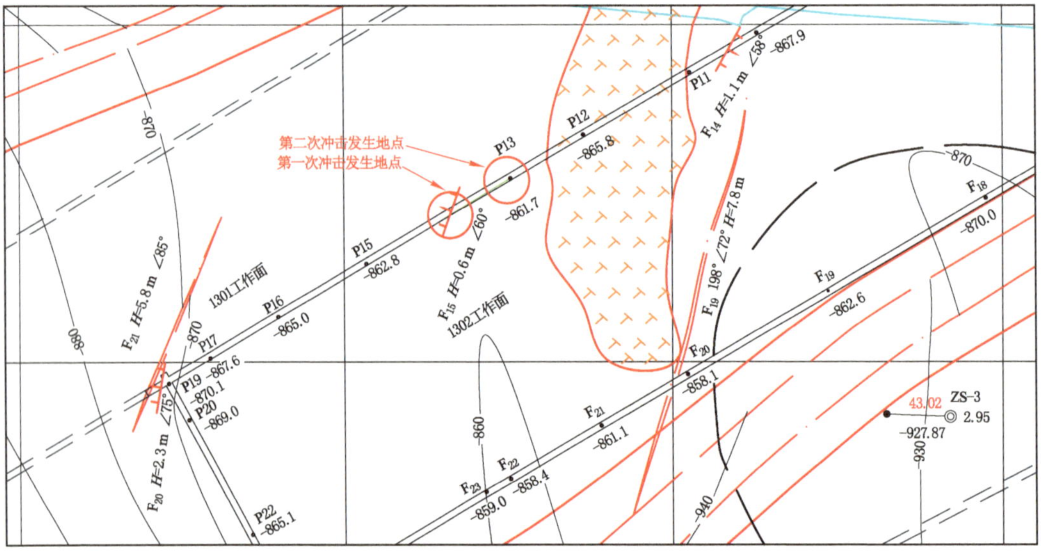

图 3-15　山东某矿 1302 工作面火成岩侵入区附近的冲击矿压

3.1.2.6 巨厚覆岩关键层

如果煤层上覆存在巨厚的关键层，则这层关键层将对煤层的冲击矿压危险产生巨大的影响。所谓关键层，是指对采场上覆岩层局部或直至地表的全部岩层活动起控制作用的岩层，前者称为亚关键层，后者称为主关键层。关键层破断将导致全部或相当部分的上覆岩层产生整体运动。关键层对地表移动过程起控制作用，主关键层的破断将导致地表的快速下沉，地表下沉速度随主关键层周期破断而呈现跳跃变化。

根据岩层的空间结构，当煤层采空区较小时，覆岩关键层呈长臂“F”形结构。在这种结构作用下，采空区周围的煤岩体承担采空区上方关键层及其上覆岩层的全部重力，周围煤岩体上的应力集中程度大幅度增加，冲击危险性也大幅度增大。随着采空区面积的不断增加，上覆关键层会产生破断运动，释放大量能量，从而诱发冲击矿压。甚至覆岩关键层的轻微运动就会对煤层施加巨大的动载，造成煤层巷道和工作面发生冲击矿压。

一般情况下，在工作面开采初期，关键层与其下岩层产生离层。随着工作面的推进，离层量不断增加，最大离层量位于采空区中部。当工作面推进一定距离后，关键层断裂垮落，与下方岩层间的离层消失，如图3-16所示。

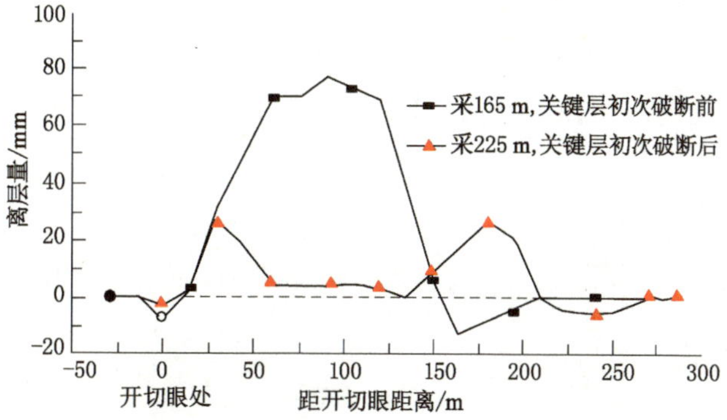

图3-16　关键层初次破断前后离层规律

当主关键层破断时，产生的能量会以震动波的形式释放出来。从主关键层破断处开始，在长度为 dl 的范围内，能量的变化值为 dU。震动波在通过距离 L 后，有一定比例的能量损失。其能量变化可以写成：

$$-\mathrm{d}U = \lambda U \mathrm{d}l \tag{3-9}$$

式中，$-dU$ 指能量是负增长的，或者说指能量是损失的。因此，当主关键层破断产生的能量到达巷道或工作面时，由于部分能量的损失，其剩余能量为：

$$U_{\mathrm{f}} = U_{\mathrm{w}} \mathrm{e}^{-\lambda l} \tag{3-10}$$

式中，U_w 为 $l=0$ 时的震动能量，即主关键层破断释放的震动能量，J；λ 为能量的衰减系数，它与巷道和工作面类型、震中释放的能量有关，震中释放的能量越大，λ 也越大，一般 λ 取0.012～0.039。

由此可知，主关键层破断释放的震动能量 U_w 越大，传播到巷道或工作面的能量 U_f 也就越大，越容易诱发冲击矿压；主关键层破断的位置距巷道或工作面越近，传播到巷道或工作面的能量 U_f 也越大，亦越容易诱发冲击矿压。

河南某矿煤层上覆100多米之上赋存380～600 m的巨厚砾岩层。随着煤层开采面积的不断增加，采空区不断加大，由于巨厚砾岩层不能破断下沉（经地面打钻探测，埋深300 m范围内没有离层和破断；300 m下有离层；往下100 m还是没有破断，整体下沉；再往下才有破断），周围煤体上的应力不断加大和集中。在高集中应力的作用下，巨厚覆岩的轻微运动就会对煤层施加巨大的动载，造成煤层巷道和工作面发生冲击矿压。该矿发生过多次冲击矿压，而且震动能量巨大，最大达 4.0×10⁸ J。

例如，2011 年 11 月 3 日发生的冲击矿压，震源能量为 4.0×10^8 J，开采深度为 800 m；2013 年 3 月 27 日发生的冲击矿压，震源能量为 1.0×10^7 J，震级为 2.7 级，开采深度只有 450 m，150 m 巷道几乎闭合；另外，在 21141 工作面生产期间，实体煤巷道多次发生冲击矿压，该区域开采深度为 650 m，如图 3-17 所示。

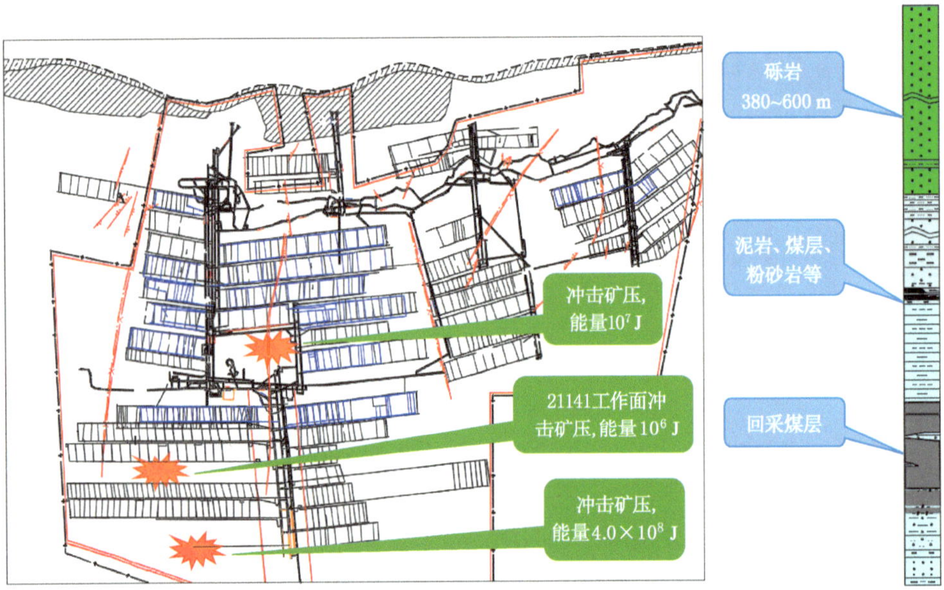

图 3-17　河南某矿巨厚砾岩层下的冲击矿压

山东某矿井田位于新汶向斜之南翼西端，井田东西走向长 7 km，南北倾斜宽 2.2 km，地层倾角为 26°～38°。可采煤层共 7 层，其中，4 煤层是主采煤层，平均厚 6.5 m。目前，4 煤层已开采－750 m 水平，采煤方法为走向长壁分层（分三层）开采法，顶板管理方法为垮落法。地表地势平坦，标高＋115 m。4 煤层上覆岩层主要特点为，表土层厚仅为 0～4 m，表土层下有一层完整性好的坚硬巨厚砾岩层，砾岩层平均厚度约 550 m。根据关键层理论的判别方法，上覆巨厚砾岩层为主关键层。

该矿是我国典型的深部冲击矿压矿井。主关键层巨厚砾岩层的破断运动是形成强烈冲击矿压的重要影响因素。砾岩层的破断运动是其底部离层平衡系统失稳垮落的结果。在离层孕育失稳过程中，砾岩层内积聚大量的弹性能，并作用于采空区周围的岩体，从而形成高应力集中带。当离层区域达到一定范围后，其平衡条件被破坏，砾岩层就会发生断裂垮落运动。由于表土层较薄，砾岩层厚度大，且砾岩层整体性较好，所以地表移动变形情况实质上反映上覆岩层的运动情况，地表沉降规律即反映砾岩层的移动规律。图 3-18 为该矿联合布置工作面 1407 和 1408 工作面推采距离、地表下沉速度和冲击矿压之间的关系（图中，M_L 表示里氏震级）。

从图 3-18 可以看出，冲击矿压绝大部分发生在砾岩层的断裂运动阶段；在砾岩层的初始断裂运动阶段和剧烈活动阶段，冲击矿压发生集中，而且震级较大。

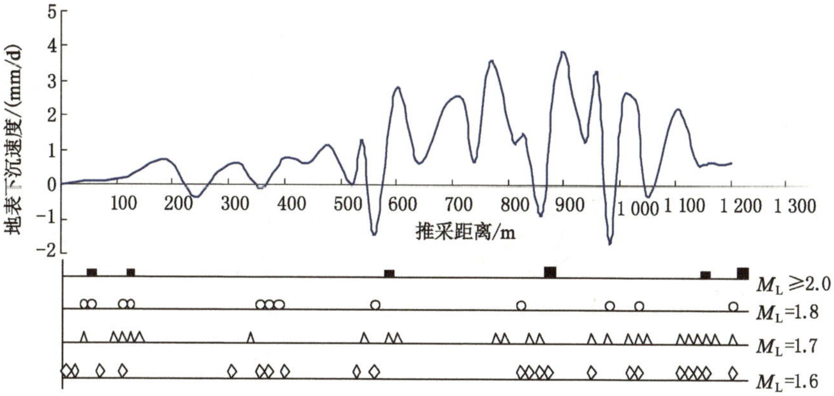

图 3-18 工作面推采距离、地表下沉速度和冲击矿压之间的关系

3.1.3 采掘应力集中

3.1.3.1 区段煤柱

留设区段煤柱保护采准巷道是我国煤矿采取的主要护巷方法。同时,煤柱处于应力集中部位,易引起冲击矿压。统计表明,最近二十多年来大约 60%的冲击矿压是由煤柱引起的,造成了巷道的严重破坏及人员的大量伤亡。因此,护巷煤柱是影响冲击矿压的一个重要因素,煤柱合理宽度的确定对冲击矿压防治起着至关重要的作用,同时,合理的煤柱宽度对回采巷道稳定性及维护有着积极作用。

从防冲的角度来讲,煤柱越窄对防冲越有利,因为窄煤柱中的煤体几乎会全部被"压酥",其内部不存在弹性核,也就不会存储大量的弹性能,发生冲击的危险性就小。但区段煤柱的宽度不能随意留设,煤柱宽度太小起不到保护巷道的作用;或者留设大煤柱(宽度大于 50 m),煤炭资源损失太严重。数值模拟表明,当煤柱宽度小于 6 m 时,最大垂直应力较小;而当煤柱宽度在 10~20 m 时,煤柱中的最大垂直应力达到最大;随着煤柱宽度的继续增大,煤柱中的最大垂直应力又将减小。而且随着煤柱宽度的增大,巷道附近煤体中的应力集中程度增加,如图 3-19 所示。大量理论研究、数值模拟及现场实践表明,留设宽度不大于 5 m 的小煤柱对冲击矿压防治最为有利,同时能保证巷道围岩稳定。

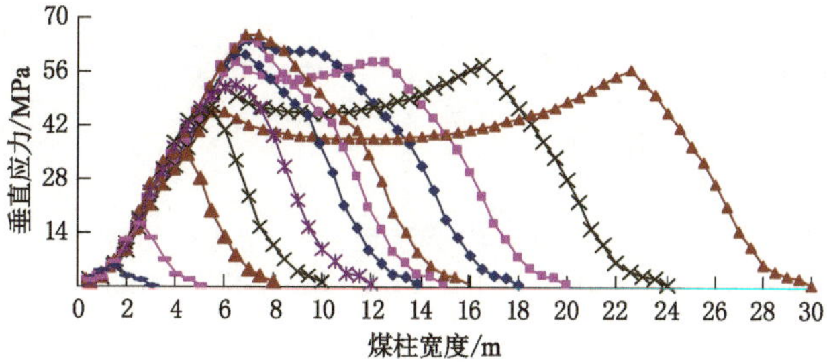

图 3-19 煤柱中的垂直应力随煤柱宽度的变化规律

辽宁某矿 2017 年 11 月 11 日 2 时 26 分 39 秒发生一起煤柱型冲击矿压。其位置处于该矿西三上采区 702 工作面回风顺槽，震级达 2.4 级。冲击造成 702 工作面前方回风顺槽约 220 m 巷道出现大面积底鼓、冒顶，且煤帮位移明显，造成作业人员伤亡和被困，如图 3-20 所示。

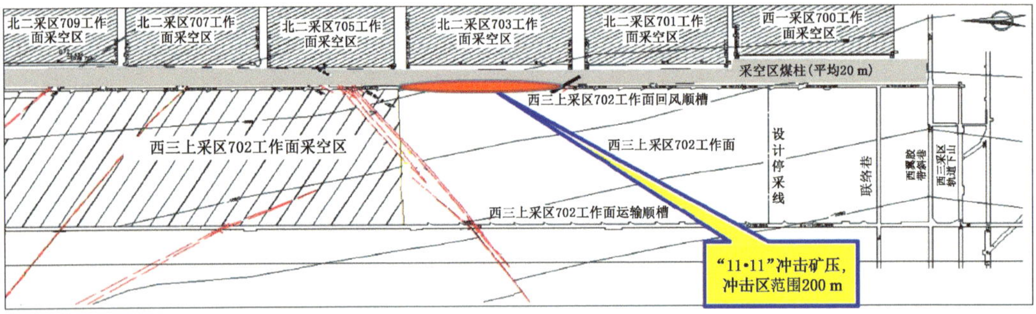

图 3-20　辽宁某矿"11・11"冲击矿压

黑龙江某矿四水平南 17 层一四区一段开采深度 500 m；工作面上部留设隔段煤柱，宽 15～18 m。邻层上覆 11 层已开采，层间距 138～155 m。在回风顺槽掘进和巷修期间多次发生冲击矿压。

3.1.3.2　上覆遗留煤柱

多煤层开采时，上层煤开采的遗留煤柱，尤其是不规则煤柱，会集中较高支承压力，并且传递至底板以下，对下层煤的开采造成巨大影响。江苏某矿 9202 工作面开采深度达 900 m，上覆 30 m 有 7 煤残留的 120 m×90 m 大煤柱。7 煤所留的煤柱处于 9202 工作面运输巷上部，距 9202 工作面运输巷 13 m，见图 3-21(a)。2000 年 3 月 11 日，9202 工作面回风巷掘进期间在 7 煤煤柱下方发生冲击，破坏煤壁 33 m，涉及范围 80 m。

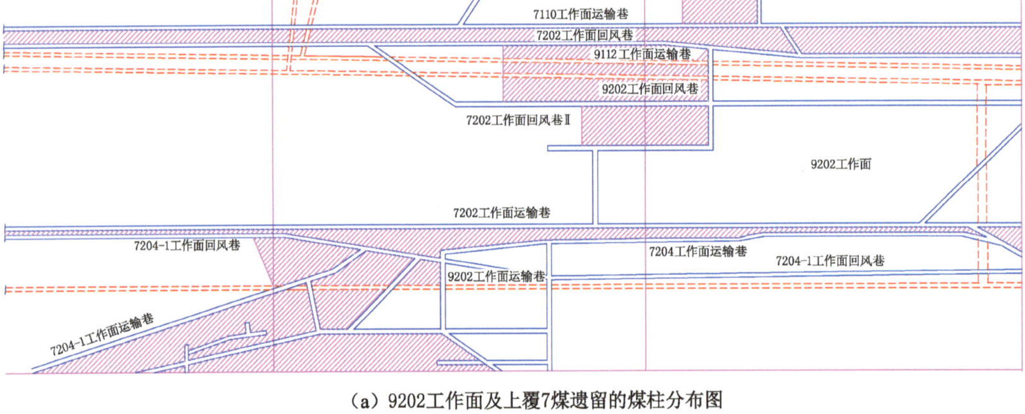

(a) 9202工作面及上覆7煤遗留的煤柱分布图

图 3-21　江苏某矿上覆遗留煤柱下的冲击矿压

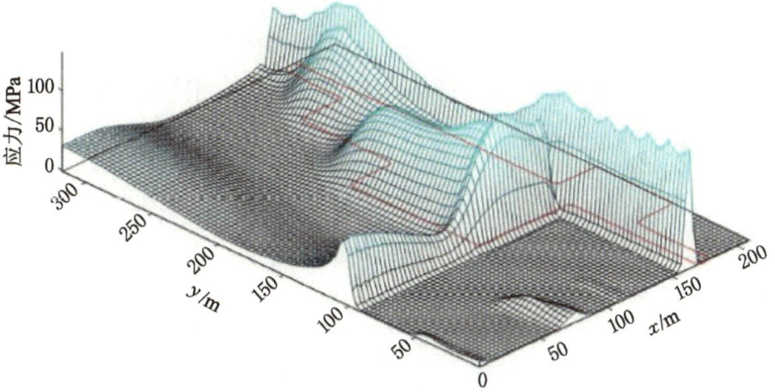

（b）9煤内的应力分布模拟结果

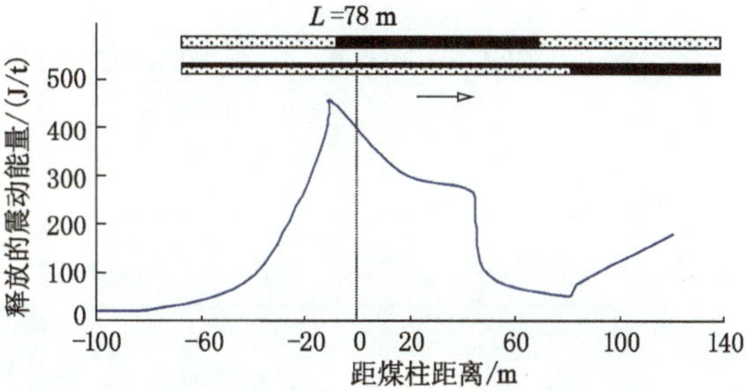

（c）9煤回采期间释放的震动能量分布

图 3-21(续)

3.1.3.3 开切眼和停采线

开切眼和停采线的位置对冲击矿压的发生有较大的影响。多个工作面的开切眼和停采线不对齐等区域冲击危险性急剧升高。对开切眼外错回采空间周围应力分布进行的数值模拟研究表明,靠近采空区附近工作面周围煤岩体的应力集中程度非常高,应力集中系数最高达7。

甘肃某矿250206工作面开切眼外错250204工作面开切眼400 m,在250206工作面回采接近250204工作面开切眼时,多次出现大能量的矿震,图3-22为矿震震源平面分布图。在250206工作面距250204工作面开切眼80 m时,发生了一次冲击矿压,能量达1.0×10^{7} J,造成了80 m巷道的底鼓。

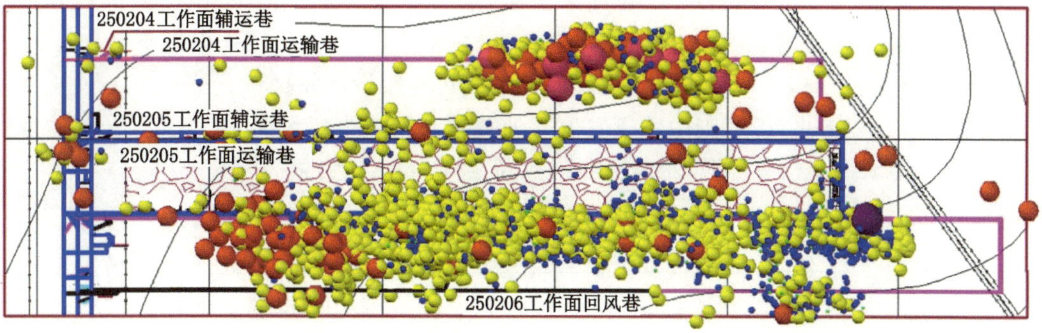

图 3-22 甘肃某矿开切眼外错的条件下矿震震源平面分布

图 3-23 为山东某矿 3018 工作面开切眼外错的情况下，回风顺槽的支承压力分布情况。从图 3-23 可以看出，在开切眼外错处，支承压力已经超过发生冲击矿压的最小临界应力，需要在采掘前及时采取卸压解危措施，降低应力集中水平，从而降低冲击矿压危险性。

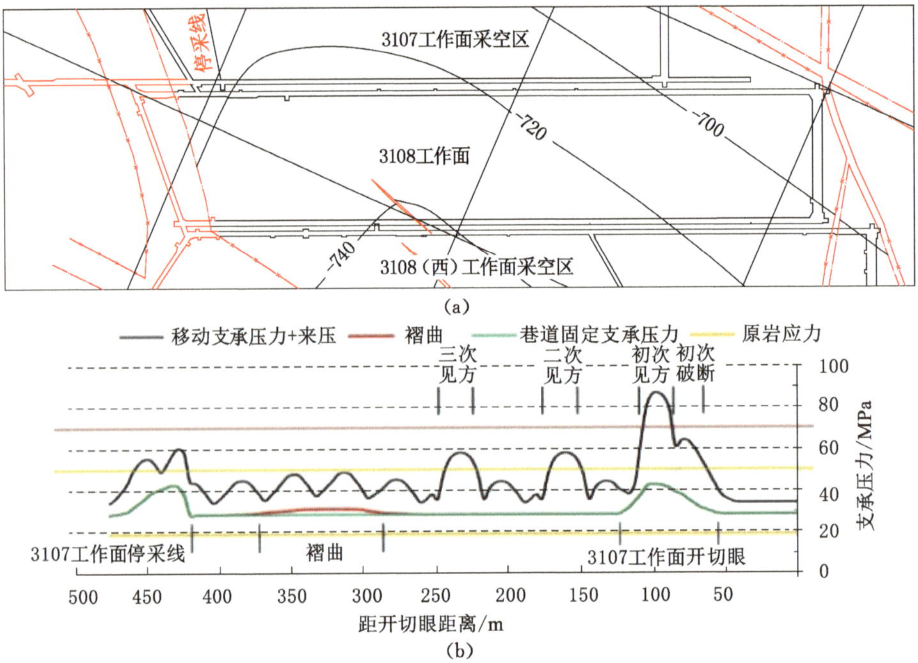

图 3-23 山东某矿开切眼外错的情况下支承压力分布

停采线附近同样存在较高的应力集中现象。江苏某矿 9 煤埋深大，开采深度大于 1 000 m，局部开采深度达 1 200 m，属于典型的深部开采煤层。7、9 煤间距 30 m，7 煤的停采线对 9 煤影响较大。在 9 煤工作面开采通过 7 煤的停采线时，矿震显现频发，冲击矿压危险性较大，如图 3-24 所示。

3.1.3.4 面向采空区采掘

图 3-25 为山东某矿“1·3”$43_{上}05$ 工作面开切眼导硐发生的冲击矿压。该矿 $43_{上}05$ 工作面为四面采空的“孤岛”工作面，倾斜宽 187.3 m，走向长 490.4 m。开切眼北距 $143_{上}02$ 工作面采空区 60 m，西邻 $43_{上}06$ 工作面采空区，东邻 $43_{上}04$ 工作面采空区，南部距开切眼 180 m 处为 $43_{上}05^{-1}$ 工作面采空区、距开切眼 500.4 m 处为 $43_{上}05^{-2}$ 工作面采空区。

2005 年 1 月 3 日，$43_{上}05$ 工作面开切眼导硐施工至距设计停掘位置 2 m 左右发生冲击矿压，迎头后方 28～68 m 范围内巷道发生 3 处冒顶。事故损坏风筒 193 m，折断单体液压支柱 55 根，造成 115 根单体液压支柱倒柱，拉断锚杆 366 根、锚索 39 根。

3.1.3.5 煤层群巷道叠加

山西某矿 2017 年 1 月 17 日发生顶板冲击矿压事故，4203 工作面运输顺槽距工作面 51～70 m 范围巷道顶部突然垮落，工作面超前 200 m 范围内出现巷道破坏。$4^{\#}$ 煤层埋深 400 m，$4^{\#}$ 煤层与 $9^{\#}$ 煤层层间距为 50 m。在该区域，$4^{\#}$、$9^{\#}$ 煤层分别布置 4203、9202 工作面，两个工作面同时开采。虽考虑已回采完的 4202 工作面、正在回采的 4203 工作面和下部

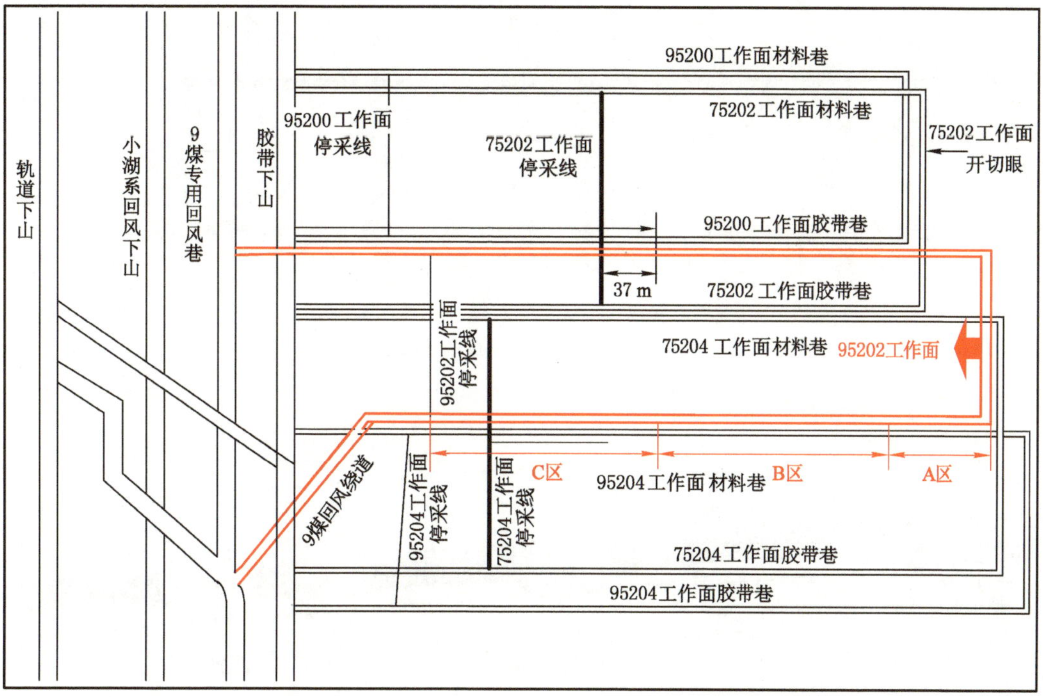

(a)

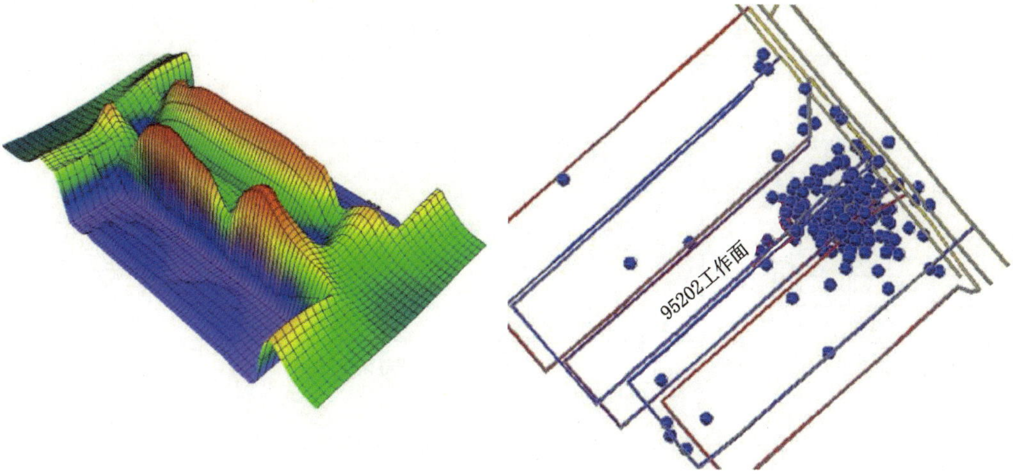

(b)

图 3-24　江苏某矿 7 煤停采线对 9 煤回采的影响

正在回采的 9202 工作面对 4203 工作面运输顺槽的应力影响，但认为影响不太大。更未考虑随着 9202 工作面与 4203 工作面间水平距离的缩小，9202 工作面作用于 4203 工作面运输顺槽的支承压力会增大，且达到发生冲击矿压的条件。因此，这次冲击矿压是 4203 工作面超前支承压力、已采 4202 工作面侧向固定支承压力、9202 工作面后方支承压力叠加后形

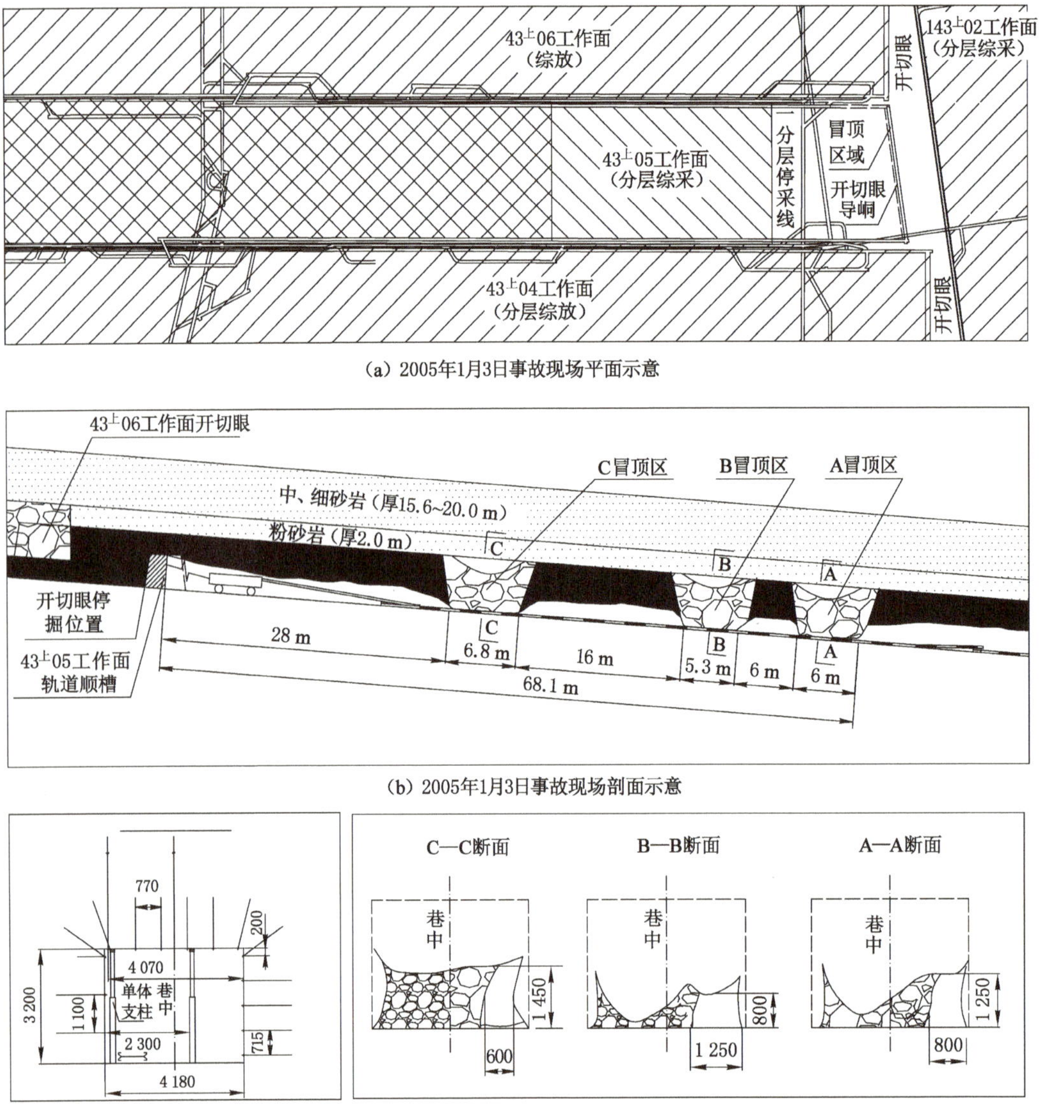

(a) 2005年1月3日事故现场平面示意

(b) 2005年1月3日事故现场剖面示意

(c) 43上05工作面开切眼导硐断面

(d) 开切眼导硐冒顶处断面示意

图 3-25 山东某矿开切眼向采空区掘进时的冲击矿压

成动态高应力带,动态高应力作用于 4203 工作面运输顺槽后诱发的。

3.1.3.6 巷道留底煤

实践表明,冲击矿压发生时,一般均伴有严重底鼓,且较厚底煤的留设对冲击矿压的发生往往会起到促进作用。对于巷道围岩而言,一般顶板和巷帮需要进行支护,而底板无支护,从而导致底板成为巷道薄弱区。当冲击载荷作用至巷道围岩时,能量将从最薄弱的环节突破,该过程必然伴随底板的缓慢底鼓或突然破坏。

巷道底板可分为岩石底板、薄底煤(煤厚小于 1 m)底板和厚底煤(煤厚大于 1 m)底板三种情况,其中,前两者最为多见,厚底煤底板一般存在于分层开采工作面。底板岩性对冲击矿压的影响主要取决于底板的强度和载荷水平。岩石底板本身强度较高，承载能力大，对冲击矿压载荷的抵抗效果明显。当底板留有较薄底煤时，底煤在巷道掘进后即发生渐进式变形破坏，承载力显著降低，下部岩石底板仍将是承载的主体。而当底煤较厚时，煤体必然成为承载主体，在冲击矿压载荷作用下更易发生破坏，尤其具有冲击危险性的底煤本身具备积聚弹性能并发生冲击矿压而破坏的特性。

巷道开挖后底板煤层中会产生水平应力集中现象，这是影响底板煤层稳定性的主要因素。扰动应力和底板的高水平应力叠加使底板应力达到或超过煤体破坏极限，底板由于屈曲失稳而变形。当矿震应力波传播到巷道表面时在巷道表面产生反射形成拉应力波，由于煤体抗拉强度很小，且煤体单元受拉程度越高，煤体破坏的临界应力变得越小，煤体受力很容易达到其极限抗拉强度而发生层裂破坏。这样，在高水平应力和反射拉应力作用下，巷道底板瞬间发生多次层裂破坏，最终导致破坏范围和规模的突然扩大而发生底板冲击，如图 3-26 所示。

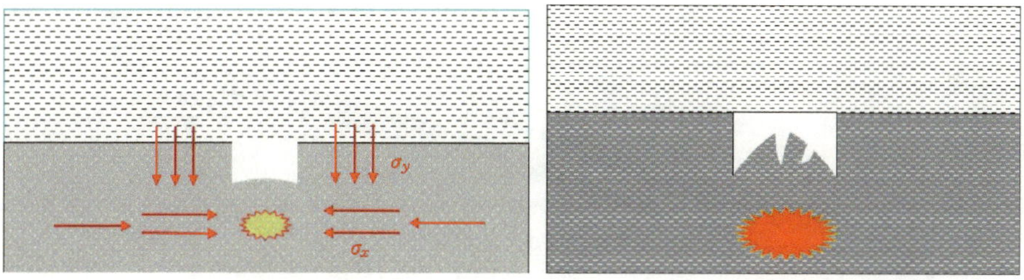

(a) 极限应力状态　　(b) 在外界扰动下发生冲击

图 3-26　动载扰动下底板冲击示意

巷道底板发生破坏与巷道埋深、巷道宽度、巷道底煤厚度、底板煤岩层的弹性模量和泊松比、水平构造应力及巨厚坚硬基本顶等因素有关。当底板煤岩层泊松比一定时，底板冲击矿压危险性与巷道埋深、水平构造应力、巷道宽度的平方、巨厚坚硬基本顶影响系数成正比，与底板煤岩层弹性模量、底板煤岩层易发生层裂破坏的厚度的平方成反比。

图 3-27 为河南某矿"3・27"冲击矿压情况，该冲击矿压发生时间为 2014 年 3 月 27 日 11 时 18 分，震源位置位于 21032 工作面回风上山西翼 128 m（平距）处，震动能量为 1.1×10^7 J，震级为 2.7 级。21032 工作面位于二一采区上山，北邻 21011、21012 工作面，南跨 21051、21052 工作面 65 m，上部为 21031 工作面采空区，里段为实体煤，西邻材料新井保护煤柱，东邻 $F_{3\text{-}6}$ 断层煤柱。该工作面平均开采深度为 476.2 m，上巷走向长度为 1 038 m，下巷走向长度为 1 032 m，平均走向长度为 1 035 m，倾斜长度为 220 m。21032 工作面回风上山设计长度为 120 m，底部车场长度为 30 m，截至 2014 年 3 月 27 日 0 时 21032 工作面回风上山已掘进105.8 m（上部车场变平段长度 14.2 m），冲击造成煤层段巷道瞬间底鼓，巷道基本闭合。

3.1.3.7　工作面来压与见方

采空区顶板活动高度受到工作面长度影响，即覆岩运动高度主要受采空区短边（其长度多为工作面长）控制。若工作面长度较小，则在工作面开采时，当其推进距离达到工作面长度时顶板活动高度和强度达到极大值，之后顶板活动性基本不随工作面推进而增强。当下

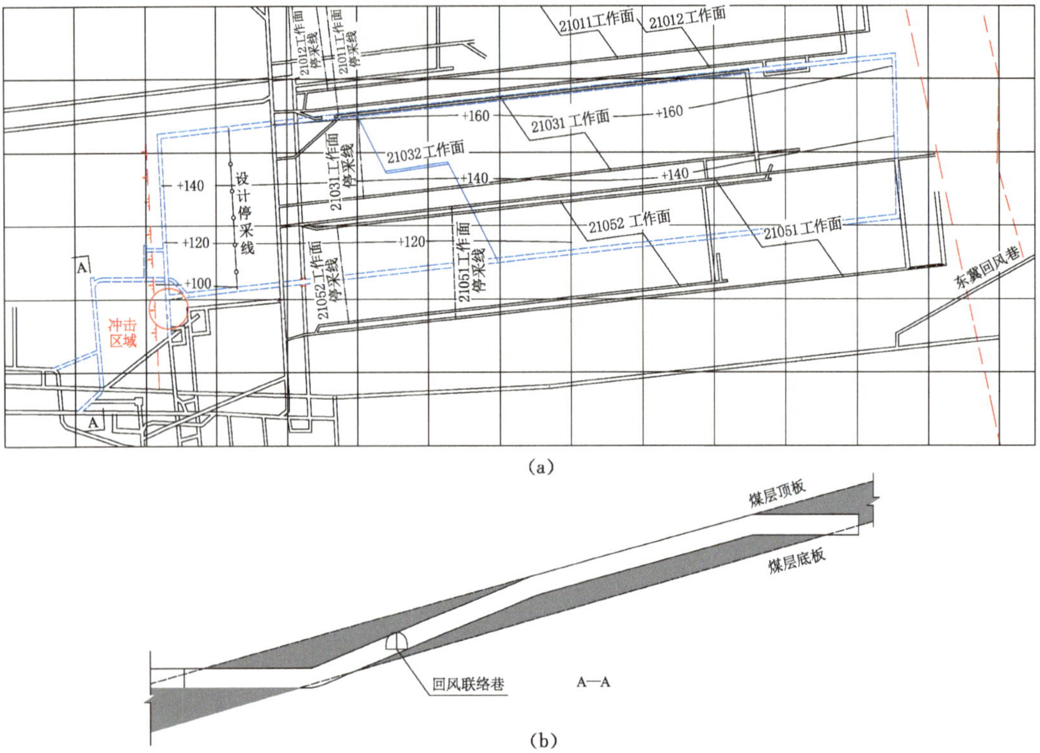

图 3-27　河南某矿巷道底板的冲击矿压

一个面开采时，相当于增加了采空区倾向宽度，顶板活动范围继续向上层位发展，顶板活动性增强，且当工作面推进距离达到两工作面长度之和左右时达到最大值。将此效应称为“见方”效应。

随着无煤柱(小煤柱)护巷技术成功应用到综放工作面，在纵向与横向层面上其覆岩运动范围远大于综采工作面，由此引发的采动应力场、覆岩空间结构演化规律更加复杂。大规模、高强度的开采扰动不仅导致垮落带覆岩剧烈运动，而且使周围采空区中已经存在的空间平衡结构进一步失稳，而未断裂的岩层会与工作面协同破断运动，从而诱发冲击矿压等煤岩动力灾害。

根据钱鸣高院士提出的顶板“砌体梁”“关键层”理论和基本顶的“O-X”形破断结构可知，随着工作面的推进，顶板覆岩在平面上呈现“O-X”形破断结构形态，在走向与倾向剖面上，断裂后呈“砌体梁”结构平衡状态，如图 3-28 所示。“O-X”形覆岩空间结构(简称为“O-X”结构)形态与范围由本工作面长度、煤层厚度、关键层层位与物理力学性质决定。根据关键层的破断与否，可将“O-X”结构分为两种情况：一是主关键层破断后，全空间“O-X”结构；二是主(亚)关键层尚未破断时，半空间“O-X”结构。“O-X”结构因为四周为实体煤，在开采过程中矿压显现主要受覆岩各关键层“砌体梁”结构形成与失稳过程造成的应力场变化与冲击动载的影响。当存在多层亚关键层时，在满足一定条件下会出现关键层的复合破断，工作面的矿压显现更为强烈。

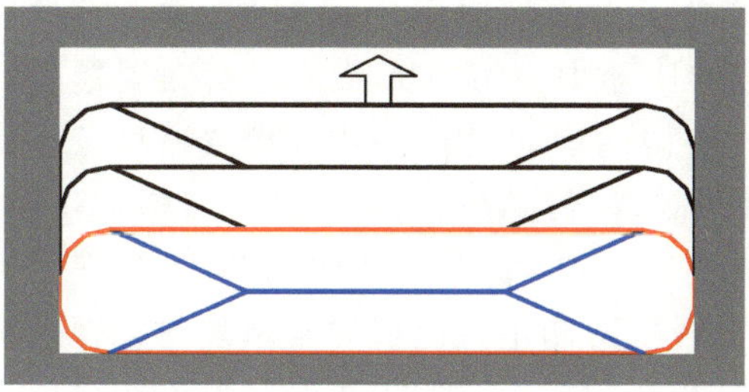

(a) 覆岩“O-X”形破断形成的“O-X”结构平面示意

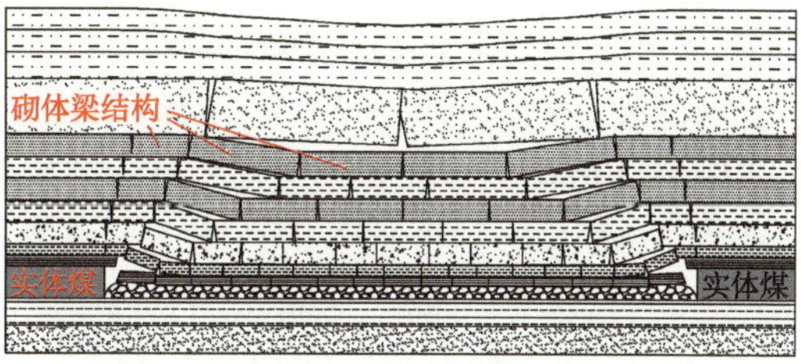

(b) “O-X”结构沿走向剖面的“砌体梁”结构

图 3-28　“O-X”形覆岩空间结构示意

相邻工作面的“F”结构。一侧相邻采空区，并且两工作面间煤柱宽度小于隔离采空区所需最小宽度，而另一侧为实体煤或者大煤柱的工作面，如图 3-29 所示，由于其覆岩边界条件一侧为实体，另一侧为相邻工作面“O-X”结构的弧三角板，似字母“F”，因此被命名为“F”形覆岩空间结构(简称为“F”结构)。“F”结构的主要特点是，小煤柱侧采空区覆岩会对工作面开采造成显著影响，即下一工作面覆岩会与采空区覆岩结构的一部分协同运动，而本工作面覆岩随开采的进行还将经历“O-X”结构演化过程，即“F”结构包括“F”臂在采动影响下的结构失稳运动以及“O-X”结构演化。同样，根据关键层的性质与破断特征，可将“F”结构分为两大类：长臂与短壁“F”结构。当存在多层亚关键层时，每类下又分别可细分为单层与多层“F”结构。处于“F”结构下的工作面，开采时矿压显现、覆岩运动与应力场演化比“O-X”结构下的复杂，体现为采空区震动频繁，造成采空区一侧沿空巷道剧烈变形破坏。

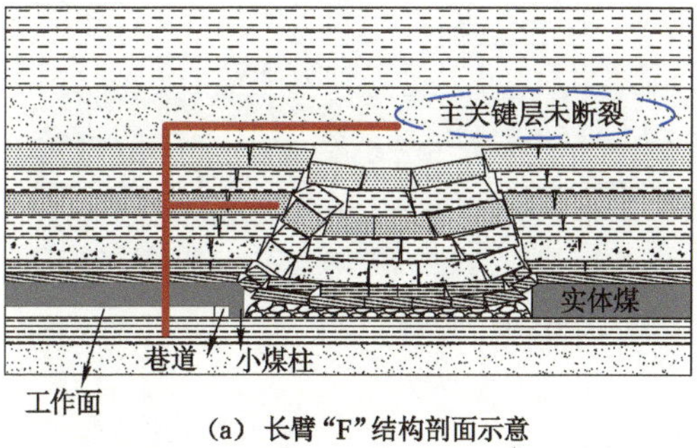

(a) 长臂“F”结构剖面示意

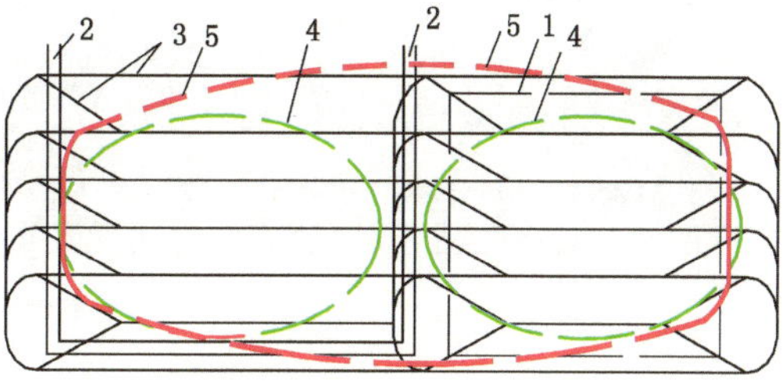

(b) 长臂“F”结构平面示意

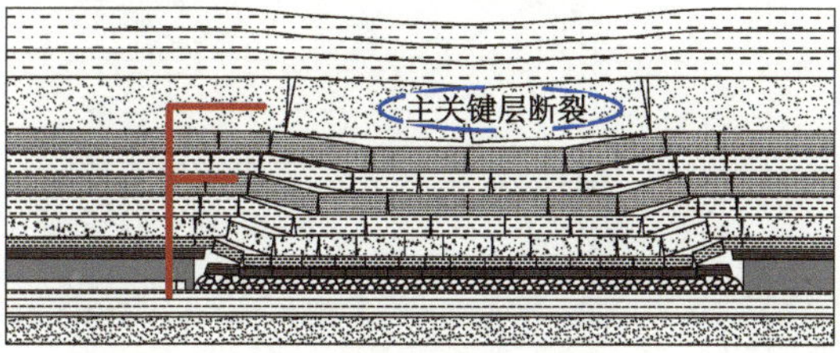

(c) 短臂“F”结构剖面示意

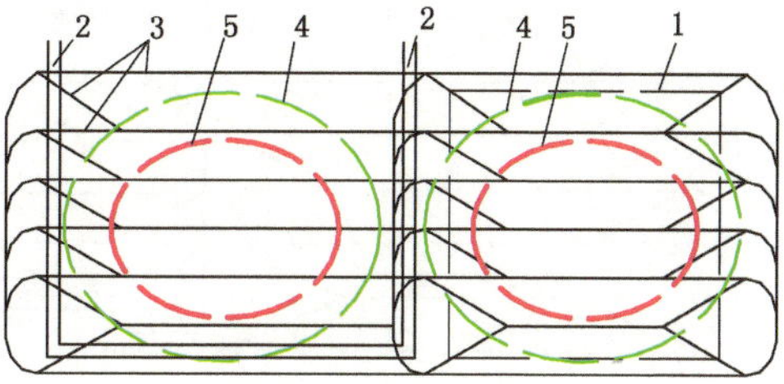

(d) 短臂“F”结构平面示意

1—上区段采空区；2—下区段工作面平巷；3—低位亚关键层断裂线；4—高位亚关键层断裂线；5—主关键层断裂线。

图 3-29　“F”形覆岩空间结构示意与分类

孤岛工作面的"T"结构。孤岛工作面是指相邻两侧以及以上为采空区，并且煤柱宽度小于隔离采空区所需最小宽度的工作面。孤岛工作面应力集中程度高、覆岩运动剧烈，矿压显现强于非孤岛工作面，极易出现冲击矿压动力灾害。孤岛工作面四周覆岩均已发生断裂，开采后四周覆岩与工作面顶板岩层将协同运动、相互影响，导致孤岛工作面支承压力峰值高、扰动远、变化快。孤岛工作面两侧覆岩边界条件均为"F"结构，整体似字母"T"，称之为"T"形覆岩空间结构（简称为"T"结构）。"T"结构可以分为三大类（图 3-30）：两侧主关键层均断裂的短臂对称"T"结构；两侧主关键层均未断裂的长臂对称"T"结构；一侧主关键层未断裂，另一侧主关键层断裂的非对称"T"结构。当存在多层亚关键层时，每类下又分别可细分为单层与多层"T"结构。不同的结构对应着不同的矿压显现规律。第一类结构整个工作面范围矿压显现与短臂"F"结构采空侧的矿压显现类似。长臂对称"T"结构由于两侧主关键层尚未断裂，工作面两侧支承压力要高于短臂对称"T"结构，两巷维护难度加大，煤体震动增多，并且当工作面推进一段距离后，由于关键层跨度的增大，会出现关键层断裂来压现象，从而引起高能量级别矿震。虽然破裂源主要集中在两侧采空区与本工作面中部，但是高能量震动波传播至工作面后，仍极有可能造成工作面发生冲击矿压事故。对于第三类非对称"T"结构，开采前其支承压力场分布特征在短臂一侧与第一类结构类似，在长臂一侧则与第二类结构类似，工作面推进初期其矿压显现规律也与前两类结构类似；但是，当尚未断裂的主关键层开始断裂运动时，其矿压显现要比前两类结构剧烈很多，主要原因在于，此时主关键层的一侧断裂线位于工作面巷道上方，中间的断裂线靠近另一条巷道上方，因此，主关键层断裂诱发的高能级震动对巷道的破坏作用要强得多。

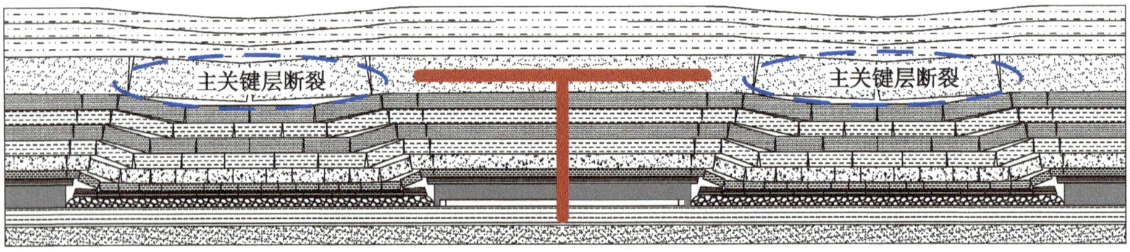

(a) 短臂对称"T"结构剖面示意

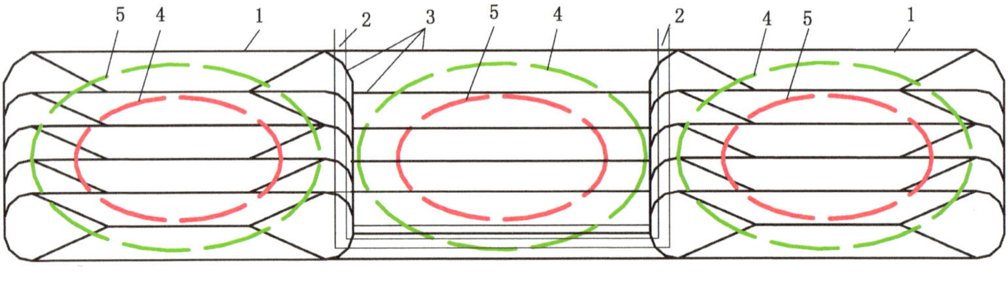

(b) 短臂对称"T"结构平面示意

图 3-30 "T"形覆岩空间结构示意与分类

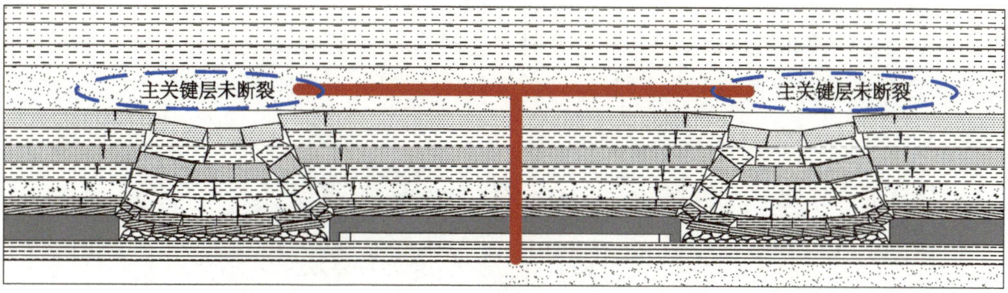

(c) 长臂对称“T”结构剖面示意

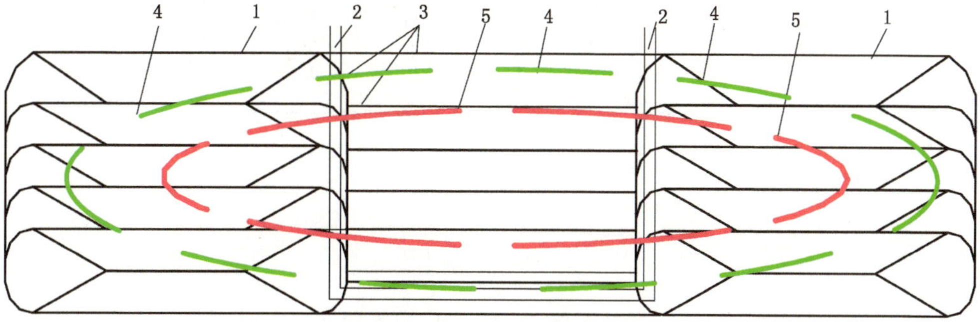

(d) 长臂对称“T”结构平面示意

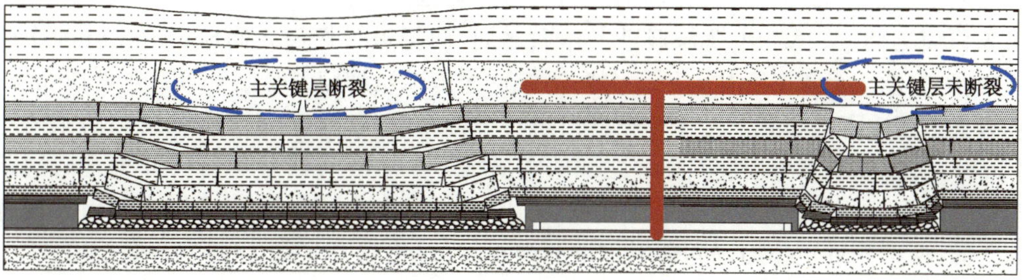

(e) 非对称“T”结构剖面示意

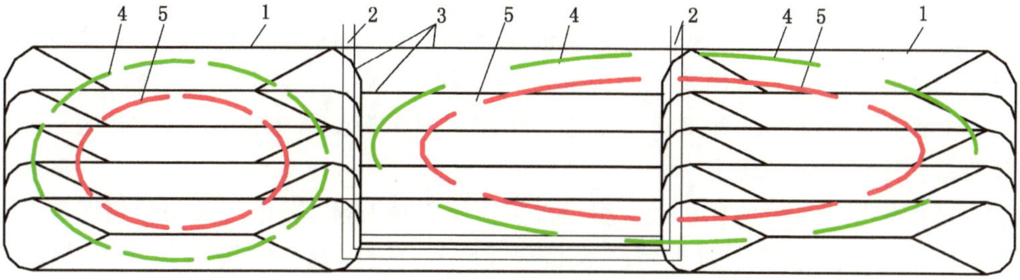

(f) 非对称“T”结构平面示意

1—上区段采空区；2—下区段工作面平巷；3—低位亚关键层断裂线；4—高位亚关键层断裂线；5—主关键层断裂线。

图 3-30(续)

图 3-31 为某矿三水平北十七层三四区一段综一面发生的“3·15”冲击矿压事故。这次冲击矿压事故是在四次见方的情况下发生的，能量为 4.6×10^{6} J，破坏巷道 150 m，工作面上端头 30 m 也遭到破坏。同时，在二次见方时发生过一次能量为 2.0×10^{5} J 的冲击矿压，在三次见方时发生过两次能量分别为 1.2×10^{5} J 和 1.2×10^{6} J 的冲击矿压。

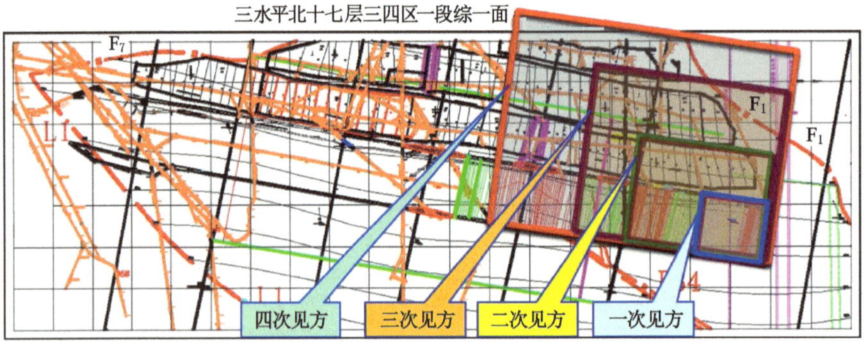

图 3-31 某矿“3·15”冲击矿压

3.1.4 采掘相互扰动

开采冲击矿压煤层时，在应力集中区内，若布置两个工作面同时进行采掘作业，则容易使两个工作面的支承压力叠加，应力集中程度将显著提高，易诱发冲击矿压。考虑冲击矿压危险区域采煤工作面和掘进工作面的支承压力影响范围可分别达到 200 m、100 m 以上，两采煤工作面之间、采煤工作面与掘进工作面之间、两掘进工作面之间应留有足够的作业间距，以避免支承压力相互叠加。因此，《防治煤矿冲击地压细则》规定：开采冲击地压煤层时，在应力集中区内不得布置 2 个工作面同时进行采掘作业。2 个掘进工作面之间的距离小于 150 m 时，采煤工作面与掘进工作面之间的距离小于 350 m 时，2 个采煤工作面之间的距离小于 500 m 时，必须停止其中一个工作面，确保两个采煤工作面之间、采煤工作面与掘进工作面之间、两个掘进工作面之间留有足够的间距，以避免应力叠加导致冲击地压的发生。相邻矿井、相邻采区之间应当避免开采相互影响。

河南某矿 21141 工作面下巷掘进 657 m 时发生冲击矿压灾害，导致距开口 590 m 处前后共51 m 冲击显现严重，最大底鼓量达 2 m，此时 21141 工作面下巷掘进工作面与正在回采的 21201 工作面最小直线距离约 330 m。经分析，采掘工作面作业区域间距不够，导致 21141 工作面下巷掘进工作面、21201 采煤工作面之间采掘支承压力相互叠加，这是此次冲击矿压事故发生的主要原因之一。

甘肃某矿采掘相互影响比较大。根据微震监测系统观测，工作面采动影响区域超前工作面 286 m 左右，掘进工作面影响区域超前 130 m 左右，安全距离达 420 m，如图 3-32 所示。

相邻矿井在各自的边界区域进行采掘活动时，如果间距较小，则当两个工作面同时进行采掘作业时，两个工作面的支承压力呈叠加状态，应力集中程度将显著提高，从而易诱发冲击矿压。图 3-33 为山东某矿工作面回采时诱发相邻矿井的冲击矿压事故，该事故造成了人员的伤亡和巷道的损坏。

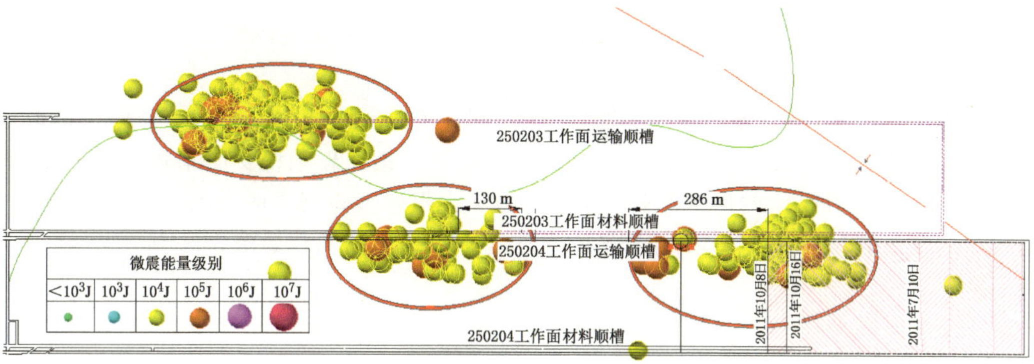

图 3-32　甘肃某矿采掘相互影响距离

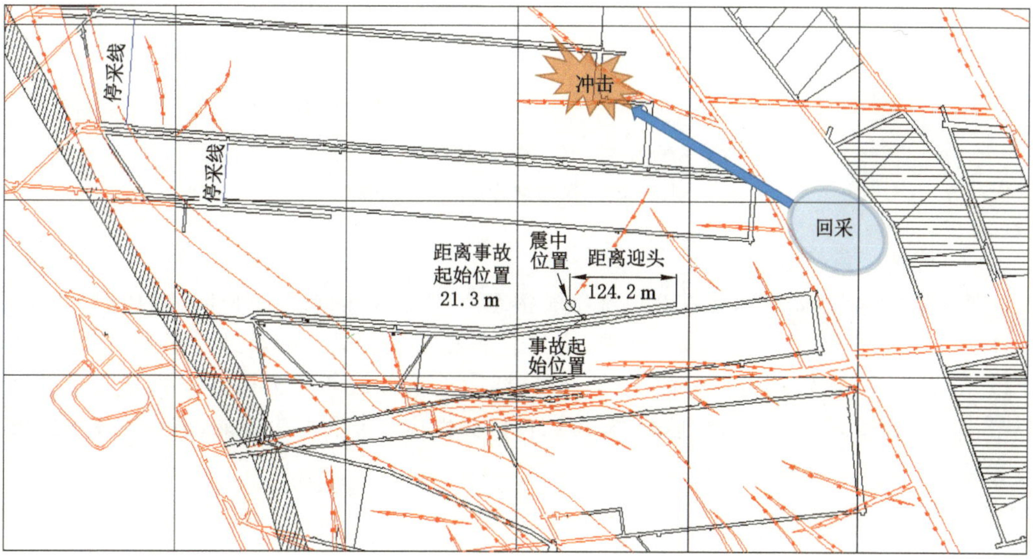

图 3-33　相邻矿井工作面采掘相互影响诱发的冲击矿压

3.2　冲击倾向性测定

冲击倾向性是煤(岩)介质产生冲击破坏的固有能力或属性，是发生冲击矿压的必要条件。在工作面开采过程中，当煤岩体应力和能量积聚到一定程度，且具备临空面条件时，会产生强烈的动力冲击破坏。

3.2.1　煤的冲击倾向性测定

煤的冲击倾向性，是指煤体具有的积聚变形能并产生冲击破坏的性质。煤的冲击倾向性依据《冲击地压测定、监测与防治方法 第 2 部分：煤的冲击倾向性分类及指数的测定方法》(GB/T 25217.2—2010)进行测定。煤样的冲击倾向性鉴定指标包括单轴抗压强度、动态破坏时间、弹性能量指数和冲击能量指数,这些指标通过实验机数据处理计算得到。

(1) 动态破坏时间

动态破坏时间,是指煤试件在单轴压缩状态下,从极限强度到完全破坏所经历的时间。在材料实验机上放入煤样标准试件并加载,利用数据采集处理系统实时采集煤样的破坏信号,以 0.5~1.0 MPa/s 的速率加载直至煤样破坏。根据试验测得的数据,绘出煤样的动态破坏时间曲线,得到煤样标准试件精确的动态破坏时间(DT 值),如图 3-34 所示。

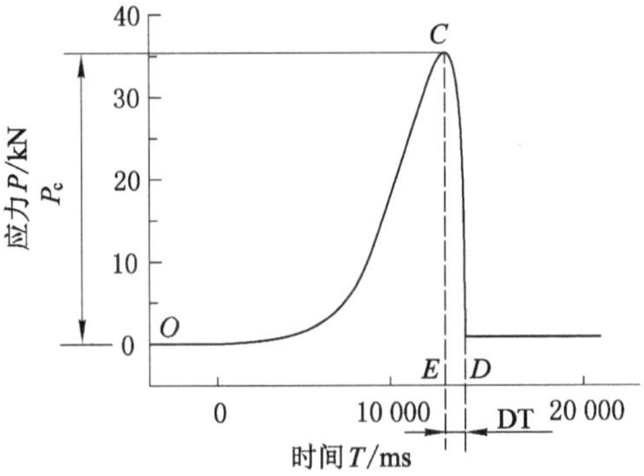

OC—加载过程;ED—破坏时间;CD—破坏过程。

图 3-34 煤的动态破坏时间曲线

(2) 弹性能量指数

弹性能量指数,是指煤试件在单轴压缩状态下,当受力达到某一值时(破坏前)卸载,其弹性变形能与塑性变形能(耗损变形能)之比。在材料实验机上测量试件承受的载荷,实验机以 0.5~1.0 MPa/s 的速率对试件加载卸载,直至试件破坏。根据测试的数据绘出弹性能量指数计算图,再由积分得到煤样标准试件的弹性应变能和总应变能,最终计算得到煤样的弹性能量指数,如图 3-35 所示。

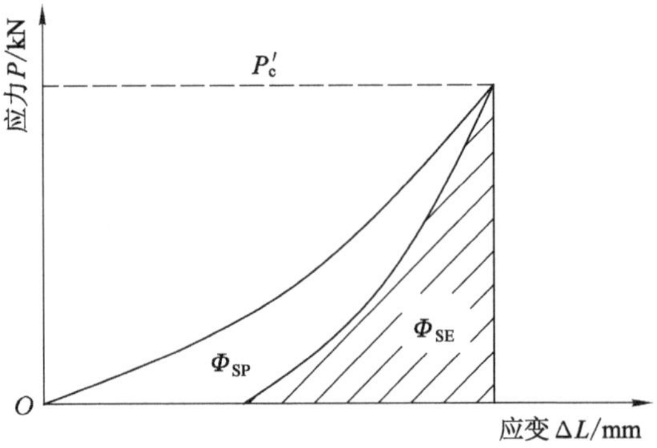

图 3-35 弹性能量指数计算示意

弹性能量指数按式(3-11)和式(3-12)计算:

$$W_{ET} = \frac{\Phi_{SE}}{\Phi_{SP}} \tag{3-11}$$

$$\Phi_{SP} = \Phi_C - \Phi_{SE} \tag{3-12}$$

式中，W_{ET} 为弹性能量指数；Φ_{SE} 为弹性应变能，其值为卸载曲线下阴影部分的面积；Φ_{SP} 为塑性应变能，其值为加载曲线和卸载曲线所包络的面积；Φ_C 为总应变能，其值为加载曲线下的总面积。

（3）冲击能量指数

冲击能量指数，是指煤试件在单轴压缩状态下，在应力应变全过程曲线中，峰值前积聚的变形能与峰值后耗损的变形能之比。采用实验机按给定的轴向变形速率对试件加载至极限载荷，用计算机采集测得的数据，画出试件的全应力应变曲线图，通过积分得到煤样破坏峰值前积聚变形能和峰值后耗损变形能，最终计算得到煤样的冲击能量指数，如图 3-36 所示。

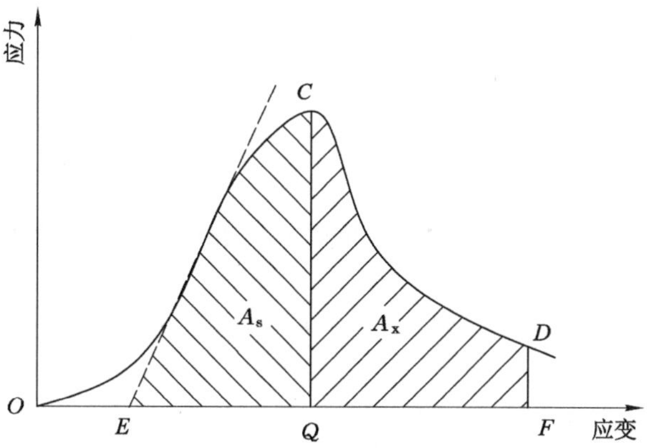

图 3-36　冲击能量指数计算示意

冲击能量指数按式(3-13)计算：

$$K_E = \frac{A_s}{A_x} \tag{3-13}$$

式中，A_s 为峰值前积聚的变形能，其值等于 OC 曲线下的面积；A_x 为峰值后损耗的变形能，其值等于 CD 曲线下的面积；K_E 为冲击能量指数。

（4）单轴抗压强度

单轴抗压强度，是指在实验室条件下，煤的标准试件在单轴压缩状态下承受的破坏载荷与其承压面面积的比值。在实验机上测量试件承受的载荷，用计算机数据采集处理系统实时采集煤样的破坏信号，直至试件破坏。根据试验测得的载荷数据与其承压面面积的比值，最终计算得到煤样的单轴抗压强度。

单轴抗压强度按式(3-14)计算：

$$R_c = \frac{P}{F} \times 10 \tag{3-14}$$

式中，R_c 为试件单轴抗压强度，MPa；P 为试件破坏载荷，kN；F 为试件初始承压面积，cm^2。

煤的冲击倾向性强弱，一般根据上述测定的 4 个指数进行综合衡量。煤的冲击倾向性按其指数的大小分 3 类，见表 3-1。

表 3-1　煤的冲击倾向性分类

类别		Ⅰ类	Ⅱ类	Ⅲ类
冲击倾向性		无	弱	强
指数	动态破坏时间 DT/ms	DT>500	50<DT≤500	DT≤50
	弹性能量指数 W_{ET}	$W_{ET}<2$	$2\leqslant W_{ET}<5$	$W_{ET}\geqslant 5$
	冲击能量指数 K_E	$K_E<1.5$	$1.5\leqslant K_E<5$	$K_E\geqslant 5$
	单轴抗压强度 R_c/MPa	$R_c<7$	$7\leqslant R_c<14$	$R_c\geqslant 14$

3.2.2　顶板岩层的冲击倾向性测定

岩层冲击倾向性，是指岩层具有的积聚变形能并产生冲击破坏的性质。依据《冲击地压测定、监测与防治方法 第 1 部分：顶板岩层冲击倾向性分类及指数的测定方法》(GB/T 25217.1—2010)，岩样的冲击倾向性鉴定指标是弯曲能量指数。弯曲能量指数是指在均布载荷作用下，单位宽度岩梁达到极限跨度时积聚的变形能。依据顶板岩层的岩性、厚度、密度、抗拉强度及弹性模量，计算其弯曲能量指数及复合顶板弯曲能量指数，从而判定顶板岩层的冲击倾向性。

(1) 自煤层顶板起，自下而上，单位宽度上覆岩层载荷 q 按式(3-15)计算：

$$q = 10^{-6}\frac{E_1 h_1^3 g(\rho_1 h_1 + \rho_2 h_2 + \cdots + \rho_n h_n)}{E_1 h_1^3 + E_2 h_2^3 + \cdots + E_n h_n^3} \tag{3-15}$$

式中，q 为单位宽度上覆岩层载荷，MPa；$E_i(i=1,2,\cdots,n)$ 为上覆各岩层的弹性模量，MPa；$h_i(i=1,2,\cdots,n)$ 为上覆各岩层的厚度，m；$\rho_i(i=1,2,\cdots,n)$ 为上覆各岩层的密度，kg/m^3；g 为重力加速度，m/s^2。

当第 $n+1$ 层对第 1 层的载荷小于第 n 层对第 1 层的载荷时，计算终止，取第 n 层的计算结果。

(2) 单一顶板弯曲能量指数按式(3-16)计算：

$$U_{WQ} = 102.6\frac{(R_t)^{\frac{5}{2}} h^2}{q^{\frac{1}{2}} E} \tag{3-16}$$

式中，U_{WQ} 为单一顶板弯曲能量指数，kJ；R_t 为岩石试件的抗拉强度，MPa；h 为单一顶板厚度，m；E 为岩石试件的弹性模量，MPa。

(3) 复合顶板弯曲能量指数按式(3-17)计算：

$$U_{WQS} = \sum_{i=1}^{n} U_{WQi} \tag{3-17}$$

式中，U_{WQS} 为复合顶板弯曲能量指数，kJ；U_{WQi} 为第 i 层弯曲能量指数，kJ；n 为顶板分层数，复合顶板厚度一般取至煤层上顶板 30 m。

U_{WQ}，U_{WQi}，U_{WQS} 计算结果取 3 位有效数字。

顶板岩层的冲击倾向性按其指数的大小分 3 类，见表 3-2。

表 3-2　顶板岩层冲击倾向性分类及指数

类别	Ⅰ类	Ⅱ类	Ⅲ类
冲击倾向性	无	弱	强
弯曲能量指数 U_{WQS}/kJ	$U_{WQS} \leqslant 15$	$15 < U_{WQS} \leqslant 120$	$U_{WQS} > 120$

底板岩层的冲击倾向性鉴定方法可参照顶板岩层的鉴定方法。

3.3　综合指数法

3.3.1　冲击矿压危险等级

根据冲击矿压发生的原因，通过统计、模糊数学等分析研究，可按冲击矿压危险状态将冲击矿压危险程度划分为四个等级：无冲击矿压危险、弱冲击矿压危险、中等冲击矿压危险、强冲击矿压危险。经冲击危险性评价后划分出冲击矿压危险区域，对不同的冲击矿压危险区域，可按冲击危险等级采取一种或多种综合防治措施，实现分区管理。

(1) 进行冲击危险性评价时可采用综合指数法或其他经实践证实有效的方法，如多因素模式识别法、地质动力区划法、多因素耦合分析法、可能性指数法等。评价因素主要包括地质因素和开采技术因素。

(2) 首先要对矿井、采区、采掘工作面整体进行评价，得到整体危险等级（无、弱、中、强），再对整体区域进行详细的区域划分，并对不同分区进行评价，得到不同分区的危险等级（无、弱、中、强），以采掘工程平面图为底图，形成冲击危险的分区分级划分图。

(3) 对冲击危险等级较高的分区应加强管理，应采取预卸压、加强支护、加强监测、控制开采强度以及人员防护等综合措施；对无冲击危险的分区可安排正常采掘作业。

表 3-3 为冲击危险等级划分及相应的冲击矿压防治对策。

表 3-3　冲击危险等级划分及相应的冲击矿压防治对策

危险等级	防　治　对　策
A 无危险	正常进行设计及生产作业
B 弱危险	考虑冲击矿压影响因素进行开采设计，同时应满足： ① 配备必要的监测检验和治理装备。 ② 制定监测和治理方案，作业中进行冲击矿压危险监测和检验
C 中等危险	考虑冲击矿压影响因素进行开采设计，合理选择巷道及硐室布置方案、工作面接替顺序；优化主要巷道及硐室的设计参数、支护方式、掘进速度，采煤工作面超前支护距离及方式等。同时应满足： ① 配备完备的区域与局部监测检验和治理装备。 ② 采掘作业前，对采煤工作面支承压力影响区域、掘进煤层巷道迎头及后方巷帮采取预卸压措施。 ③ 设置人员限制区域，确定避灾路线。 ④ 制定监测和治理方案，作业中进行冲击矿压监测、解危和效果检验

表 3-3(续)

危险等级	防治对策
D 强危险	考虑冲击矿压影响因素进行开采设计,合理选择巷道及硐室布置方案、工作面接替顺序等;优化巷道及硐室设计参数、支护方式和掘进速度等;优化采煤工作面顶板支护方式、推进速度、超前支护距离及方式、采放煤高度等参数。同时应满足: ① 配备完备的区域与局部监测检验和治理装备。 ② 采掘作业前,对采煤工作面回采巷道、掘进煤层巷道迎头及后方的巷帮实施全面预卸压,经检验冲击矿压危险解除后方可进行作业。 ③ 制定监测和治理方案,作业中加强冲击矿压危险的监测、解危和效果检验措施;监测采掘作业对周边巷道、硐室等的扰动影响,并制定对应的治理措施。 ④ 设置躲避硐室、人员限制区域,确定避灾路线。 ⑤ 如果经充分采取解危治理措施后仍不能保证安全,则应停止生产或重新设计

3.3.2 综合指数法

对于具有冲击危险性的矿井来说,在进行采区设计、工作面布置、采煤方法选择等时,都要对该采区、煤层、水平或工作面进行冲击矿压危险性评价,以便减少或避免冲击矿压对矿井安全生产的威胁。可通过分析岩体内的应力、岩体特性、煤层特征等地质因素和开采技术因素来确定冲击矿压危险状态。综合指数法依据已发生的冲击矿压灾害,分析各种地质因素和开采技术因素对冲击矿压的影响,确定各种因素的影响权重,然后将其综合起来,建立起冲击矿压危险性评价和预测方法。这是一种宏观角度的评价方法,可用于对矿井水平、采区、采掘工作面等冲击矿压危险性进行预测和评价,以便正确认识冲击矿压对生产的威胁。综合指数法中,分由地质因素评价的冲击矿压危险指数和由开采技术因素评价的冲击矿压危险指数,综合两者来评价区域的冲击危险程度。

某采掘工作面的冲击矿压危险状态等级评定综合指数用 W_t 表示,由此可以确定冲击矿压危险程度:

$$W_t = \max\{W_{t1}, W_{t2}\} \tag{3-18}$$

式中,W_{t1} 为地质因素对冲击矿压的影响程度及冲击矿压危险状态等级评定的指数,考虑开采深度等 7 项指标;W_{t2} 为开采技术因素对冲击矿压的影响程度及冲击矿压危险状态等级评定的指数,考虑工作面距残采线或停采线的垂直距离等 11 项指标。

冲击矿压危险状态等级评定综合指数应取两者中的最大值,其中:

$$W_{t1} = \frac{\sum_{i=1}^{n_1} W_i}{\sum_{i=1}^{n_1} W_{i\max}}, W_{t2} = \frac{\sum_{i=1}^{n_2} W_i}{\sum_{i=1}^{n_2} W_{i\max}} \tag{3-19}$$

式中,W_i 为第 i 个地质因素、开采技术因素的评估指数;$W_{i\max}$ 为第 i 个地质因素、开采技术因素的评估指数最大值;n_1,n_2 为地质因素、开采技术因素的数目。

采用综合指数法对地质因素(表 3-4)和开采技术因素(表 3-5)进行评估,根据由地质因素评估的冲击矿压危险指数 W_{t1} 和由开采技术因素评估的冲击矿压危险指数 W_{t2} 确定冲击矿压危险综合指数 W_t($W_t = \max\{W_{t1}, W_{t2}\}$)(表 3-6),并按照表 3-3 确定相应的冲击矿压危险等级、状态和防治对策。

表 3-4　地质因素的冲击矿压危险指数评价表

序号	影响因素	因素说明	因素分类	危险指数
1	W_1	同一水平同一煤层冲击矿压发生历史（次数 n）	$n=0$	0
			$n=1$	1
			$n=2$	2
			$n\geqslant 3$	3
2	W_2	开采深度 h	$h\leqslant 400$ m	0
			400 m$<h\leqslant 600$ m	1
			600 m$<h\leqslant 800$ m	2
			$h>800$ m	3
3	W_3	上覆裂缝带内坚硬厚岩层距煤层顶板的距离 d	$d>100$ m	0
			50 m$<d\leqslant 100$ m	1
			20 m$<d\leqslant 50$ m	2
			$d\leqslant 20$ m	3
4	W_4	煤层上方 100 m 范围顶板岩层厚度特征参数 L_{st}	$L_s<50$ m	0
			50 m$<L_{st}\leqslant 70$ m	1
			70 m$<L_{st}\leqslant 90$ m	2
			$L_{st}>90$ m	3
5	W_5	开采区域内构造引起的应力增量与正常应力之比 $\gamma=(\sigma_g-\sigma)/\sigma$	$\gamma\leqslant 10\%$	0
			$10\%<\gamma\leqslant 20\%$	1
			$20\%<\gamma\leqslant 30\%$	2
			$\gamma>30\%$	3
6	W_6	煤的单轴抗压强度 R_c	$R_c\leqslant 10$ MPa	0
			10 MPa$<R_c\leqslant 14$ MPa	1
			14 MPa$<R_c\leqslant 20$ MPa	2
			$R_c>20$ MPa	3
7	W_7	煤的弹性能量指数 W_{ET}	$W_{ET}<2$	0
			$2\leqslant W_{ET}<3.5$	1
			$3.5\leqslant W_{ET}<5$	2
			$W_{ET}\geqslant 5$	3
危险等级评价	$W_{t1}=\dfrac{\sum_{i=1}^{n_1}W_i}{\sum_{i=1}^{n_1}W_{i\max}}$		$W_{t1}\leqslant 0.25$	无冲击
			$0.25<W_{t1}\leqslant 0.5$	弱冲击
			$0.5<W_{t1}\leqslant 0.75$	中等冲击
			$W_{t1}>0.75$	强冲击

表 3-5　开采技术因素的冲击矿压危险指数评价表

序号	影响因素	因素说明	因素分类	危险指数
1	W_1	保护层开采的卸压程度	好	0
			中等	1
			一般	2
			很差	3
2	W_2	工作面边界距上保护层开采遗留的煤柱的水平距离 h_z	$h_z \geqslant 60$ m	0
			30 m$\leqslant h_z < 60$ m	1
			$0 \leqslant h_z < 30$ m	2
			$h_z < 0$(煤柱下方)	3
3	W_3	工作面与邻近采空区的关系	实体煤工作面	0
			一侧采空	1
			两侧采空	2
			三侧及以上采空	3
4	W_4	工作面长度 L_m	$L_m \geqslant 300$ m	0
			150 m$\leqslant L_m < 300$ m	1
			100 m$\leqslant L_m < 150$ m	2
			$L_m < 100$ m	3
5	W_5	区段煤柱宽度 d	$d \leqslant 3$ m，或 $d \geqslant 50$ m	0
			3 m$< d \leqslant 6$ m	1
			6 m$< d \leqslant 10$ m	2
			10 m$< d < 50$ m	3
6	W_6	留底煤厚度 t_d	$t_d = 0$	0
			$0 < t_d \leqslant 1$ m	1
			1 m$< t_d \leqslant 2$ m	2
			$t_d > 2$ m	3
7	W_7	向采空区掘进的巷道，停掘位置距采空区的距离 L_{jc}	$L_{jc} \geqslant 150$ m	0
			100 m$\leqslant L_{jc} < 150$ m	1
			50 m$\leqslant L_{jc} < 100$ m	2
			<50 m	3
8	W_8	向采空区推进的工作面，停采线距采空区的距离 L_{mc}	$L_{mc} \geqslant 300$ m	0
			200 m$\leqslant L_{mc} < 300$ m	1
			100 m$\leqslant L_{mc} < 200$ m	2
			$L_{mc} < 100$ m	3
9	W_9	向落差大于 3 m 的断层推进的工作面或巷道，工作面或迎头距断层的距离 L_d	$L_d \geqslant 100$ m	0
			50 m$\leqslant L_d < 100$ m	1
			20 m$\leqslant L_d < 50$ m	2
			$L_d < 20$ m	3

表 3-5(续)

序号	影响因素	因素说明	因素分类	危险指数
10	W_{10}	向煤层倾角剧烈变化(>15°)的向斜或背斜推进的工作面或巷道，工作面或迎头距之的距离 L_z	$L_z \geqslant 50$ m	0
			20 m $\leqslant L_z <$ 50 m	1
			10 m $\leqslant L_z <$ 20 m	2
			$L_z <$ 10 m	3
11	W_{11}	工作面或巷道距煤层侵蚀、合层或厚度变化部分的距离 L_b	$L_b \geqslant 50$ m	0
			20 m $\leqslant L_b <$ 50 m	1
			10 m $\leqslant L_b <$ 20 m	2
			$L_b <$ 10 m	3
危险等级评价	$W_{t2} = \dfrac{\sum_{i=1}^{n_2} W_i}{\sum_{i=1}^{n_2} W_{i\max}}$		$W_{t2} \leqslant 0.25$	无冲击
			$0.25 < W_{t2} \leqslant 0.5$	弱冲击
			$0.5 < W_{t2} \leqslant 0.75$	中等冲击
			$W_{t2} > 0.75$	强冲击

表 3-6 冲击矿压危险指数及综合评价

序号	影响因素	评价指数	综合评价指数
1	地质因素	W_{t1}	$W_t = \max\{W_{t1}, W_{t2}\}$
2	开采技术因素	W_{t2}	

3.3.2.1 地质因素冲击危险指数取值说明

(1) W_1：同一水平同一煤层冲击矿压发生的历史，这里“冲击矿压”是经过认定的“冲击矿压”事件，“煤炮”“震动”不在此范围。

(2) W_2：评价区域煤层开采深度。按区域内最大值进行计算。

(3) W_3：上覆裂缝带内坚硬厚岩层距煤层顶板的距离。厚岩层：指单层厚度大于 10 m 的岩层；坚硬岩层：指单轴抗压强度大于 60 MPa 的岩层，单轴抗压强度是在自然含水率条件下测定的。

(4) W_4：煤层上方 100 m 范围顶板岩层厚度特征参数 L_{st}，按式(3-20)确定：

$$L_{st} = \sum h_i r_i \tag{3-20}$$

式中，L_{st} 为顶板岩层厚度特征参数；h_i 为煤层上方 100 m 范围第 i 种岩层的总厚度；r_i 为第 i 种岩层的弱面递减系数。

若定义砂岩的强度系数和弱面系数为 1.0，则煤系各煤岩层的强度比和弱面递减系数如表 3-7 所示。

表 3-7 煤系各煤岩层的强度比和弱面递减系数

煤岩层	砂岩	泥岩	页岩	煤	采空区冒矸
强度比	1.00	0.82	0.58	0.34	0.20
弱面递减系数	1.00	0.62	0.29	0.31	0.04

评价区域内若柱状图范围小于 100 m，则计算后折算到 100 m。当评价区域内有多个柱状图可供选择时，分别对各个钻孔进行计算，取最大值。

(5) W_5：指构造应力分量减去正常水平应力与正常水平应力的比值。

方法一：如果该区域有实测地应力数据，当该区域应力场为构造应力场（即最大主应力为水平应力）时，则用实测最大水平应力分量减去正常水平应力分量（一般正常水平应力分量是垂直应力的 1.3 倍，即 $\sigma_h=1.3\sigma_v$），因此计算方法为 $\gamma=\frac{\sigma_{hmax}-\sigma_h}{\sigma_h}$。其中，$\sigma_{hmax}$ 为水平应力最大值（或近水平最大应力分量）；σ_h 为正常水平应力。例如，实测地应力值即最大水平应力为 15 MPa，自重应力为 10 MPa，则 $\gamma=\frac{\sigma_{hmax}-\sigma_h}{\sigma_h}=\frac{15-13}{13}=0.154=15.4\%$，即危险指数取值为 1。

方法二：若无实测地应力数据，则需要根据矿井地质构造（主要为断裂构造与褶曲构造）的发育情况进行推测估算。如根据断层落差进行推测估算，则当断层落差大于 20 m 时危险指数取 3，当断层落差为 10～20 m 时危险指数取 2，当断层落差为 3～10 m 时危险指数取 1。对其他情况如煤层倾角变化、合层等，也可根据地质变化程度估算相应危险指数。

(6) W_6：煤的单轴抗压强度，以评价区域《冲击倾向性鉴定报告》中的煤的单轴抗压强度为准。

(7) W_7：煤的弹性能量指数，以评价区域《冲击倾向性鉴定报告》中的煤的弹性能量指数为准。

3.3.2.2 开采技术因素冲击危险指数取值说明

(1) W_1：保护层开采的卸压程度。按照《冲击地压测定、监测与防治方法 第 12 部分：开采保护层防治方法》(GB/T 25217.12—2019)，当评价区域处于有效卸压范围、有效卸压期限内时，保护层卸压程度为“好”；当评价区域处于有效卸压范围，但是超出卸压有效时间时，保护层卸压程度为“中等”；当评价区域不处于保护层有效卸压范围内时，保护层卸压程度为“一般”；若保护层开采时遗留承载煤柱，且该煤柱平面投影处于评价区域内，则保护层卸压程度为“很差”。无保护层开采时，不考虑此项。

(2) W_2：工作面边界距上保护层开采遗留的煤柱的水平距离，当此煤柱平面投影处于评价区域内时，此时工作面位于“煤柱下方”。无保护层开采时，不考虑此项。

(3) W_3：工作面与邻近采空区的关系，即考虑相邻矿井采空区、本矿井相邻采区（带区、盘区）采空区对工作面的影响。煤柱达到一定宽度（一般大于 50 m）时可隔离采空区影响；若煤柱宽度不足以隔离采空区影响，则需要作为相邻采空区考虑。

(4) W_4：工作面长度，当评价区域内工作面长度发生变化时，以最小工作面长度进行计算。

(5) W_5：区段煤柱宽度。

(6) W_6：留底煤厚度，如倾斜煤层的三角底煤厚度、厚煤层沿顶板掘进时留底煤厚度以及过构造区域、煤层厚度变化区域的留底煤厚度。不留底煤即 0。

(7) W_7：以停掘位置巷道中线的延长线至采空区边界的垂直距离计算。

(8) W_8：以停采线距采空区边界最小垂直距离计算。

(9) W_9：以巷道迎头/工作面至断层面的最小垂直距离计算；当巷道与工作面穿过断层时，距离为 0。

(10) W_{10}：以巷道迎头/工作面至褶曲的轴迹线的最小垂直距离计算。

(11) W_{11}：以巷道迎头/工作面至煤层的合并线、分叉线、侵蚀线、煤层厚度变异系数高于 50%线的最小垂直距离计算。当掘进巷道与工作面需要穿过以上区域时，距离为 0。

3.4 多因素耦合分析法

多因素耦合分析法，通过分析多个冲击矿压影响因素的叠加影响作用，详细确定不同开采区域的冲击矿压危险等级，用于指导冲击矿压危险预测、监测和治理工作。

冲击矿压危险的影响因素包括：落差大于 3 m 且小于 10 m 的断层区域、煤层倾角剧烈变化的褶曲区域、煤层侵蚀与合层或厚度变化区域、顶底板岩性变化区域、上保护层开采遗留的煤柱下方区域、落差大于 10 m 的断层或断层群区域、向采空区推进的工作面、“刀把”形等不规则工作面或多个工作面的开切眼及停采线不对齐等区域、巷道交叉区域、沿空巷道煤柱、工作面超前支承压力区、基本顶初次来压区域、工作面采空区“见方”区域、留底煤影响区域以及采掘扰动区域等。

将多因素耦合分析法的危险等级分为无冲击危险、弱冲击危险、中等冲击危险和强冲击危险四类。当不同区域的最终危险等级确定后，采用不同图例和颜色标定在采掘工程平面图上。对应不同区域的最终危险等级，需要采取不同的防治措施。对于强或中等冲击危险等级的区域，在工作面回采前采用预卸压方式提前解危并加强防冲管理；对弱或无冲击危险等级的区域，在工作面回采过程中根据监测结果采取针对性的防治措施。表 3-8 为多因素耦合分析法分区分级主要因素参考指标。

表 3-8 多因素耦合分析法分区分级主要因素参考指标

序号	影响因素	因素说明	区域划分	危险等级
1	W_1	落差大于 3 m、小于 10 m 的断层区域	前后 20 m 范围	严重
			前后 20～50 m 范围	中等
2	W_2	煤层倾角剧烈变化(>15°)的褶曲区域	前后 20 m 范围	中等
3	W_3	煤层侵蚀、合层或厚度变化区域	前后 10 m 范围	严重
			前后 10～20 m 范围	中等
4	W_4	顶底板岩性变化区域	前后 50 m 范围	严重
			前后 50～100 m 范围	一般
5	W_5	上保护层开采遗留的煤柱下方区域	煤柱下方及距煤柱水平距离 30 m 范围	严重
			距煤柱水平距离 30～60 m 范围	中等
6	W_6	落差大于 10 m 的断层或断层群区域	距断层 30 m 范围	严重
			距断层 30～50 m 范围	中等
7	W_7	向采空区推进的工作面	接近采空区 50 m 范围	严重
			接近采空区 50～100 m 范围	中等
			接近采空区 100～200 m 范围	一般

表 3-8(续)

序号	影响因素	因素说明	区域划分	危险等级
8	W_8	“刀把”形等不规则工作面或多个工作面的开切眼及停采线不对齐等区域	拐角煤柱前后 20 m 范围	严重
			停采线不对齐区域前后 30 m 范围	一般
9	W_9	巷道交叉区域	“四角”交叉处前后 20 m 范围	严重
			“三角”交叉处前后 20 m 范围	中等
10	W_{10}	沿空巷道煤柱	区段煤柱宽度为 6～10 m	一般
			区段煤柱宽度为 10～30 m	严重
			区段煤柱宽度为 30～50 m	中等
11	W_{11}	工作面超前支承压力区	工作面煤壁超前 0～50 m 范围	严重
			工作面煤壁超前 50～100 m 范围	中等
			工作面煤壁超前 100～150 m 范围	一般
12	W_{12}	基本顶初次来压区域	前后 20 m 范围	中等
13	W_{13}	工作面采空区“见方”区域	单工作面初次“见方”前后 50 m 范围	严重
			多工作面初次“见方”前后 50 m 范围	严重
			单或多工作面周期“见方”前后 20 m 范围	中等
14	W_{14}	留底煤影响区域	底煤厚度为 0～1 m	一般
			底煤厚度为 1～2 m	中等
			底煤厚度大于 2 m	严重
15	W_{15}	采掘扰动区域		严重
说明		① 经综合指数法评估为无冲击危险的采区、工作面或巷道，不需要进行分区分级划分； ② 经综合指数法评估为具有冲击危险、本表未描述的其他区域均定为“弱冲击危险”等级； ③ 多个“严重”等级叠加或“严重”等级与其他等级叠加时，定为“强冲击危险”等级； ④ 1 个“中等”等级与 1 个或多个“一般”等级叠加时，定为“中等冲击危险”等级； ⑤ 2 个及以上“中等”等级叠加时，定为“强冲击危险”等级； ⑥ 2 个及以上“一般”等级叠加时，定为“弱冲击危险”或“中等冲击危险”等级		

3.5 应力分析法

3.5.1 相对应力集中系数

根据岩石力学理论，判断岩石是否发生破坏需要依据其应力状态以及强度准则，然而对于煤矿冲击矿压来说，目前还没有相应的强度准则，同时煤岩体的绝对应力状态不易测试，而某一方向的相对应力变化是可以测试的。生产实践表明，大部分冲击显现发生在应力异常区,尤其是高应力异常区。基于此,为了解决冲击显现无法用现有强度准则进行表述、不同应力无法标量叠加的问题,提出相对应力集中系数叠加法。将某一待分析区域内影响冲击矿压发生的某因素引起的最大主应力与自重应力之比,称为相对应力集中系数分量,用 δ_{ij} 表示,各分量的乘积为该区域的相对应力集中系数,记为 δ_i,即

$$\delta_{ij} = \frac{(\sigma_1)_{ij}}{\sigma_0} = \frac{(\sigma_1)_{ij}}{\gamma H} \tag{3-21}$$

$$\delta_i = \prod_{j=1}^{n} \delta_{ij} \tag{3-22}$$

式中,下标 i,j 分别代表区域与因素;$(\sigma_1)_{ij}$ 为某因素作用下区域煤体单元的最大主应力;σ_0 为区域煤体单元的自重应力;γ 为岩层平均重度;H 为埋深。

3.5.2　冲击危险性的判别

(1) 本煤层发生过冲击矿压

对于在开采历史上本煤层发生过冲击矿压的情况,可以将冲击矿压区域的相对应力集中系数作为上临界值,记为 δ_c;同时,根据冲击发生的强度准则,将 $\frac{R_c}{\sigma_0}$ 作为下临界值,其中,R_c 为煤的单轴抗压强度。根据上、下临界值,将冲击矿压危险等级分为无冲击危险、弱冲击危险、中等冲击危险和强冲击危险四类,如表 3-9 所示。

表 3-9　本煤层发生过冲击矿压的冲击危险性判别

危险等级	判　据
A 无危险	$\delta_i < \frac{R_c}{\sigma_0}$
B 弱危险	$\frac{R_c}{\sigma_0} \leqslant \delta_i < \frac{1}{3}\left(\delta_c - \frac{R_c}{\sigma_0}\right)$
C 中等危险	$\frac{1}{3}\left(\delta_c - \frac{R_c}{\sigma_0}\right) \leqslant \delta_i < \frac{2}{3}\left(\delta_c - \frac{R_c}{\sigma_0}\right)$
D 强危险	$\delta_i \geqslant \frac{2}{3}\left(\delta_c - \frac{R_c}{\sigma_0}\right)$

(2) 本煤层未发生过冲击矿压

对于本煤层未发生过冲击矿压的矿井,可以参照煤的单轴抗压强度相差不大于 20%的其他煤层或矿井的临界相对应力集中系数 δ_c,并按照上述准则进行判别。对于无参考资料的矿井,可采用临界应力作为判别指标。根据试验研究,发生冲击矿压的极限载荷与煤的单轴抗压强度有关。当煤的单轴抗压强度大于 20 MPa 时,煤体发生冲击破坏的临界应力为 50 MPa;当煤的单轴单轴抗压强度小于 16 MPa 时,煤体发生冲击破坏的临界应力为70 MPa;当煤的单轴抗压强度在 16～20 MPa 时,煤体发生冲击破坏的临界应力为 50～70 MPa,如图 2-3 所示。

根据临界应力,同样将冲击矿压危险等级分为无冲击危险、弱冲击危险、中等冲击危险和强冲击危险四类,如表 3-10 所示。

表 3-10 本煤层未发生过冲击矿压的冲击危险性判别

危险等级	$R_c<16$ MPa 判据	$R_c>20$ MPa 判据
A 无危险	$\delta_i<\frac{R_c}{\sigma_0}$	$\delta_i<\frac{R_c}{\sigma_0}$
B 弱危险	$\frac{R_c}{\sigma_0}\leqslant\delta_i<\frac{70}{\sigma_0}$	$\frac{R_c}{\sigma_0}\leqslant\delta_i<\frac{50}{\sigma_0}$
C 中等危险	$\frac{70}{\sigma_0}\leqslant\delta_i<\frac{90}{\sigma_0}$	$\frac{50}{\sigma_0}\leqslant\delta_i<\frac{70}{\sigma_0}$
D 强危险	$\delta_i\geqslant\frac{90}{\sigma_0}$	$\delta_i\geqslant\frac{70}{\sigma_0}$

3.6 数值模拟法

多年的采矿实践表明，分析冲击矿压区域内的应力分布状态是防治冲击矿压的基础。一般情况下，应力高的区域更容易积聚弹性能。因此，在一定的采矿区域，分析和确定应力分布状态，就可分析出冲击矿压危险程度，从而为开采时冲击矿压的防治打下基础。

随着计算机技术的发展，可采用数值模拟方法确定采矿区域内的应力分布状态和其他参数。目前，世界上比较通用的数值模拟程序有 FLAC、UDEC、ANSYS 等，其采用的方法主要是有限元法、离散元法和边界元法等。

数值模拟方法的主要优点是可提前确定冲击矿压防治的重点区域，对于任意地点，特别是未开采区域，可提前预测冲击矿压危险状态，可得出大范围内的空间信息，可确定在工作面回采过程中最大应力的产生位置，可预测开采空间、开采参数、开采历史对冲击矿压的影响。该方法的主要缺点是对煤岩体进行了简化处理，对模拟中的煤岩体特性，特别是弹性模量和泊松比没有考虑局部非均质性和各向异性。

因此，数值模拟方法只能作为一种近似方法使用，多年的实践证明，数值模拟结果对于确定冲击矿压危险区域是具有一定效果的。

第 4 章　冲击矿压危险的监测预警

煤矿冲击矿压是动静载叠加诱发的动力灾害。冲击矿压发生的时间、地点、区域、震源等的复杂多样性和冲击矿压的突发性，使得其预测工作极为困难复杂，成为急待解决的世界性难题。冲击动力灾害的监测预警方法主要有基于岩石力学的钻屑法、应力监测法，以及基于地球物理学的声发射法、微震法、电磁辐射法等。由于冲击动力灾害的复杂性，单一监测预警方法无法满足冲击动力灾害监测预警的需要。需要针对不同采矿地质条件，研究建立适用的冲击动力灾害监测预警技术并建立冲击危险判别准则，以便提高冲击危险监测预警的准确性。

4.1　应力震动能量三场监测原理

4.1.1　煤岩冲击破坏弹塑脆性模型

大量的实验室试验、现场测试、模拟研究均表明，煤岩等固体脆性材料在载荷作用下，其变形破坏特征为脆性冲击破坏；冲击破坏具有突发性和延时性；冲击破坏过程中内部将产生塑性变形或裂纹，当裂纹形成和扩展时，将瞬态释放应变能而产生弹性波。伴随着这种现象，将会有声发射产生；同样，当煤岩等材料受载变形破裂时，将会向外以电磁能的形式释放弹性能，伴随着这种现象，将会有电磁辐射产生。

煤岩冲击破坏是一个动态损伤破坏过程，符合煤岩体变形破坏的弹塑脆性突变规律。可建立煤岩冲击破坏的弹塑脆性突变模型进行描述，如图 4-1 所示。当煤岩体承受的载荷 σ 小于脆性单元体的强度极限 σ_1 时，煤岩体处于弹塑性稳定变形阶段，不会发生冲击破坏；当煤岩体承受的载荷 σ 大于脆性单元体的强度极限 σ_1，且小于弹塑脆性煤岩系统的强度极限 $\sigma_1 G^{H}$ 时，则煤岩体发生延时冲击破坏，延时时间为 Δt_2；当煤岩体承受的载荷 σ 大于弹塑脆性煤岩系统的强度极限 $\sigma_1 G^{H}$ 时，则煤岩体发生突发冲击破坏。

而煤岩体的变形破坏程度可采用岩石的损伤因子来描述。岩石的损伤因子 $D(t)$ 的增长过程与声发射和电磁辐射的能量释放紧密相关。一般情况下，煤岩体在受载条件下，变形破坏时能量的变化量 ΔU 可由式(4-1)确定：

$$\Delta U = \sigma \Delta \varepsilon = \sigma(\varepsilon_2 - \varepsilon_1) \tag{4-1}$$

而且设损伤因子与变形呈线性关系：

$$\varepsilon = C_1 D - C_0 \tag{4-2}$$

则

$$\Delta U = \sigma[(C_1 D_2 - C_0) - (C_1 D_1 - C_0)] \tag{4-3}$$

由此得 ΔU 与损伤因子的增量 $\dot{D}(t) = D(t_2) - D(t_1)$ 成正比，也即

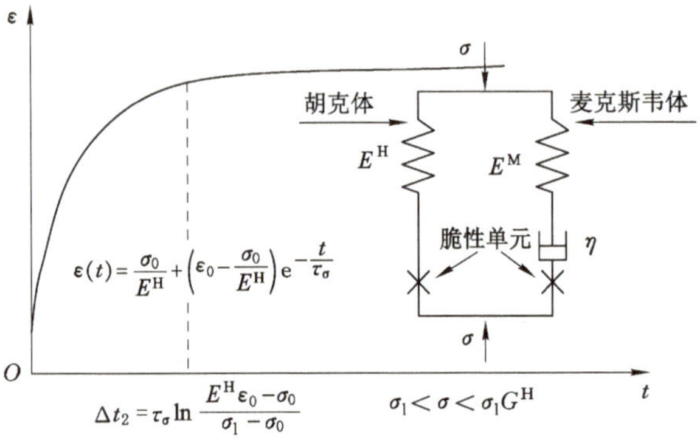

图 4-1　煤岩冲击破坏的弹塑脆性突变模型

$$\dot{D}(t) \propto U' \propto u(t) \propto \varepsilon' \tag{4-4}$$

即如果 σ 为常数，而且 $D\propto\varepsilon$，则当弹脆性场中出现破坏时，破坏速率表现在瞬间能量 $u(t)$ 的释放中。煤岩体的破坏情况可通过瞬间能量的释放表现出来，即产生声发射和电磁辐射等物理效应。

煤岩冲击破坏的弹塑脆性突变模型揭示了煤岩体受载应力的动态变化及煤岩的损伤过程。伴随煤岩损伤，煤岩体将产生能量释放、微破裂至宏观破裂不同尺度的震动效应。震动效应活动性 N' 与煤岩损伤速率 D'、变形速率 ε'、能量释放速率 W' 呈正相关关系，即 $D'\propto\varepsilon'\propto W'\propto N'$。该模型揭示了煤岩体冲击动力灾害发生过程与相关物理量之间的耦合关系，为煤岩冲击动力灾害危险的综合评价、连续预测预警奠定了理论基础。

4.1.2　应力-能量-物理量耦合关系

根据冲击矿压发生模型，建立如图 4-2 所示的顶板-煤层-底板冲击载体系统模型。随着煤层采掘活动的推进，工作面前方煤体的受载应力应变关系可由图中右边曲线描述；将顶板与底板视为一完整围岩，且其刚度与强度远大于煤层，受载应力应变关系可由图中左边的曲线表述。图中，U_1 为冲击过程中围岩释放的弹性能；U_2 为冲击过程中煤层对围岩释放弹性能的消耗量；U_3 为冲击过程中系统整体释放的剩余弹性能；U_4 为额外输入能量。

准静载（σ_s）作用下，处于峰后阶段（DE）的煤层，当其产生应变增量 $\Delta\varepsilon_2$ 时，对应顶板-底板围岩中产生的应变增量 $\Delta\varepsilon_1$ 为：

$$\Delta\varepsilon_1 = \frac{k_2}{k_1}\Delta\varepsilon_2 \tag{4-5}$$

式中，k_1 为围岩的峰前加载刚度；k_2 为煤层的峰后卸载刚度。因此，顶板-煤层-底板整个系统产生的总应变增量 $\Delta\varepsilon$ 为：

$$\Delta\varepsilon = \Delta\varepsilon_1 + \Delta\varepsilon_2 = \frac{k_1+k_2}{k_1}\Delta\varepsilon_2 \tag{4-6}$$

其中，煤层应变增量与系统整体应变增量的比值为：

$$\frac{\Delta\varepsilon_2}{\Delta\varepsilon} = \frac{1}{1+\frac{k_2}{k_1}} \tag{4-7}$$

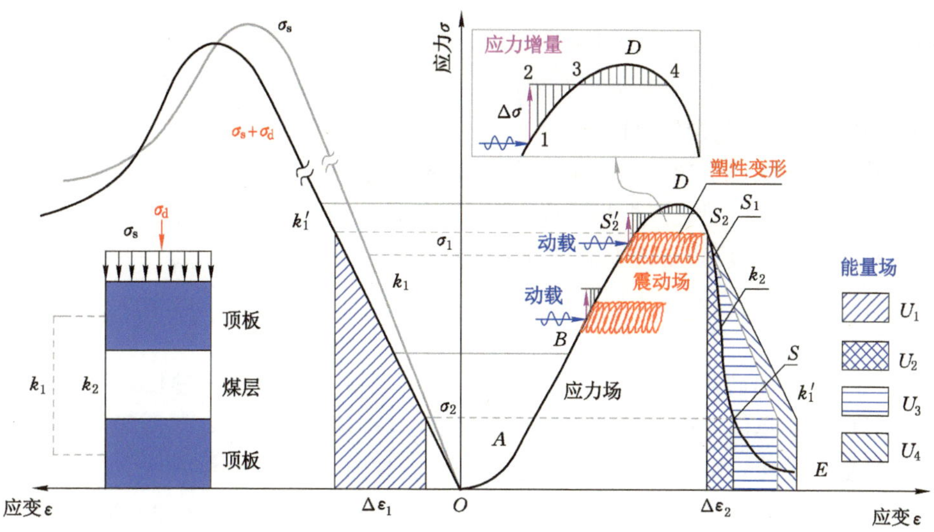

图 4-2　冲击矿压发生过程的微震-应力-能量转换模型

当 $k_1+k_2=0$ 时，对应图中 S_1 点，此时 $\Delta\varepsilon_2/\Delta\varepsilon\rightarrow\infty$，冲击过程启动，伴随着煤体冲击破坏过程的逐渐变缓，顶板-煤层-底板系统逐渐达到新的平衡，对应图中 S 点，冲击过程结束。

当顶板-煤层-底板冲击载体系统叠加动载(σ_d)时，相比准静载作用下释放的冲击能量 U_3，其能量释放将增加 U_4，如图 4-2 所示，此时等价于围岩刚度从 k_1 降低至 k_1'，同时冲击启动位置从 S_1 提前至 S_2。更重要的是，对Ⅰ类动载，如微震，尤其是远场震源，其作用模式相当于循环加卸载，由于煤岩材料的非均质性本质，微震动载引起的每次加卸载将使煤体产生永久变形，此时当动载作用时间足够长时，应力状态处于 S_2' 的煤体在叠加动载作用下，可达到类似准静载作用下位于 S_2 应力状态下的冲击条件；对于Ⅱ类动载，如工作面附近断层滑移、顶板破断等产生的瞬间动载，其作用模式相当于施加一瞬间应力增量 $\Delta\sigma$，当面积 $S_{123}>S_{3D4}$ 时，应力状态处于峰前 1 处的煤体在叠加动载作用下，可达到类似准静载作用下位于峰后 4 处应力状态下的冲击条件。

整个顶板-煤层-底板冲击载体系统灾变破坏过程的微震-应力-变形能转换关系可由下式表示，其冲击判据为 $U_3>0$。由此可知，微震能量与应力降和应变增量的平方成正比。

$$U_3=U_1-U_2\approx-\frac{k_1+k_2}{2k_1}(\sigma_1+\sigma_2)\Delta\varepsilon_2=\frac{k_1+k_2}{2k_1k_2}(\sigma_1^2-\sigma_2^2) \tag{4-8}$$

$$\mathrm{SE}=\eta U_3=\frac{\sigma_1-\sigma_2}{\sigma_1+\sigma_2}U_3\propto(\sigma_1-\sigma_2)^2\propto(\Delta\varepsilon)^2 \tag{4-9}$$

式中，σ_1，σ_2，$\Delta\varepsilon_2$ 的含义见图 4-2 中标示；SE 表示微震能量；η 为微震效率。

4.1.3　应力震动能量三场监测原理

根据冲击矿压的动静载叠加诱冲理论可知，冲击矿压的发生是应力场、震动场、能量场共同作用的结果。因此，需要建立三场多参量综合监测预警技术体系。

(1) 应力场监测原理：由于应力是发生冲击矿压的必要条件之一，煤岩体所受的应力要超过其强度才会发生破坏，而煤岩体所受应力处于其强度以下则不会发生破坏甚至冲击矿压，因此，通过监测应力场中应力的变化情况，可以达到冲击矿压预警的目的。

(2) 震动场监测原理：冲击矿压发生时会有很强的震感，因此，可以通过监测这一震动形式，来达到冲击矿压预警的目的。

(3) 能量场监测原理：当发生冲击矿压时，部分煤岩体垮落、破碎，获得较高的动能，以较大速度向巷道抛出。只有当抛出的动能能量大于一定值时，才会发生冲击矿压。因此，通过监测这一能量变化，可达到冲击矿压预警的目的。

4.1.4 冲击危险的监测预警准则

在实验室尺度和矿井采场尺度下(图 4-3)，煤岩体受载变形破坏过程经历四个阶段：裂隙闭合阶段(OA)、弹性变形阶段(AB)、裂隙发展阶段(BC)和冲击破坏阶段(CD)。在裂隙闭合和弹性变形阶段，煤岩试样没有损伤破坏，无新裂隙产生，对应到现场，该阶段没有矿震产生。之后的裂隙发展阶段可分为裂隙缓慢发展、裂隙稳定扩展、裂隙加速扩展和裂隙快速贯通阶段，对应应力水平分别为(σ_0，σ_{b1})、(σ_{b1}，σ_{b2})、(σ_{b2}，σ_{b3})、(σ_{b3}，R_c)。对应到现场，该阶段已可产生矿震，且随裂隙扩展速度的增加，矿震的产生频次和能量都提高，在 B 点附近，产生非弹性变形，对应低能量(1.0×10^2～1.0×10^4 J)的震动；接近 C 点，微观裂纹发展成宏观破裂，对应高能量(1.0×10^5～1.0×10^7 J)的震动。当受载超过抗压强度后(C 点以后)，煤岩裂隙贯通，出现宏观大裂隙，失稳破坏。

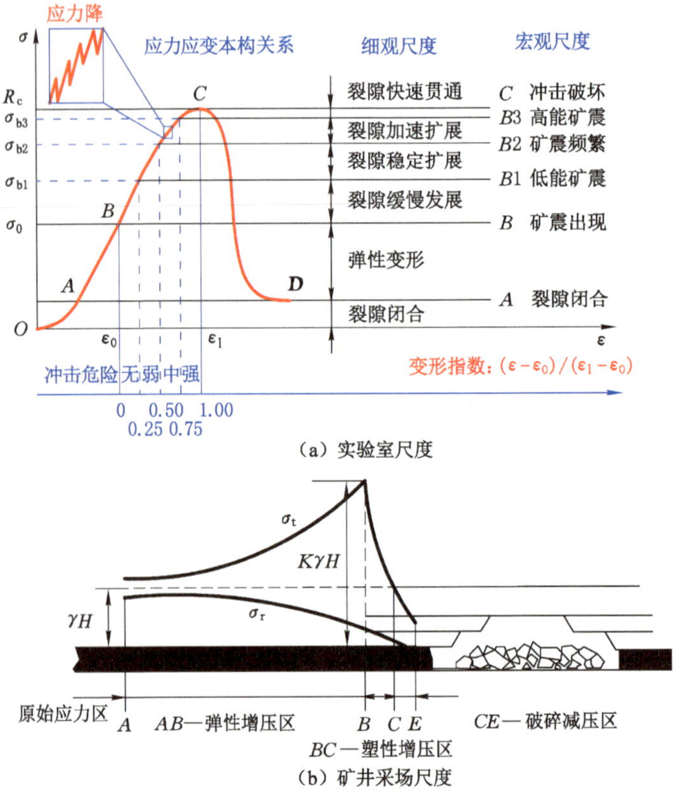

图 4-3　多尺度下煤岩体全应力应变状态

因此，针对煤岩试样在受载变形破坏过程中的力学响应，根据 BC 阶段受载及对应的应变，建立相应的煤岩体破坏危险性的监测预警准则：

$$0 \leqslant W_{\varepsilon}(t) = \frac{\varepsilon(t) - \varepsilon_0}{\varepsilon_1 - \varepsilon_0} \leqslant 1 \quad [\varepsilon(t) \geqslant \varepsilon_0] \tag{4-10}$$

式中，$\varepsilon(t)$为煤岩体在当前状态时刻的应变；ε_0 为煤岩体开始出现破裂时的初始应变；ε_1为煤岩体最终破坏时的应变；$W_{\varepsilon}(t)$为某时刻煤岩破坏的危险状态，它确定了在 ε 轴上与破坏点之间的距离。

式(4-10)即冲击矿压的监测预警判别准则。根据该准则，可将煤岩试样冲击破坏的危险性划分为四个等级：无冲击危险、弱冲击危险、中等冲击危险和强冲击危险，对应的应力阈值分别为 σ_{b1}、σ_{b2}、σ_{b3}、R_c。该冲击矿压危险判别准则的建立，为实现煤岩冲击动力灾害的监测预警提供了依据。

煤岩体在变形破坏过程中，伴随着多源物理信息的变化，如应力、变形、微震、声发射、电磁辐射、温度等。图 4-4 为实验室具冲击倾向性煤岩在单轴受载过程中载荷与声发射计数、电磁辐射强度之间的耦合关系。由此可知，煤岩受载损伤破坏过程与电磁辐射、声发射具有正相关耦合关系。

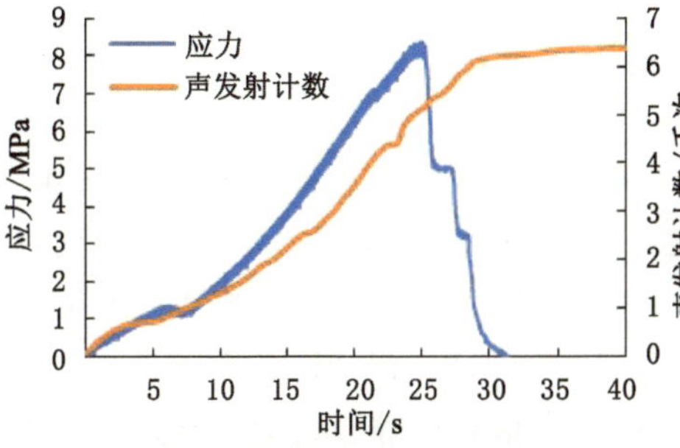

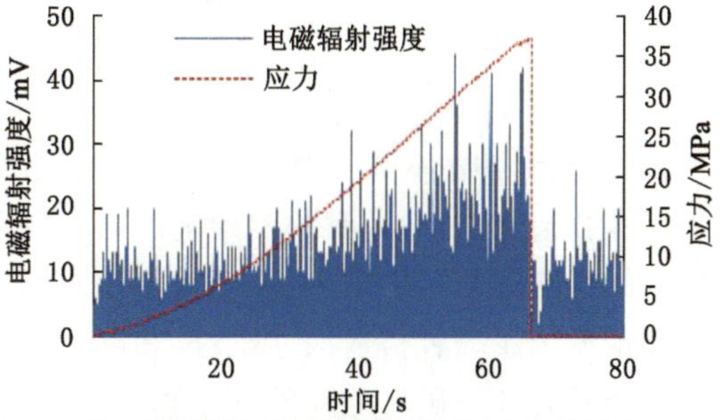

图 4-4　受载煤样声电效应与应力之间的耦合关系

应力、变形、微震、声发射、电磁辐射、温度等这些信息与煤岩体的应力状态与破坏阶段具有正相关性。研究表明，煤岩变形破坏的 $\varepsilon(t)$、$W(t)$与微震、声发射、电磁辐射的特征值成正比，则可采用微震、声发射、电磁辐射等地球物理方法确定煤岩冲击破坏危险的前兆信息模式，通过将多种前兆信息参量(用 N 表示)进行归一化，建立煤岩冲击危险性前兆信息的微震、声发射、应力等多物理参量的判别准则。其中，N_1为临界值；N_0为初始值；$N(t)$为监测值。

$$0 \leqslant W_n(t) = \frac{N(t) - N_0}{N_1 - N_0} \leqslant 1 \quad [N(t) \geqslant N_0] \tag{4-11}$$

该指标的两个极端条件是：当冲击危险性指数 $W_n(t)=0$ 时，煤岩体处于稳定状态，无冲击危险；当 $W_n(t)=1$ 时，煤岩体已发生冲击破坏。

4.1.5　冲击危险的分区分级监测预警

煤矿地质与开采条件复杂、采动空间不断移动、区域局部动静态应力场交织叠加，导致冲击矿压灾害是一个多尺度、多因素耦合演化极为复杂的过程。因此，对于冲击矿压危险的监测预警，就要综合采用综合指数法、微震法、电磁辐射法和钻屑法等方法，在时间上从早期综合分析预测到即时预测，在空间上从区域预测到局部、点预测，逐级排除和确认冲击矿压危险，实现分级预测，如图 4-5 所示。

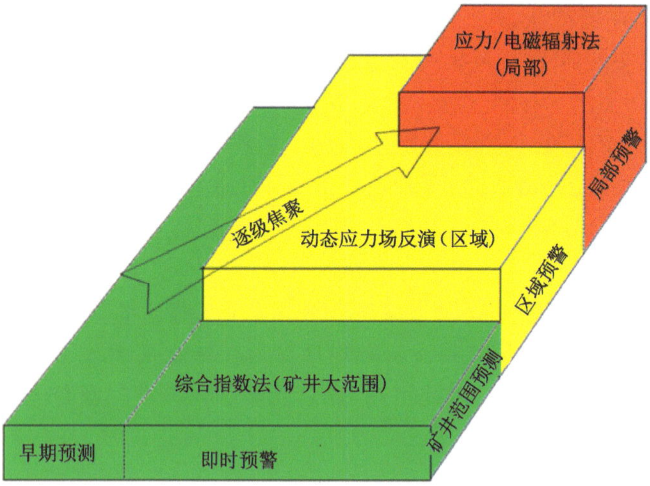

图 4-5　冲击矿压危险的分区分级监测预警

在时间上，冲击矿压的预测分为早期综合分析预测和即时预测。早期综合分析预测主要采用综合指数法，而即时预测则采用电磁辐射法、微震法和钻屑法等方法。在空间上，冲击矿压的预测分为区域预测、局部预测和点预测。区域预测主要采用综合指数法和微震法，而局部预测采用综合指数法、微震法和电磁辐射法，点预测则采用钻屑法。

对于具有冲击矿压危险的矿井和采区，首先根据综合指数法等分析地质和开采条件，划分出冲击矿压危险区域及重点监测区域，实现对冲击矿压的早期预测。然后，在早期预测的基础上，采用微震法对矿井冲击矿压的危险性进行区域监测和预测；对于有危险的区域，用微震法、声发射法或电磁辐射法进行局部监测和预测；对于局部预测有危险的区域，采用钻屑法进行预测验证。通过上述方法综合确定冲击矿压危险等级，并对危险区域和地点采用强度弱化减冲技术进行治理。

按照冲击矿压的危险程度，可将冲击矿压的危险等级分为 4 级：无冲击危险、弱冲击危险、中等冲击危险和强冲击危险。根据冲击矿压危险性的不同，采取相应的防治对策，如表 4-1 所示。

表 4-1　冲击矿压危险状态的分级

危险等级代号	危险状态	危险指数	防 治 对 策
A	无危险	<0.25	所有的采掘工作可正常进行
B	弱危险	0.25～0.5	在采掘工作过程中，加强冲击矿压危险的监测预报
C	中等危险	0.5～0.75	在进行采掘工作的同时，采取强度弱化减冲治理措施，消除冲击危险
D	强危险	>0.75	停止采掘作业，人员撤离危险地点。采取强度弱化减冲治理措施。在采取措施后，实施监测检验，冲击危险消除后方可进行下一步作业

对具有冲击矿压危险性的区域，冲击矿压危险的预测及治理工作流程为：

早期综合分析预测(采用综合指数法、多因素叠加分析法等确定危险指数和重点监测区域)→即时预测(采用微震法、电磁辐射法)→区域预测(采用微震法连续监测，及时预测工作面区域冲击危险性)→局部预测(采用微震法、声发射法、电磁辐射法连续监测，及时预测工作面局部冲击危险性)→点预测(采用钻屑法验证局部监测的准确性，并进行点预测)→逐级排除、确认危险等级和危险区域→解危处理(采用强度弱化减冲治理措施，消除冲击危险)→治理效果检验(采用微震法、声发射法、电磁辐射法、钻屑法检验解危效果)。

因此，对于具有冲击矿压危险性的矿井，在分析冲击矿压发生机理的基础上，采用时间上早期综合分析预测与即时预测相结合，空间上区域预测与局部预测、点预测相结合，构成可靠性高、简单易行、行之有效的冲击矿压危险性预测技术体系，如图 4-6 所示。

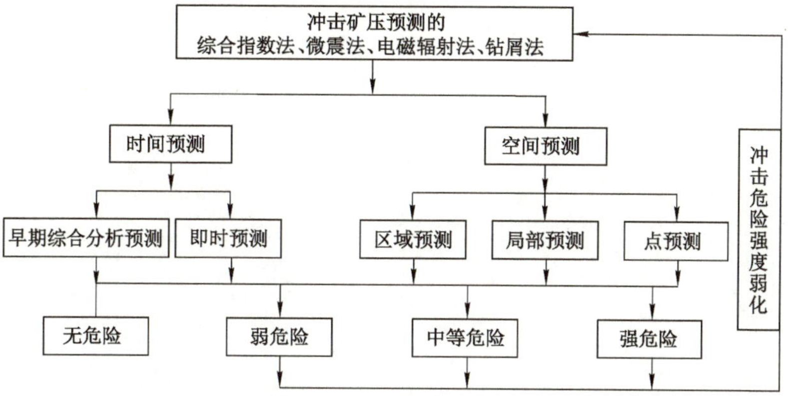

图 4-6　冲击矿压的分级预测技术体系

4.1.6　监测预警的准确率

冲击矿压监测预警准确率即冲击矿压危险预警的正确程度。可用如下几个方面作为监测预警准确性的判据：

(1) 监测预警后发生了冲击矿压灾害；

(2) 监测预警后，出现强烈震动、瞬间底(帮)鼓、煤岩弹射、锚杆(索)断裂等现象；

(3) 监测预警后，发生了危险性矿震(达到临界能量等级)；

(4) 监测预警后，指标超限，采取措施后解除了冲击危险；

(5) 预测无冲击危险，监测没有出现上述情况。

据此，监测预警准确率的表达式为：

$$\text{监测预警准确率}=\frac{\text{预警后冲击次数}+\text{危险矿震次数}+\text{显现次数}+\text{指标超限解危次数}+\text{预测无危险次数}}{\text{预警总次数}}\times 100\%$$

4.2　应力场监测方法

煤岩发生冲击，静载是煤岩失稳的应力和能量基础，因此，需要对原始应力场和采掘形成的应力集中现象进行监测。通过监测应力场来监测冲击矿压的危险性，应力场的监测方法主要有钻屑法、应力监测法、应力场CT探测法、支架阻力变化监测法等。

4.2.1 钻屑法

钻屑法是指在煤层中施工直径为42 mm的钻孔，根据每米钻孔排出的煤粉量及其变化规律和钻进过程中有关的动力现象鉴别冲击危险的一种方法。钻屑法钻出的煤粉量与煤体应力状态具有定量的关系，即其他条件相同的煤体，钻孔的煤粉量随应力状态的变化而不同。

钻屑量的变化曲线和支承压力分布曲线十分相似。图4-7为抚顺龙凤矿和北京门头沟矿实测的钻屑量变化值。当钻孔进入煤壁一定距离时，钻孔周围煤体过渡到极限应力状态，并伴随出现钻孔动力效应。应力越大，过渡到极限应力状态的煤体越多，钻孔周围的破碎带不断扩大，排粉量不断增多。

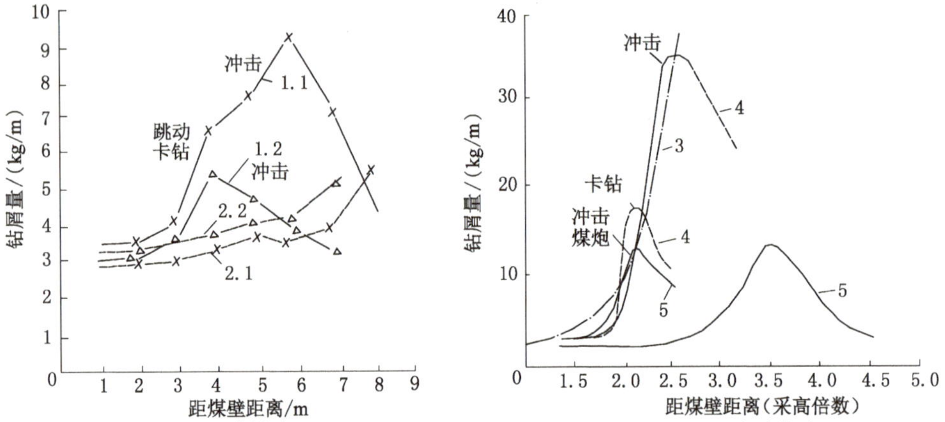

(a) 龙凤矿　　(b) 门头沟矿

1—冲击前施工孔；2—冲击后施工孔；3—极限煤粉量；4—推测煤粉量；5—实测煤粉量。

图4-7　实测典型钻屑量变化曲线

用钻屑法预测冲击矿压危险的指标有两类：一是钻粉率指数，即钻出煤粉量与正常排粉量之比，见式(4-12)；二是动力效应，如钻杆卡死、跳动，出现震动或声响等现象。记录钻孔时所发生的动力效应，可更加准确地判断危险位置。

$$K^{*}=\frac{V_b}{V_z} \tag{4-12}$$

根据监测区域冲击危险性的钻粉率指数，并综合考虑监测钻孔的动力现象(如吸钻、卡钻、孔内冲击、声响和煤粉颗粒度等)，来判别监测区域是否存在冲击矿压危险。表4-2所列为钻粉率指数指标，表4-3所列为动力效应指标。

表4-2　评价工作地点冲击危险性的钻粉率指数指标

孔深巷高比 a	<1.5	1.5~3.0	>3.0
钻粉率指数 b	≥1.5	≥2.0	≥3.0

表 4-3　评价工作地点冲击危险性的动力效应指标

动力效应	冲击危险性	
	无	有
卡钻、吸钻、顶钻、异响、孔内冲击	无动力现象	有动力现象

4.2.2　应力监测法

应力是煤岩体发生失稳破坏和冲击矿压的力学基础。有冲击矿压动力灾害危险的区域，在发生冲击矿压之前，应力是逐步增加的，且只有当应力达到煤体破坏极限时，才有可能发生冲击矿压。因此，通过监测确定应力增量的变化规律与钻屑量之间的关系，实现利用钻孔应力测量值代替钻屑量作为主要的监测指标。

煤岩冲击动力灾害应力实时在线监测可实现对煤体应力的 24 小时连续监测。以煤体应力增量作为冲击危险评价指标，评价一组压力传感器所在区域的冲击危险状态，如表 4-4 所示。以应力增量评价的冲击危险状态结合过程判断作为强冲击矿压危险的判别标准，如表 4-5 所示，当应力在线监测系统监测到某区域处于强冲击危险状态时，工作面需要停产并进行卸压解危工作。图 4-8 为现场应用效果。

表 4-4　冲击矿压应力实时在线监测评价指标

危险状态	应力增量 $\Delta\sigma$/MPa
A 无危险	$\Delta\sigma\leqslant 2$
B 弱危险	$2<\Delta\sigma\leqslant 4$
C 中等危险	$4<\Delta\sigma\leqslant 6$
D 强危险	$\Delta\sigma>6$

表 4-5　强冲击矿压危险的应力实时在线监测判别标准

正常生产	强冲击矿压危险的预警
所有观测点的应力监测数据均为 A(无危险)	一组及以上数据为 D(强危险)
一组观测数据为 B(弱危险)，且 3 d 内应力无明显增加	两组及以上数据为 C(中等危险)
一组数据为 C(中等危险)，且 1 d 内应力无明显增加	一组数据为 C(中等危险)，且 1 d 内应力明显增加，钻屑量超限或动压明显
	两组及以上数据为 B(弱危险)，且钻屑量超限或动压明显

4.2.3　应力场 CT 探测法

(1) 震动波 CT 探测技术简介

震动波 CT(Computer Tomograph)探测技术，就是震动波层析成像技术，是采矿地球

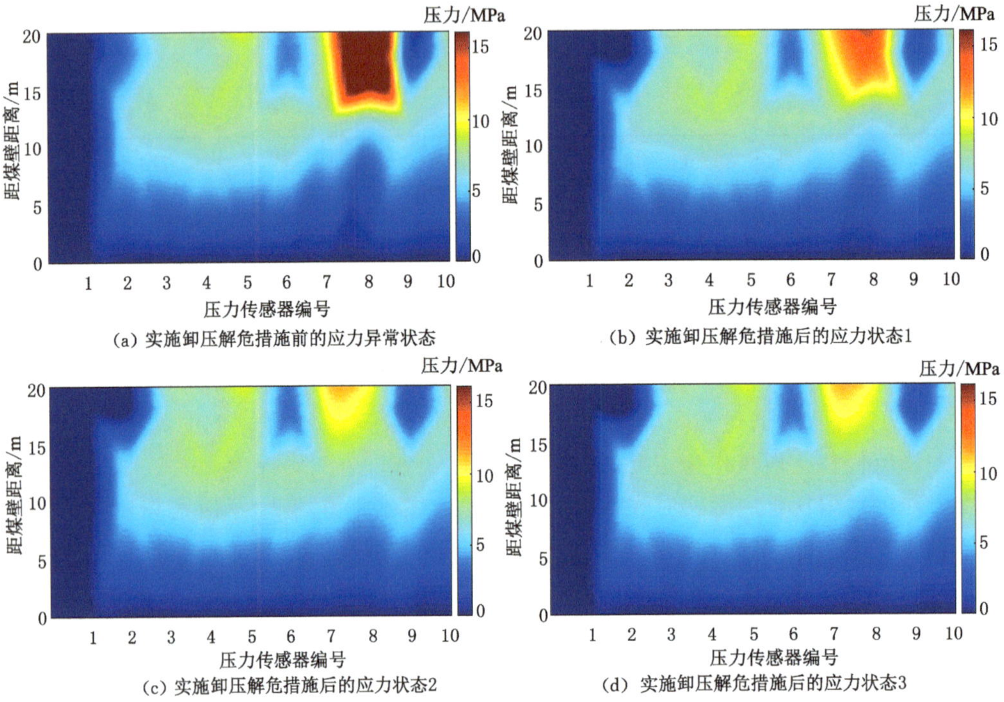

图 4-8　应力实时在线监测系统现场应用效果

物理方法之一。其工作原理是利用震动波射线对工作面的煤岩体进行透视，通过对震动波走时和能量衰减的观测，对工作面煤岩体的地球物理信息进行成像。当震动波传播通过工作面煤岩体时，煤岩体上所受的应力越高，震动波传播的速度就越快。通过对震动波波速的反演，可以确定工作面范围内的震动波速度场的分布规律。根据速度场的大小，可确定工作面范围内应力场的大小，从而划分出高应力区和高冲击矿压危险区域，为冲击矿压灾害的监测防治提供依据。

根据震源的不同，可将震动波 CT 探测技术分为主动 CT 技术、被动 CT 技术和双震源一体化主被动 CT 技术。主动 CT 技术和被动 CT 技术示意分别如图 4-9(a)和图 4-9(b)所示。主动 CT 技术采用人工激发震源的方式进行分析反演计算；被动 CT 技术则是利用采矿过程中产生的矿震作为震源进行分析反演计算的。由于人工激发的震源是可控、可优化的，而矿震的发生与地质和开采技术条件有很大关系，其数量、能量和发生位置具有一定的不确定性。所以，对于重点监测的危险区域，采用主动 CT 技术，在可安放激发源和台站的条件下，布置一定数量的台站，通过人工炸药或锤击的方式激发震动波穿过研究区域。通常，在主动 CT 测试中，探头布置密集，形成的射线覆盖密度较大，且震源位置和发震时刻已知，有利于对局部区域进行精细、准确的冲击危险探测。

(2) 应力与震动波波速的相关性

要进行区域应力场的探测，首先要确定煤岩体上所承受的应力与震动波穿过煤岩体时波速的相关性。为此，在实验室条件下，对某矿的煤岩样进行单轴压缩试验，在加载的过程中同时测量震动波波速，研究煤岩样在加载情况下波速与应力之间的关系，如图 4-10 和图 4-11 所示。

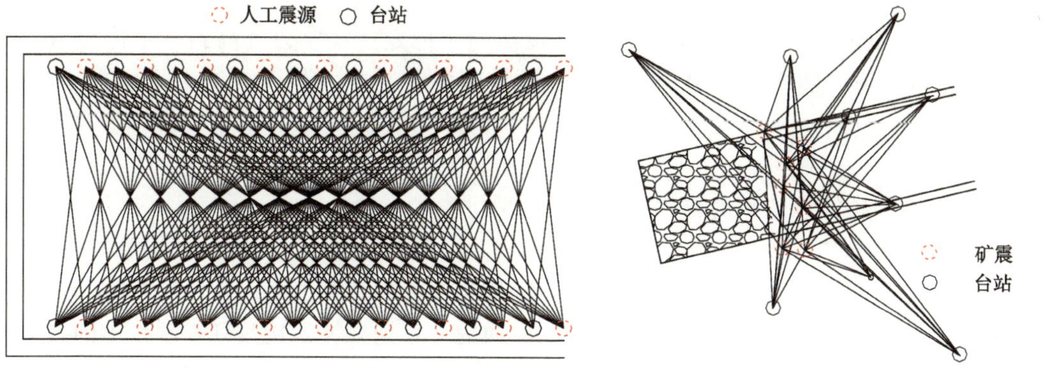

（a）主动CT技术示意　　（b）被动CT技术示意

图 4-9　主动与被动 CT 技术示意

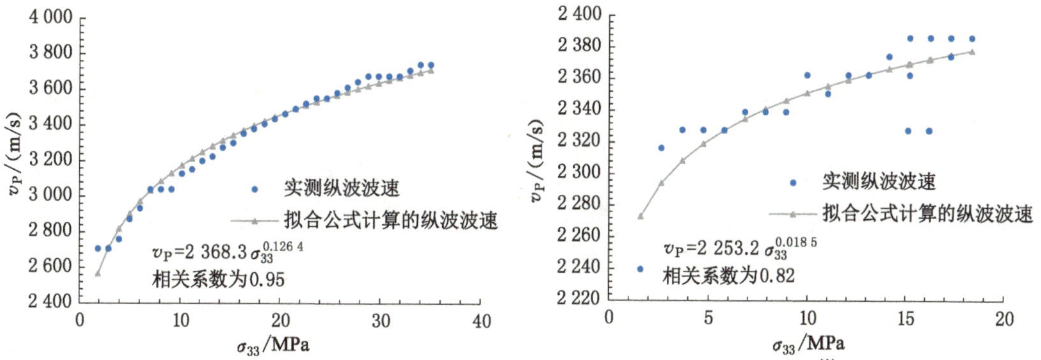

（a）岩石　　（b）煤

图 4-10　单轴压缩条件下应力与纵波波速之间的关系

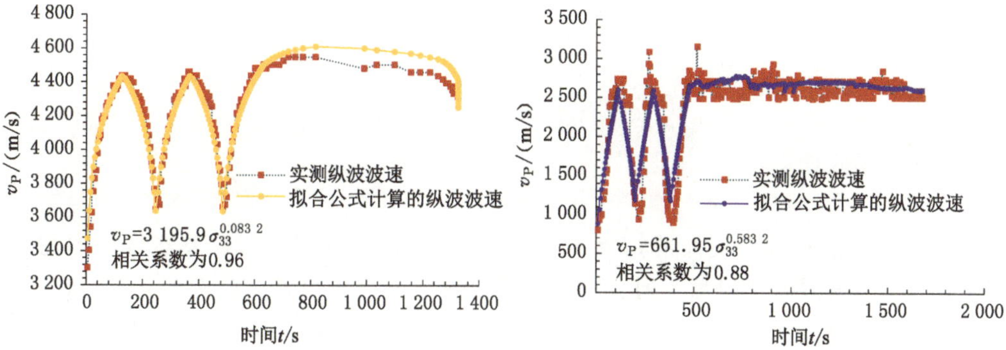

（a）岩石　　（b）煤

图 4-11　循环加载条件下纵波波速变化特征

煤岩样的单轴压缩全过程超声波测试结果表明，纵波波速都随应力的增加而增加。在单轴压缩条件下，试样纵波波速变化总是在应力作用的开始阶段时有较高梯度，而随着应力的不断增加，纵波波速的上升幅度减缓，并逐渐趋于稳定。在应力升高到一定值后，影响波速大小的因素不再随应力的增加而调整。这种现象表明应力与纵波波速间具有幂函数关系，即

$$v_P = a\sigma^{\lambda} \tag{4-13}$$

式中，a 和 λ 为拟合和选择的参数。

(3) 震动波 CT 探测原理

应用震动波 CT 探测技术时，在采煤工作面的一条巷道内设置一系列震源，在另一条巷道内设置一系列检波器。当震源震动后，巷道内的一系列检波器接收到震源发出的震动波。根据不同震源产生震动波信号的初始到达检波器时间数据，重构和反演煤层速度场的分布规律。震动波 CT 探测技术主要根据检波器与震源的距离 L 和检波器接收到的震动波初至时间 T 来反演震动波的速度分布 $v(x,y)$ 或慢度分布 $S(x,y)=1/v(x,y)$。假设第 i 个震动波的传播路径为 L_i，其传播时间为 T_i，则：

$$T_i = \int_{L_i} \frac{\mathrm{d}s}{v(x,y)} = \int_{L_i} S(x,y)\mathrm{d}s \tag{4-14}$$

式(4-14)是一曲线积分，ds 为弧长微元。$v(x,y)$ 和 L_i 都是未知的，T_i 是已知的。这实际上为一个非线性问题。在速度场变化不大的情况下，可以近似地把传播路径看作直线，即 L_i 为直线，实际上地下介质地质情况复杂，震动波射线传播路径也往往为曲线。将反演区域离散化，假设离散化后的单元数目为 N，每个单元的慢度为一对应常数(记为 $S_1,S_2,\cdots,S_n$)，则第 i 条震动波射线的旅行时可表示为：

$$T_i = \sum_{j=1}^{N} a_{ij} S_j \tag{4-15}$$

式中，a_{ij} 为第 i 条震动波射线穿过第 j 个网格的长度。当有大量射线(如 M 条射线)穿过反演区域时，根据式(4-15)就可以得到关于未知量 S_j $(j=1,2,\cdots,N)$ 的 M 个方程 $(i=1,2,\cdots,M)$，M 个方程组合成线性方程组为：

$$\begin{cases} T_1 = a_{11}S_1 + a_{12}S_2 + a_{13}S_3 + \cdots + a_{1j}S_j \\ T_2 = a_{21}S_1 + a_{22}S_2 + a_{23}S_3 + \cdots + a_{2j}S_j \\ \qquad \vdots \\ T_i = a_{i1}S_1 + a_{i2}S_2 + a_{i3}S_3 + \cdots + a_{ij}S_j \end{cases} \tag{4-16}$$

写成矩阵形式如下：

$$\boldsymbol{AS}=\boldsymbol{T} \tag{4-17}$$

式中，$\boldsymbol{A}=(a_{ij})_{M\times N}$，称作距离矩阵；$\boldsymbol{T}=(T_i)_{M\times 1}$，为传播时间向量，即检波器得到的初至时间；$\boldsymbol{S}=(S_i)_{N\times 1}$，为慢度列向量。通过求解上述方程组就可以得到离散慢度分布，从而实现井间区域的速度场反演成像。值得注意的是，在地震层析成像过程中，矩阵 $\boldsymbol{A}$ 往往为大型无规则的稀疏矩阵($\boldsymbol{A}$ 中每行都有 N 个元素，而射线只通过所有 N 个像元中一小部分)，而且常是病态的。在实际应用中，要反复求解式(4-17)来得到重建区域的速度场。由于联合迭代法(SIRT 方法)收敛速度较快，而且对投影数据误差的敏感度小，因此，一般选取 SIRT 方法的反演结果对震动波 CT 图像进行解释。

(4) 冲击危险的判别准则

煤岩体应力与波速之间存在幂函数关系，即震动波波速越高，所受应力越大，冲击危险性就越高；弹性模量与波速在弹性阶段呈正相关关系，即波速越大，对应的弹性模量越大，则煤岩体变形储存能量的能力越高，刚度越大，抵抗变形破坏的能力就越大。波速越高的区域，受到的动载越大，这些区域受到强矿震扰动比其他低波速区域更容易发生冲击矿压。波速异常指标 A_n 变化越大，矿震危险性越高。

岩层破裂需要应力及变形的空间条件，如图 4-12 所示，工作面开采后所形成的采空区导致上覆岩层重力加载到邻近的支承区域 C，形成一侧应力降低区与一侧高应力集中区，在没有额外力的作用下，两者的存在总是相辅相成的。由纵波波速与应力之间的试验关系模型知，裂缝带区域 A 对应一个低波速区，而应力集中区域则对应高波速区，这两个区域之间是从高波速向低波速过渡的区域，即波速变化梯度较大的区域 B，该区域的煤岩体在某一方向的受约束能力相对较弱，在载荷一致的情况下将比均匀受载的煤岩体更易发生失稳破坏。也就是说，强矿震不仅发生在高波速区域，也发生在波速变化梯度较大的区域。所以，波速变化梯度较大的区域也是冲击危险较大的区域。

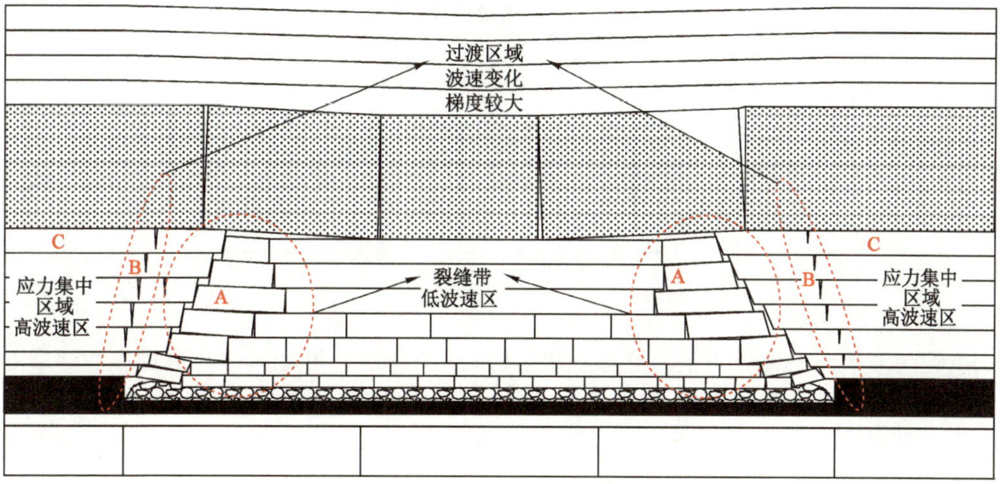

图 4-12 工作面开采后的上覆岩层结构及波速分布示意

图 4-12 中，C 区域应力高且集中程度大，相对其他区域将出现纵波波速的正异常；而 A 区域为应力降低区，纵波波速将出现负异常。因此，可构建震动波波速异常系数 A_n：

$$A_n = \frac{v_P - v_P^a}{v_P^a} \tag{4-18}$$

式中，v_P 为反演区域内一点的纵波波速；v_P^a 为模型平均纵波波速。表 4-6 为根据试验结果确定的波速正异常变化与应力集中程度之间的关系，表 4-7 为波速负异常变化与煤岩体弱化程度之间的关系。

针对 B 区域，为利用波速变化梯度探测评价冲击危险性，构建如下波速梯度变化系数 VG：

$$VG = v_P \cdot \mathrm{Grad} \tag{4-19}$$

式中，Grad 为反演区域内一点的波速变化梯度。表 4-8 为 VG 与冲击危险性之间的关系。

表 4-6　波速正异常变化与应力集中程度关系

冲击危险等级代号	应力集中特征	波速正异常 A_n/%	应力集中程度
A	无	<5	<0.2
B	弱	5～15	0.2～0.6
C	中等	15～25	0.6～1.4
D	强	>25	>1.4

表 4-7　波速负异常变化与煤岩体弱化程度之间的关系

弱化程度	弱化特征	波速负异常 A_n/%	应力降低程度
0	无	0～−7.5	<0.25
−1	弱	−7.5～−15	0.25～0.55
−2	中等	−15～−25	0.55～0.80
−3	强	<−25	>0.80

表 4-8　VG 与冲击危险性之间的关系

冲击危险等级代号	异常对应的危险性特征	VG 异常/%
A	无	<5
B	弱	5～15
C	中等	15～25
D	强	>25

（5）震动波主动 CT 探测技术

当震动波监测系统处于主动源触发状态时，系统主机与可控震源具有连接关系。位于工作面两顺槽的可控震源一旦激发，系统主机将立即进行信号记录。在两顺槽完成一次可控震源的循环后，可形成对采掘工作面的高密度射线覆盖。每条射线的到时可由软件自动标记或人工分析标记。利用大量到时数据，基于震动波可控 CT 反演技术可划分网格模型和执行 SIRT 波速反演，其结果可用于预警指标计算，并快速完成工作面冲击危险预警。

山东某矿 16302C 工作面为 $3_下$ 煤层一孤岛工作面，位于十六采区中部，工作面面长 135.5 m，推进长度 742.4 m，平均开采深度达 670 m。该工作面设计停采线南距北区回风巷巷中 80 m，开切眼中心线南距北区回风巷巷中 826 m；东部为 16302 工作面采空区，西部为 16303 工作面采空区。16302C 工作面开切眼位于 16303 工作面采空区中部位置，以薄煤区 2.0 m 厚煤层及 KF_{69} 断层为界，设计长度为 140 m。工作面停采线与相邻两工作面停采线位置一致，如图 4-13 所示。

图 4-14 显示的是 16302C 工作面震动波波速反演结果。图中，不同颜色代表不同速度，速度由高到低所对应的颜色分别为红色、黄色、绿色和蓝色等；红色和黄色对应高波速，即高应力，而蓝色则代表低波速，即低应力。对于煤层来说，其高应力区主要集中在开切眼一侧中间巷附近（图中标注的 A 区域）、工作面中部断层右侧条带（图中标注的 B 区域）和停采线附近辅运顺槽靠工作面一侧的条带（图中标注的 C 区域）等三处。工作面开切眼附近的应

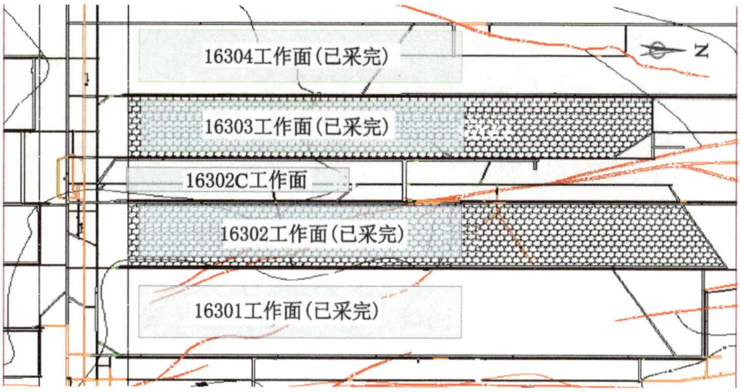

图 4-13　16302C 工作面示意

力集中区(A 区域)的范围较大。另外,此处的煤层厚度等值线较密,说明煤层厚度在此处变化较大,而煤层应力集中区的范围与煤层厚度变化最大梯度方向是一致的。因此,认为工作面开切眼附近高应力区(A 区域)的形成主要是煤层厚度在此处产生较大变化造成的。而工作面中部和停采线一侧的高应力区(B 区域和 C 区域)呈条带状,与相应的小断层和煤层厚度变化最大梯度方向并不一致。此两处的高速异常区的形成是区域应力集中造成的,此两处是冲击危险性较高的区域。因此,认为 16302C 工作面内所出现的应力集中区,主要是两侧采空区、煤厚变化和断层构造造成的。

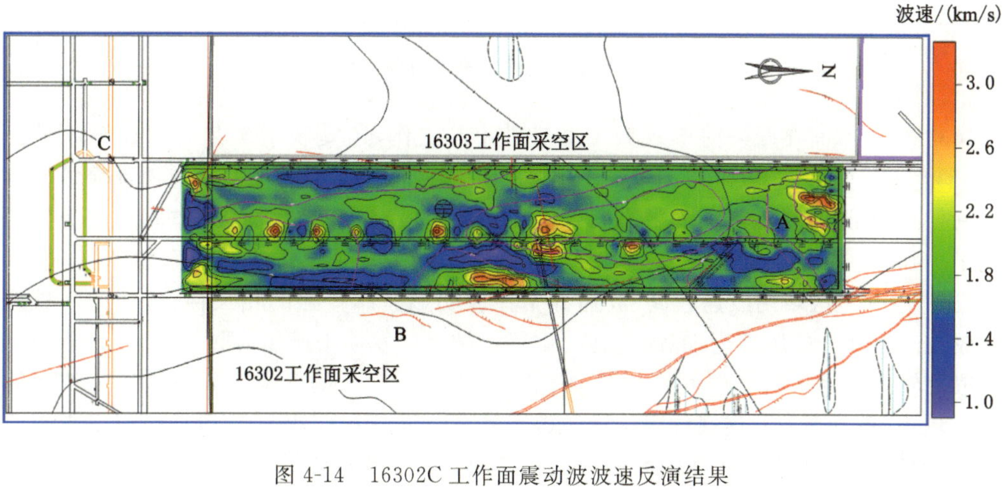

图 4-14　16302C 工作面震动波波速反演结果

采用震动波波速异常的冲击危险判别方法确定的冲击危险结果如图 4-15 所示。煤层中的危险指标分布区域比较集中,在开切眼附近和停采线区域都存在应力集中和波速异常现象。在工作面两侧附近都能测到明显的波速负异常,显示顶板破碎,应力集中程度较低,从而可以推断在 16302C 工作面相邻采空区影响下,顶板沿断层滑移并破断是其附近波速较低的原因,但是在工作面内部的断层处存在高应力集中区。在联络巷附近及 $3_{下}$ 煤变薄处存在明显的波速异常和应力集中现象,其中,左侧等值线的变尖处体现得更加明显,说明在联络巷附近存在冲击危险性。

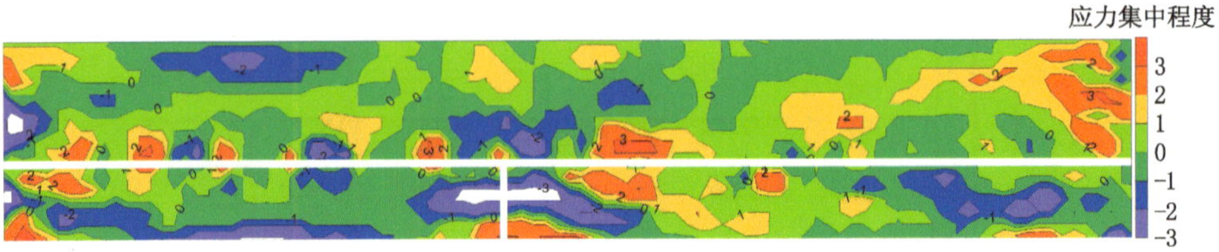

图 4-15　由震动波波速异常确定的冲击危险

根据以上分析结果及生产实际条件，确定三个冲击危险区域：停采线附近（C 区域）、联络巷处（B 区域）和开切眼附近（A 区域），如图 4-16 所示。

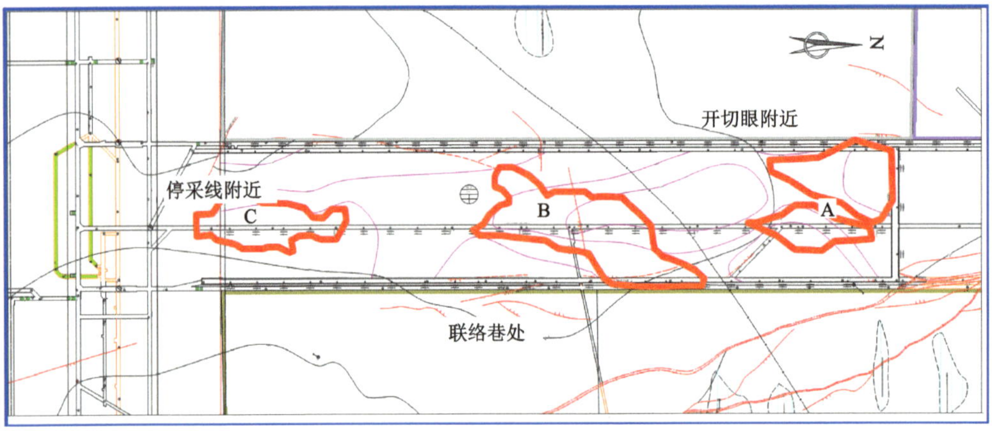

图 4-16　16302C 工作面冲击危险区域确定

16302C 工作面在回采前不仅做了弹性波 CT 工作，还安装了矿井微震监测系统。因此，对于此工作面来说，可以将回采后所监测到的微震数据与弹性波 CT 透视预警结果相对比，从而相互验证其探测或监测的准确性。图 4-17 显示的是 16302C 工作面内监测到的能量大于 1.0×10^3 J 的微震点分布图，对于震源点来说，震动主要位于工作面右半侧，即 A 和 B 区域内，这与该区域内波速较高、波速异常比较明显具有很强的相关性，说明此区域应力变化较大。据冲击矿压理论，能级越高的矿震点越易引发冲击矿压，同时高能级微震点的应力一般比较集中。从图 4-17 可以看出，能量 $E>1.0\times10^4$ J 的震动主要发生在工作面的 A 和 B 区域内，震动波 CT 透视预警位置与微震监测结果一致性达 80%以上。以上结果验证了震动波 CT 探测确定工作面内高冲击危险区的有效性和可靠性。

（6）震动波被动 CT 探测技术

当震动波监测系统处于被动源触发状态时，系统主机将实时扫描由接收拾震传感器（探头）感知的环境信号，若其中包含矿震信号，则记录后进行自动或人工 P 波到时的标记分析和定位计算，如图 4-18 所示。定位后的足量自然震源与选用的接收探头间可形成大量射线覆盖。利用每条射线上的到时信号，基于震动波被动 CT 反演技术可划分网格模型和执行 SIRT 波速反演，其结果可用于预警指标计算，并最终完成一段周期内的工作面冲击危险预警。

河南某矿 25110 工作面开采深度为 1 000 m 左右（地面标高为＋551～＋596 m，工作面

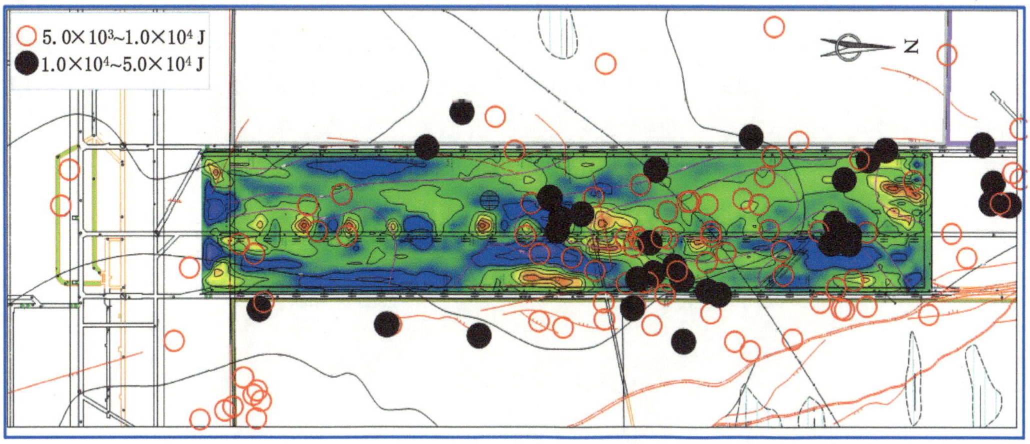

图 4-17　16302C 工作面微震点分布

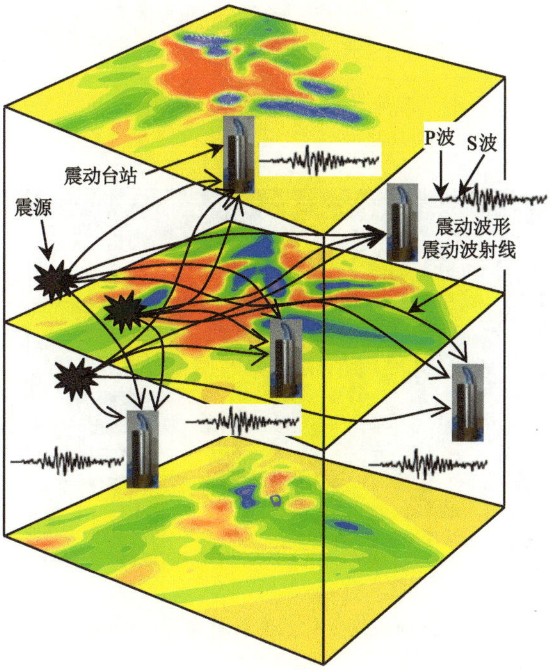

图 4-18　震动波被动 CT 探测示意

煤层标高为－390.0～－451.6 m)，为 25 采区东翼第一个综放工作面，平均采高为 11 m，主采 2-1 煤层。2-1 煤层平均厚度为 11.5 m，平均倾角为 13°，煤层上方依次为 18 m 厚泥岩直接顶、1.5 m 厚 1-2 煤层、4 m 厚泥岩和 190 m 巨厚砂岩基本顶，下方依次为 4 m 厚泥岩直接底和 26 m 厚砂岩老底。25110 工作面东为 23 采区下山保护煤柱，南为 25 采区下部未采煤层，西为 25 采区下山保护煤柱，北为 25090 工作面(一分层已采)，且 25110 工作面上巷布置于 25090 工作面采空区下方煤层中。

选取 25110 工作面煤层平均标高－400 m 水平切片的波速异常系数 A_n 和波速梯度变

化系数 VG 等值线云图作为 25110 工作面的探测评价结果，如图 4-19 和图 4-20 所示。根据波速正负异常变化与应力集中程度及弱化程度之间的关系，划分出 2 个高应力集中区域 B1 和 B2（由图 4-19 中蓝色曲线圈出），以及 3 个弱化程度高的区域 R1、R2 和 R3（由图 4-19 中红色曲线圈出）。另外，根据波速梯度变化与冲击危险之间的关系，划分出 5 个强冲击危险区域 G1、G2、G3、G4 和 G5（由图 4-20 中黑色曲线圈出）。

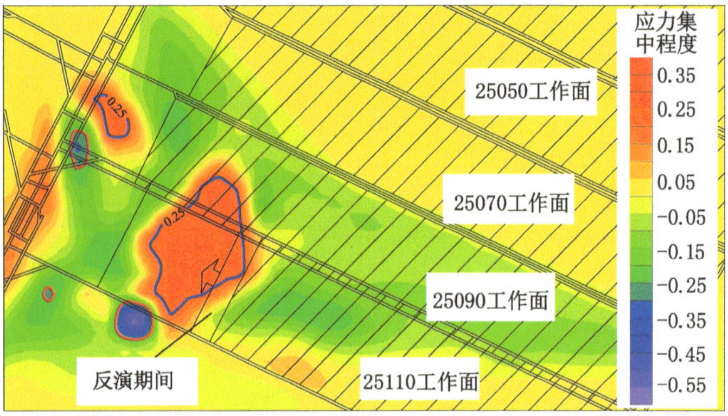

图 4-19　波速异常系数计算结果（−400 m 水平）

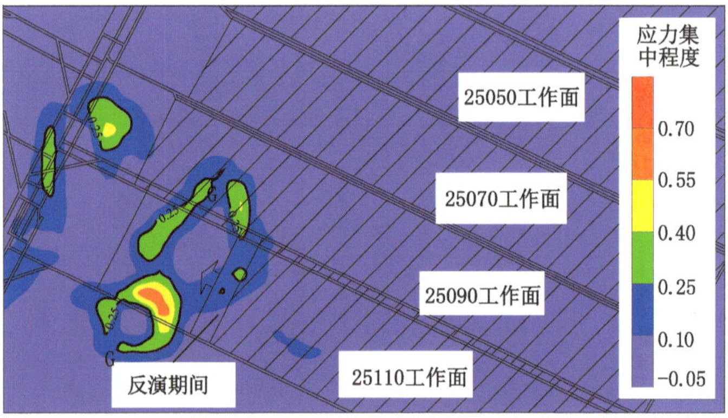

图 4-20　波速梯度变化系数计算结果（−400 m 水平）

此次卸压解危措施效果检验采用 2012 年 5 月 8 日至 6 月 7 日期间的波速异常系数结果，如图 4-21 所示。从图 4-21 可以看出，A4 区域和 A5 下巷区域实施卸压措施后，波速由正异常转为负异常，表明该区域应力下降幅度很高，卸压效果很明显；A3 下巷区域实施卸压措施后，该区域不仅呈现波速负异常，还表现出高波速梯度异常，表明该区域实施的卸压措施通过松散煤岩体形成了破碎带，该破碎带与实体煤之间的过渡区域正好表征出了高波速梯度异常。由此可以得出，高波速梯度异常只有在没有实施卸压措施的前提下才能表征高冲击危险性，而实施卸压措施后的高波速梯度异常应表征卸压措施的有效性，即弱化程度的显著性。综上所述，震动波 CT 探测技术能很好地对各项卸压解危措施进行效果检验。

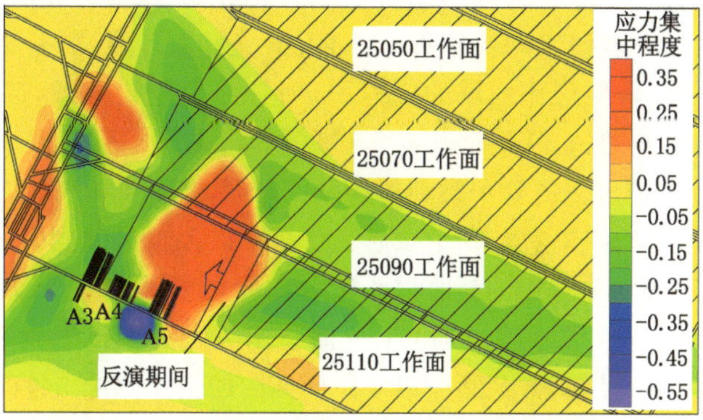

图 4-21　卸压解危措施实施方案及实施后波速异常系数分布

图 4-22 所示为 25110 工作面回采不同时段煤层水平位置的波速分布切片图，图中不同符号表示反演阶段未来一个月不同能量级别的矿震事件，监测区域为反演期间工作面开采的区域。由图 4-22 可知，几乎所有的矿震事件（尤其是能量大于 1.0×10^5 J 的矿震事件）均发生在高波速区[图 4-22(a)、图 4-22(b)和图 4-22(d)]或高波速变化梯度区[图 4-22(a)、图 4-22(c)和图 4-22(d)]。这再次验证了采用震动波被动 CT 探测技术评估冲击危险性的可行性。

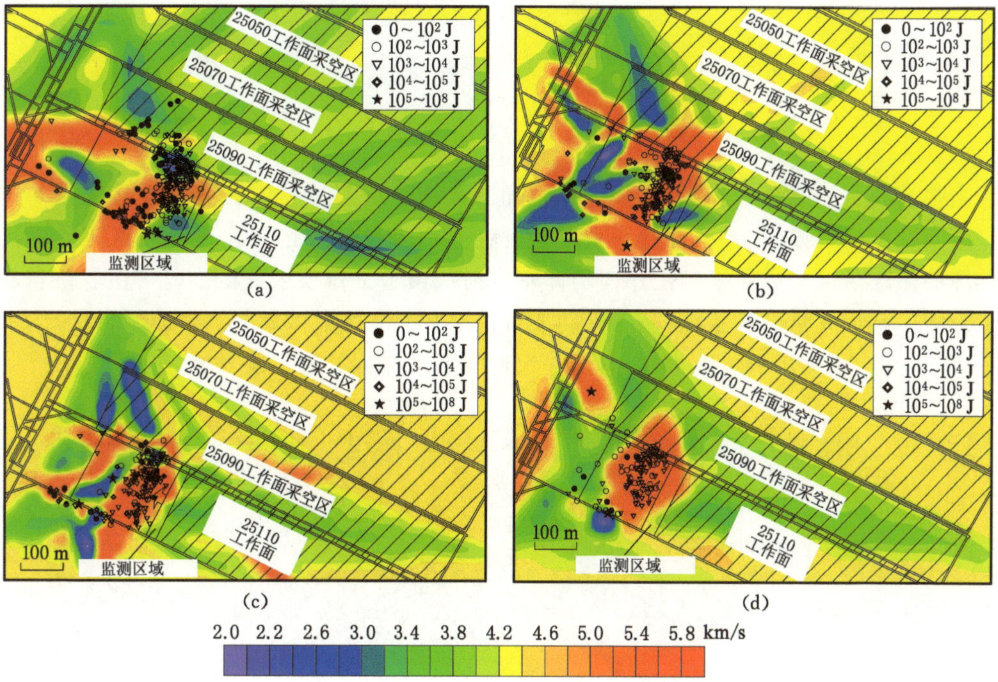

图 4-22　工作面开采区域波速分布切片图

(7) 双震源一体化 CT 探测技术

双震源一体化 CT 探测系统采用双触发机制的独特设计方法实现了双源震动波信号的采集和分析，即可控震源和自然震源。可控震源为采掘工作面内爆破、重锤击打等激发源位置已知的震动信号。自然震源为采掘工作面生产活动诱发的矿震信号。采用双源震动波信号,基于主、被动震动波反演技术和预警指标体系,系统可大范围、高分辨率和高效率监测采掘范围的波速分布,确定采掘工作区域的应力场,划分冲击危险区域,以便及时有针对性地指导现场采取有效的防冲措施,从而消除冲击矿压危险。

前已述及,当震动波监测系统处于被动源触发状态时,系统主机将实时扫描由接收探头感知的环境信号,若其中包含矿震信号,则记录后进行自动或人工 P 波到时的标记分析和定位计算。定位后的足量自然震源与选用的接收探头间可形成大量射线覆盖,如图 4-23 所示。利用每条射线上的到时信号,基于震动波被动 CT 反演技术可划分网格模型和执行 SIRT 波速反演,其结果可用于预警指标计算,并最终完成一段周期内的工作面冲击危险预警。

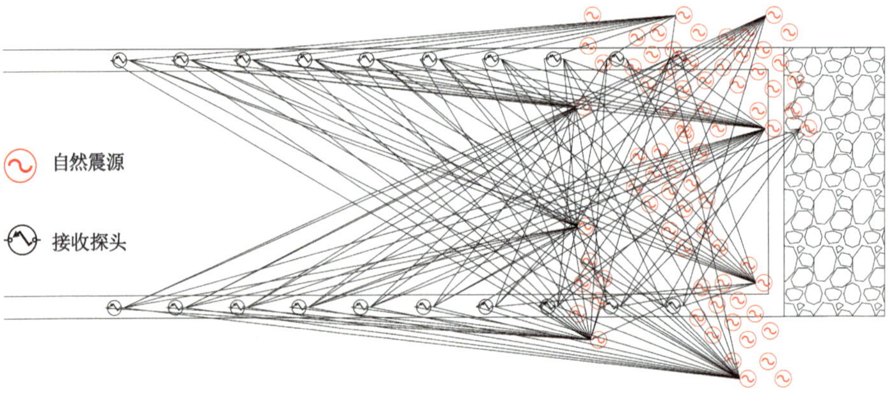

图 4-23　自然震源即矿震与接收探头形成的对工作面区域的射线覆盖

当震动波监测系统处于主动源触发状态时,系统主机与可控震源具有连接关系。位于工作面两顺槽的可控震源一旦激发,系统主机将立即进行信号记录。在两顺槽完成一次可控震源的循环后可形成对采掘工作面的高密度射线覆盖。每条射线的到时可由软件自动或人工分析。利用大量到时数据,基于震动波可控 CT 反演技术可划分网格模型和执行 SIRT 波速反演,其结果可用于预警指标计算,并快速完成工作面冲击危险预警,如图 4-24 所示。

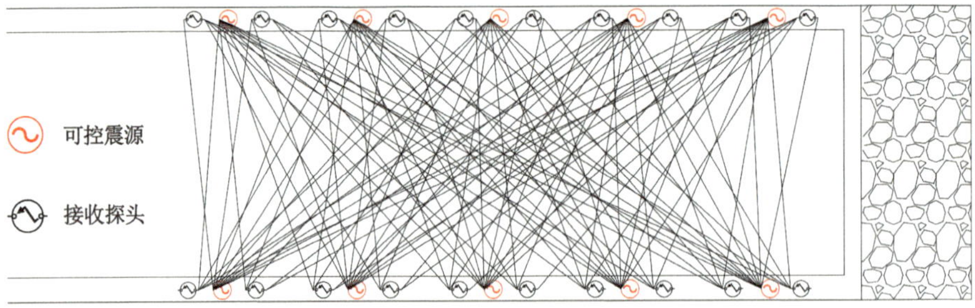

图 4-24　可控震源与接收探头形成的对工作面区域的射线覆盖

山东某矿在 3105 工作面采用了双震源一体化 CT 探测技术。3105 工作面进风顺槽共布置 16 个拾震传感器,回风顺槽共布置 16 个拾震传感器。按照 20 m 的间距依次将拾震传感器安装在靠近工作面一侧的巷帮上,如图 4-25 所示。

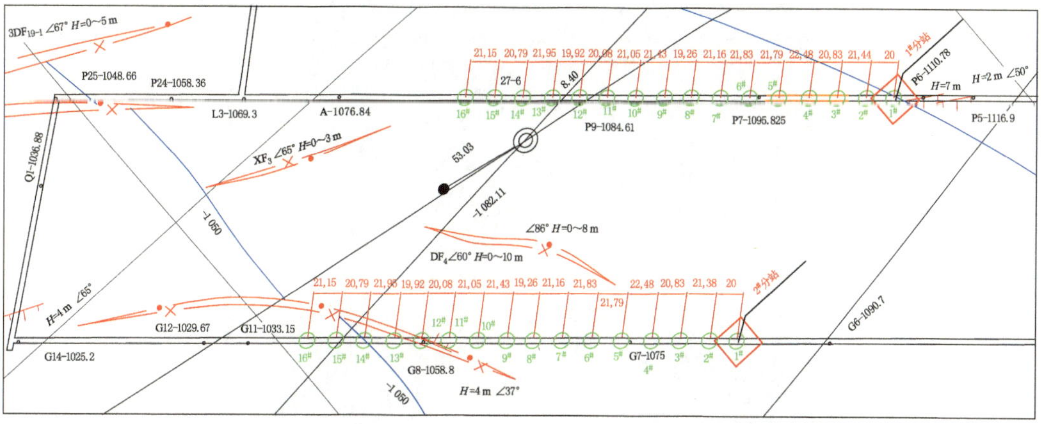

图 4-25　山东某矿 3105 工作面双震源一体化 CT 探测系统布置图

图 4-26 为 3106—3105 工作面震动波波速主动 CT 反演结果。图中，不同颜色代表不同波速，波速由高到低所对应的颜色分别为红色、黄色、绿色和蓝色等；红色和黄色对应着高波速，即高应力，而蓝色代表低波速，即低应力。

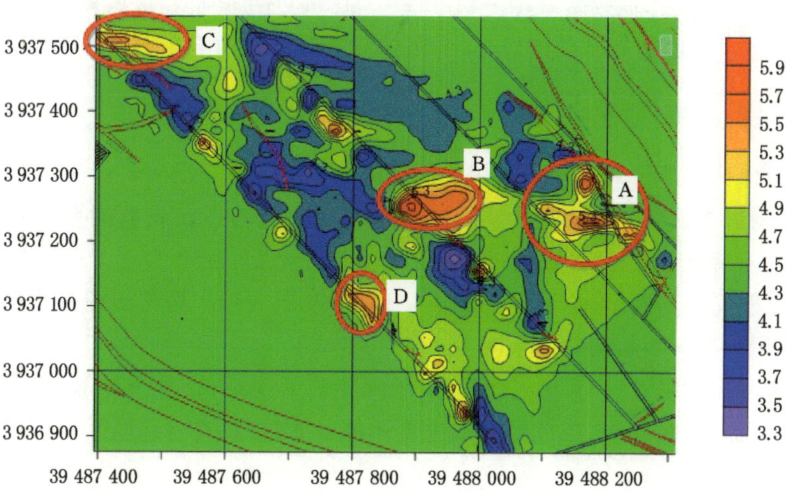

图 4-26　3106—3105 工作面震动波波速（单位：km/s）主动 CT 反演结果

由图 4-26 可以看出，高应力区主要集中在距 3106 工作面新轨道巷开口 80 m 处的 3106 工作面轨道顺槽交叉口至 3106 工作面胶带顺槽间的区域（即图中标注的 A 区域）、距 3105 工作面胶带顺槽开口处 400～530 m 间的巷道及两侧区域（即图中标注的 B 区域）、3106 工作面开切眼至轨道顺槽 120 m 间巷道里侧（即图中标注的 C 区域）、距 3106 工作面轨道顺槽开口处 300～390 m 间的轨道顺槽及轨道顺槽里侧（即图中标注的 D 区域）。其中，A、B 两个区域的波速最高，应力集中程度最高，范围最大。针对上述应力异常区域，应采用钻屑法等其他监测手段进行验证。

图 4-27 显示的是 3105 工作面震动波波速被动 CT 反演结果。由于 3105 工作面还未开采，震动事件较少，部分震源来自 3106 工作面及其采空区。从图 4-27 可以看出，高应力区

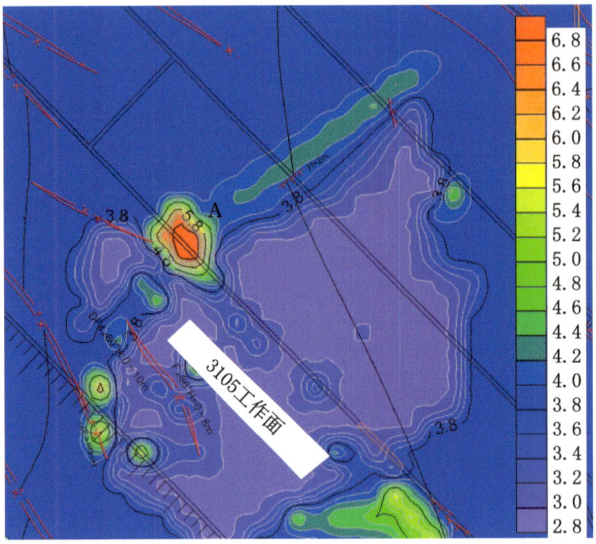

图 4-27　3105 工作面震动波波速(单位:km/s)被动 CT 反演结果

主要集中在距 3105 工作面胶带顺槽开口 260～330 m 处巷道及巷道两侧区域(即图中标注的 A 区域)。针对上述应力异常区域,应采用钻屑法等其他监测手段进行验证。

4.2.4　支架阻力监测法

支架阻力监测主要针对工作面综采支架左右柱载荷,在工作面将综采支架分为上、中、下三部分,分别形成测区。在相应的支架上分别安装顶板动态在线监测系统对工作面开采初期的支架受力情况进行连续观测。由安装在支架左柱、右柱上的压力表的压力值来反映支架受力变化及循环增阻情况,从而判断直接顶、基本顶的初次垮落步距及周期来压活动规律,支架的使用以及对顶板的适应情况等。

根据顶板来压判据 $p'_t=\overline{p}_t+\sigma_p$,定义矿压预警监测指标(矿压危险系数)$\Delta p$,根据日支架工作阻力的偏差,对周期来压危险状态进行评价。通过归一化处理,采掘工作面的矿压危险系数可表示为:

$$\Delta p=\frac{p'_t-\overline{p}_t}{\sigma_p}=\begin{cases}0 & (\Delta p\leqslant 0)\\ \Delta p & (0<\Delta p<1)\\ 1 & (\Delta p\geqslant 1)\end{cases} \tag{4-20}$$

式中,Δp 为矿压危险系数;σ_p 为加权阻力或日最大加权阻力的均方差;$\overline{p}_t$ 为加权阻力或日最大加权阻力的平均值。

图 4-28 所示为 10#、30#、60#、70# 支架在 2016 年 10 月 1 日至 2016 年 10 月 31 日的工作阻力曲线图。由图 4-28 可以看出:10 月 6 日周期来压,持续时间 2 d;10 月 10 日周期来压,持续时间 2 d,来压步距 18 m;10 月 15 周期来压,持续时间 2 d,来压步距 22.5 m;10 月 20 日周期来压,持续时间 2 d,来压步距 17 m;10 月 24 日周期来压;10 月 28 日周期来压,持续时间 2 d,来压步距 16 m。10 月份,402103 工作面共有 6 次周期来压,平均周期来压步距 18.3 m。因此,矿压监测能有效获取顶板破断及运移状态,可作为应力监测预警指标。

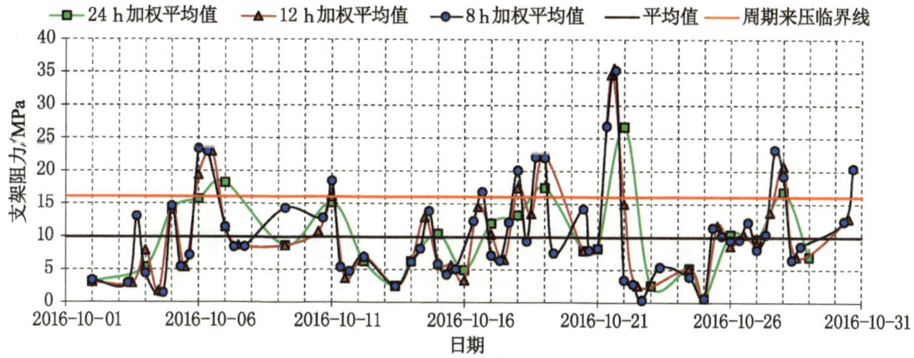

(a) 10#支架

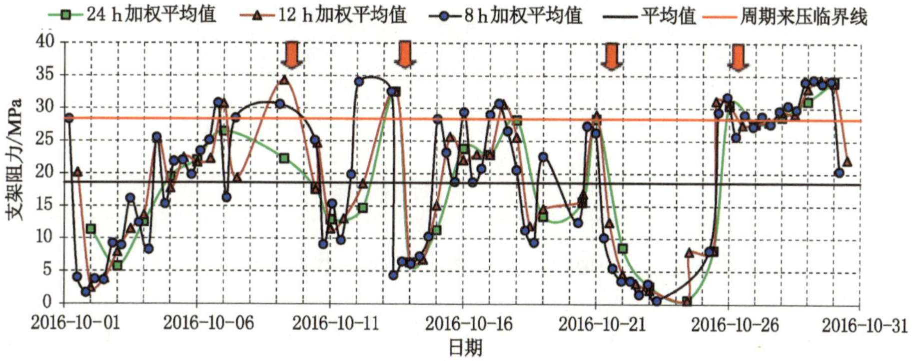

(b) 30#支架

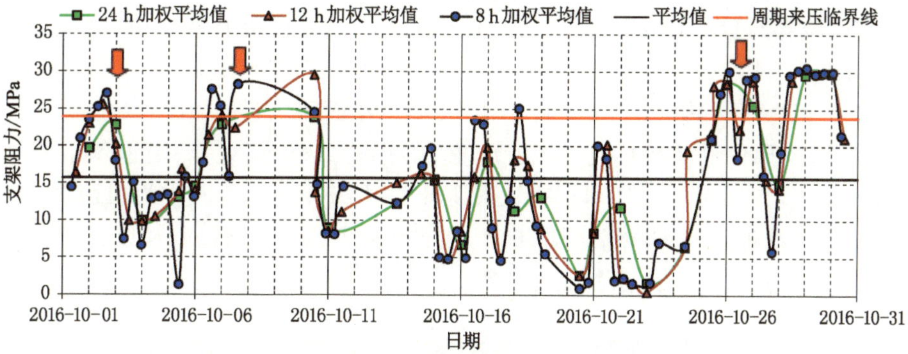

(c) 60#支架

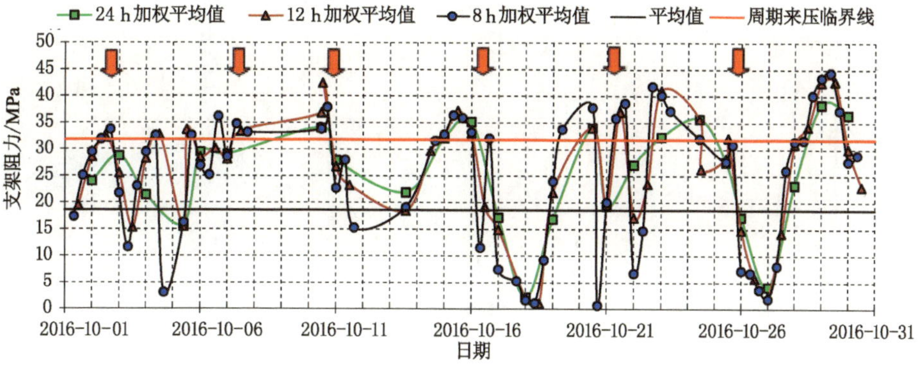

(d) 70#支架

图 4-28 402103 综采工作面支架阻力历史数据分析曲线

图 4-29 所示为 2016 年 10 月份支架工作阻力构成的矿压危险系数云图，10 月 11 日至 10 月 25 日回风巷侧区域支架工作阻力较高，多次出现矿压危险系数高于 0.75 的情况，与主动 CT 反演中回风巷侧危险区域耦合性较好。

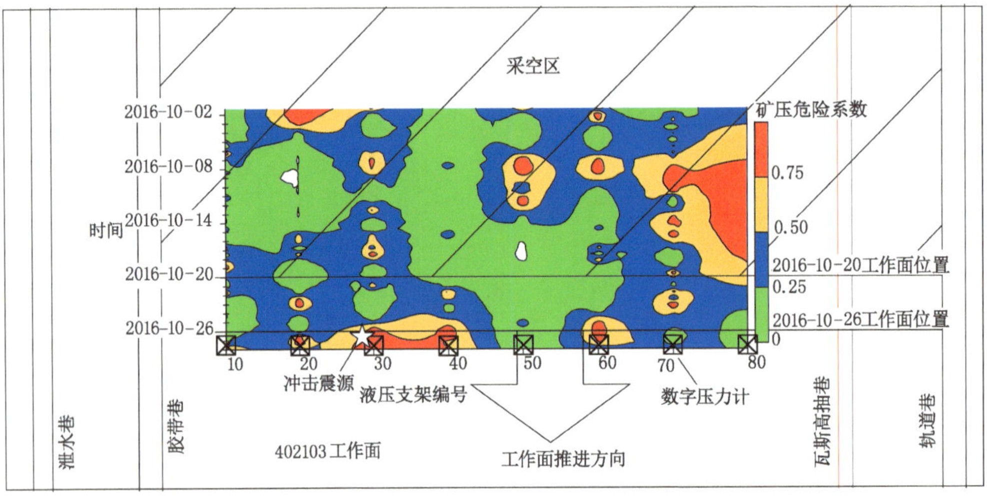

图 4-29 工作面支架工作阻力构成的矿压危险系数云图

为了探究工作面回采期间煤层内部应力演化特征，将 401103 工作面于 2018 年 4 月 1 日至 2018 年 9 月 30 回采期间的液压支架应力监测数据绘制成应力云图。401103 工作面每隔 7 架液压支架布置一组应力监测探头，每组包含前、后立柱两个探头，支架中心距 1.75 m，也即工作面内 7[#]、14[#]、21[#]、28[#]、35[#]、42[#]、49[#]、56[#]、63[#]、70[#]、77[#]、84[#]、91[#]、98[#]、105[#] 支架各布置一组探头。其中，7[#] 支架位于 401103 工作面回风巷侧，105[#] 支架位于工作面进风巷侧。将 7[#] 支架位置 Y 坐标定为 5.5 m，依次每隔 12.25 m 对应一组探头。根据工作面回采进尺记录表，2018 年 4 月 1 日回采位置距开切眼 246.4 m，将其作为初始 X 坐标，依次按每日回采进尺推进，至 2018 年 9 月 30 日，推进至距开切眼 918.4 m。以各探头监测到的每日支架最大应力为 Z 坐标，绘制应力云图，如图 4-30 所示。

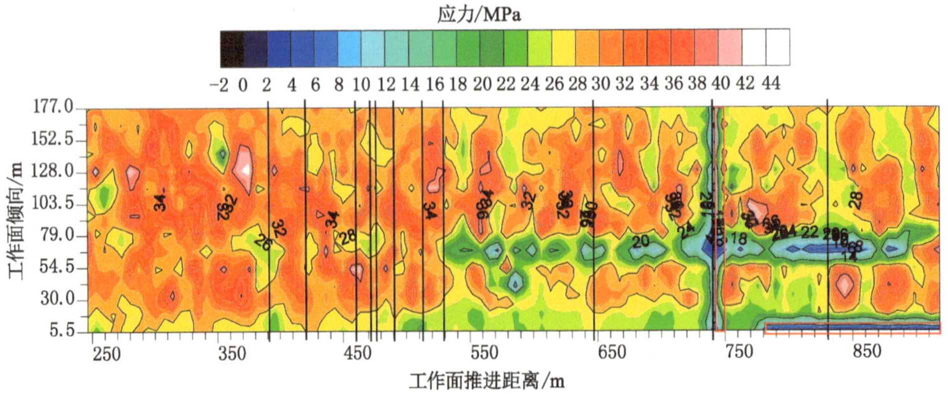

(a) 前立柱

图 4-30 2018 年 4 月 1 日至 2018 年 9 月 30 日回采期间工作面应力云图演化特征

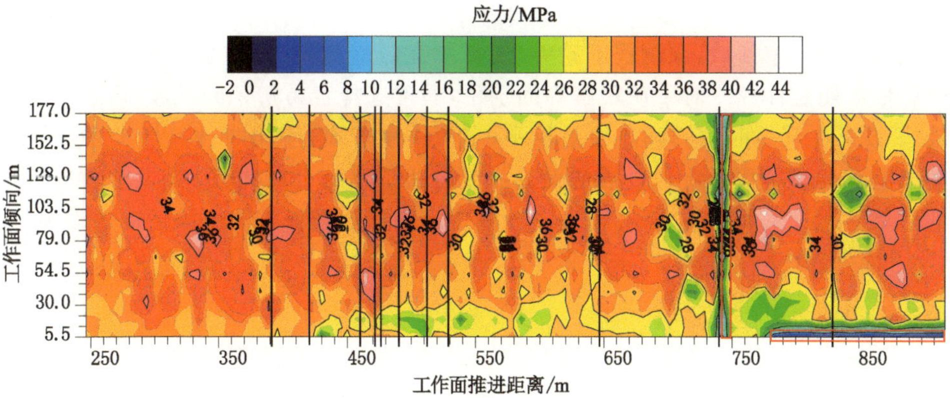

(b) 后立柱

图 4-30(续)

其中,7# 支架监测数据持续至 2018 年 8 月 21 日,之后因探头故障监测数据缺失;各支架监测数据在 2018 年 8 月 10 日缺失,已在图中用红色框出。图中,黑色竖线标记处表示工作面回采至该位置时发生冲击,共发生 11 次冲击。

可以发现,工作面中部应力高于两侧靠近巷道位置,特别是应力为 40 MPa 左右的区域主要集中在工作面中部。因此,在卸压时要重点对以上位置采取措施,避免煤体应力集中。整体来看,后立柱应力要高于前立柱,两者在冲击前后应力分布特征明显,具体表现为:多数情况下,临近冲击前会出现一个应力降,冲击时工作面中部应力突增,并持续到冲击后 10 d(持续距离 30 m)左右。在冲击集中时期,工作面附近应力也较大,达到甚至超过 40 MPa。据了解,该矿现有应力监测系统将支架应力下限值定为 24 MPa,上限值定为 42 MPa,可见,多数情况下,应力值在此区间内,而在冲击前后会出现应力接近上限值的现象。

4.3 震动场监测方法

静载是煤岩失稳的应力和能量基础,动载对冲击矿压主要起诱发作用。因此,需要对采掘过程中煤岩的变形破裂、顶板的破断运动、构造应力的释放以及断层的滑移运动等动力现象(可以统称为震动场)进行监测。目前,震动场监测主要有三种方法:微震法、地音法和电磁辐射法。

4.3.1 微震法

4.3.1.1 微震法简介

微震法是指通过记录矿震波形,分析计算矿震发生的时间、震源的坐标、震动释放能量等参数,来确定煤岩体破断的时间、位置和释放的能量;以此为基础,进行冲击矿压危险性的监测预警。

微震法可对全矿井范围进行监测,是区域与局部监测方法。标准 16 通道的微震监测系统可以监测 50 km^2 的矿井区域,监测的矿震频率为 1～150 Hz,绝大部分在 1～50 Hz;震源定位误差一般水平方向为±20 m,垂直方向为±50 m;可监测计算的矿震能量在 1.0×10^2～

1.0×10^{10} J。

为分析震动集中区域，预测震动趋势，选择最优防治措施，最重要和基础的工作是对震源进行定位和能量计算。对于矿震震源的定位，通常选择容易辨识的纵波（P 波），因为相较别的波，P 波首次到达时间的确定误差较小，定位精度较高，应用时通过微震系统接收测站发出的 P 波信号进行震源定位。震源是进一步分析震动特征的出发点，震动能量是煤岩体破坏的结果。通过对震源的定位，可进一步确定震动和能量释放与开采活动的因果关系。

4.3.1.2 矿震监测网的布置

监测矿震的微震监测系统必须满足如下要求：

（1）微震监测系统应当覆盖整个矿井的采掘区域，能对微震信号进行远距离、实时、动态监测，并确定微震发生的时间、能量（震级）及三维空间坐标等参数。

（2）监测的矿震频率范围为 0.1～150 Hz，特别是必须能够监测 0.1～50 Hz 的低频矿震信号。

（3）微震监测系统必须是成熟的，经过长期实践检验的系统，其中的微震参数必须符合煤矿的煤岩层条件。要求系统简单，稳定性好，便于维护。特别是在井下断电的情况下，系统要能够正常记录矿震信号。

为了提高震源定位精度，减少干扰，覆盖重点区域并兼顾潜在危险区域，矿震监测台网布置的原则是：

（1）拾震传感器布置应对监测区域形成空间包围，避免布置成一条直线或一个平面。

（2）既要能对当前重点监测区域进行较好的监测，又要兼顾其他区域。

（3）拾震传感器尽可能靠近重点监测区域，保证各监测区域附近至少有 4 个以上拾震传感器可接收到震动信号。

（4）拾震传感器要尽可能避免较大断层及破碎带的影响，也要尽量远离大型机械和电气干扰。

（5）受限于煤层层状赋存实际条件，井下微震监测系统台网布置很难对监测区域形成立体包围，因此，需要采用井上下联合布置的方式进行监测。

井上下联合监测系统以井下微震监测系统为基础，其台网由微震监测系统和井上安装的地面监测台网组成，如图 4-31 所示。地面监测台网主要依靠地震监测装备和技术，包括 4G(5G)通信技术、高精度 GPS 授时技术、高精度三分量传感技术。通过升级改造微震系统授时模式，对井上和井下监测网络内各模块进行高精度 GPS 授时管理，减小各采集单元之间的数据时间对齐偏移量，实现井下与井上之间监测台网的架构融合；通过编制可同步采集井下传感与井上传感数据的通信与采集软件，实现井下与井上之间监测数据的无延时融合。所有监测数据都在各监测单元独立、实时采集，地面监测单元通过 4G(5G)网络发送至地面矿震监测中心。通过二次开发井上与井下监测系统架构重组、监测信息授时同步、数据整体打包与分发等关键技术，建设井上、井下全天候、全天时立体矿震监测网络。

井上下联合监测可有效解决井下微震监测系统对监测区域立体包围不足的难题，特别是可加强对采场上覆岩层活动的监测，是对井下微震监测系统的有效补充与升级。井上下联合监测系统更可以通过多种通信方式，利用 GPS 时间戳，实现各矿井及矿区之间监测数据的联网，实现全网矿震监测数据的融合，实现矿区、煤田区域的大范围监测。

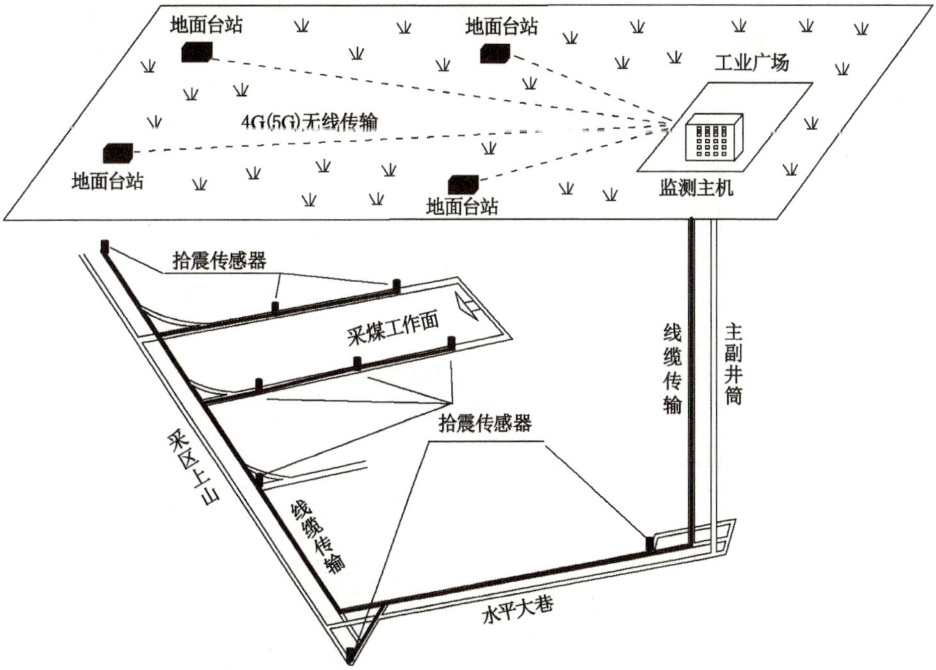

图4-31 井上下联合监测系统布置示意

4.3.1.3 矿震的类型

根据理论分析和现场实测可知，顶板水平拉伸破裂、离层和冒落等破裂方式产生的是离开震源、波前向外压的压缩P波，所有微震台站接收到的P波初动应均为“+”，该类震动为典型的拉伸型矿震；顶板回转失稳、煤柱压缩破裂、煤岩体爆破等震动方式产生的是指向震源、波前向外拉的膨胀P波，所有微震台站接收到的P波初动应均为“−”，该类震动为典型的内爆型矿震；顶板剪切破裂、“砌体梁”结构滑移失稳、煤柱动态冲击、采动诱发断层“活化”等煤岩震动，震源产生的P波初动在空间上呈四象限分布，符合典型双力偶源的震源破裂机理，可称为剪切型矿震，该类矿震破坏过程一般较为强烈，释放震动能量较多，冲击危险性也最高。

此外，矿震还可以分为：

(1) 正常矿震和危险性矿震。正常矿震是指采掘空间周围煤岩小范围的破裂，包括采煤、掘进等期间产生的煤岩体破裂、煤炮等现象，不会造成冲击破坏；危险性矿震是指可能造成冲击矿压灾害的矿震，而矿震灾害就是冲击矿压。

(2) 采动破裂型矿震、巨厚覆岩型矿震、高能震动型矿震。采动破裂型矿震，其震动能量小于 1.0×10^4 J，震源在采掘工作面煤层及其附近小范围内的顶底板岩层中，其显现形式为煤炮声，采掘面有轻微震动，地面无震感。巨厚覆岩型矿震，其震动能量一般大于 1.0×10^4 J，震源位于工作面采空区域、距煤层较远的巨厚覆岩中，井下、地面均有震感，地震监测系统能够监测到。高能震动型矿震，其震动能量大于 1.0×10^4 J，震源位于采掘工作面附近实体煤及其顶底板岩层之中，其显现形式为强烈震动与声响，有时地面有震感，地震监测系统有时能够监测到震动信号，部分高能量矿震会诱发冲击矿压，造成井巷破坏。

高能震动型矿震又可分为煤体内爆型矿震、顶板失稳型矿震、断层活化型矿震等。煤体内爆型矿震，其震源在工作面前方实体煤或大煤柱内部，产生强烈震动与声响，有时地面有震感，部分高能量的煤体内爆型矿震会诱发冲击矿压；顶板失稳型矿震，其震源位于采掘工作面附近的顶底板岩层中，产生强烈震动与声响，有时地面有震感，部分高能量的顶板失稳型矿震会诱发冲击矿压；断层活化型矿震，其震源在断层附近沿断层面展布，显现形式为煤炮声，井巷有震动，有时地面有震感，地震监测系统能够监测到，高能量的断层活化型矿震会造成井巷破坏等冲击矿压灾害。

表 4-9 为典型煤岩震动分类及特征。图 4-32 表示三种微震模型的典型煤岩震动，相应的 P 波辐射方式，以及位于震源之上台站所监测的震动波垂直初动示意。

表 4-9　典型煤岩震动分类及特征

煤岩震动类型		P 波初动符号	震动级别(里氏)	冲击危险性
拉伸型	顶板拉张断裂	P 波初动均为“＋”	0～1.5	弱至中等
	顶板离层		－0.2～0.5	弱
	顶板冒落		0～1.0	较弱
内爆型	顶板回转失稳	P 波初动均为“－”	0～1.0	较弱
	煤柱压缩破裂		0～1.0	较弱
剪切型（双力偶型）	顶板剪切破裂或滑移失稳	P 波初动呈“四象限”分布	2.0～3.5	较强
	煤柱动态冲击		1.0～2.5	较强
	采动诱发断层“活化”		2.5～5.0	强

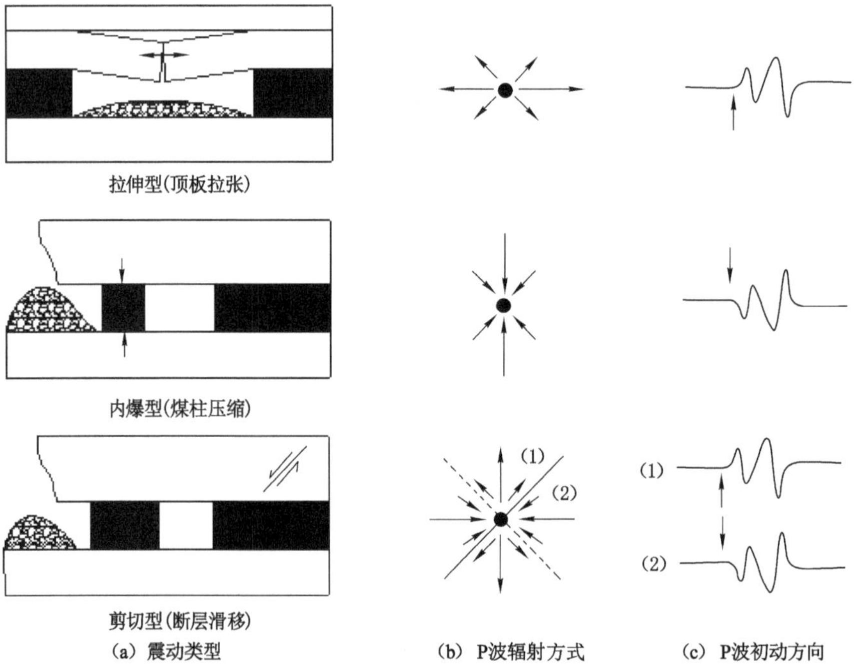

图 4-32　典型煤岩震动类型及震动波垂直初动示意

4.3.1.4　震动波的传播规律

实验室试验以及现场观测表明，震动波在煤岩体中传播时，其能量(加速度、速度、位移、应力等)以乘幂关系衰减，即

$$E = E_0 l^{-\eta} \tag{4-21}$$

式中，E_0 为震源的能量；l 为震动波传播距离；η 为衰减系数。

式(4-21)表明，震源距采掘工作面越近，对采掘工作面的影响越大。图 4-33 为实验室试验和现场测试的震动波随传播距离的衰减特征曲线。

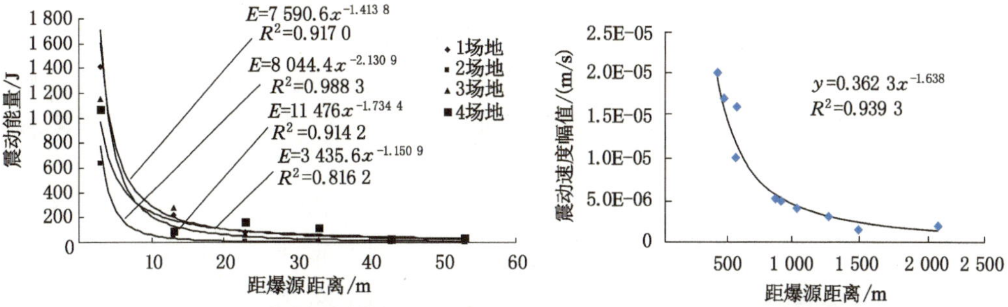

(a) 实验室测试结果　　(b) 现场爆破测试结果

图 4-33　震动波随传播距离的衰减特征曲线

图 4-34 为同一能量(5.0×10^6 J)不同位置冲击震源对巷道冲击效应曲线。从图 4-34 可以看出，同等能量冲击震源距巷道不同距离时对巷道产生的冲击效应截然不同。随冲击震源距巷道距离增大，冲击效应逐渐减弱，巷道围岩移动速度和移动量均随距冲击震源距离的增大呈乘幂关系减小。对于一个具体震源而言，它在一定距离之内可以造成巷道产生冲击矿压破坏现象，但在该距离之外对巷道的冲击震动作用就减弱，甚至丝毫没有作用。

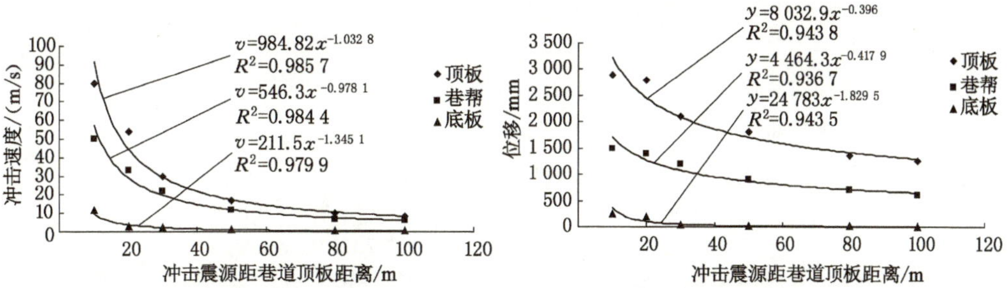

(a) 不同位置震源对巷道冲击效应速度曲线　　(b) 不同位置震源对巷道冲击效应位移曲线

图 4-34　同一能量(5.0×10^6 J)不同位置冲击震源对巷道冲击效应曲线

4.3.1.5　微震法监测预警冲击危险分区

煤矿采掘生产区域不止一个，微震监测系统记录的微震信号是多个采掘工作面共同影响的结果。由于各个生产区域的地质和开采技术条件不尽相同，即使是同一工作面，在回采过程中地质构造、上覆岩层结构也会发生改变，为区分在不同影响条件下产生的微震，就要对煤矿中不同微震的发生区域进行划分，以利于建立独立因素(如褶曲、断层等地质因素)与

微震信号特征的关系。

分区的范围一般选取研究分析区域至其外围 500 m。对于掘进工作面，一般选择以掘进工作面为中心，以 500 m 为半径的区域进行分析研究；对于采煤工作面，则选取以上下巷、开切眼及停采线为界外延 500 m 范围的矩形区域进行分析研究。在分区确定后即可统计一段时间内的各参量变化规律，研究在不同开采技术与地质条件下微震参量的变化规律，从而应用于冲击危险的监测预警。

4.3.4.6 震动能量与震级

矿震对煤岩体稳定性的影响取决于矿震能量释放情况，微震监测系统监测到的只是各传感器接收到的由震动机械能转化成的电压值，再把监测到的电压值转化为能量值，根据此能量值，在考虑震动波在传播过程中因为反射、折射、透射等而衰减的基础上，得到震源能量和传播距离之间的关系式，从而推算出震源能量值，它一般通过标记震动波形由微震系统自动计算得到。

矿震震级的计算方法源于地震震级的计算方法。地震震级是指通过测量地震波中的某个震相的振幅和周期，并考虑地震波传播过程中的衰减计算得到的一个衡量地震相对大小的量。根据人对地震的感觉和地震的破坏程度，将里氏震级划分 9 个级别。其中，3 级以下的地震属于弱震，人们一般不易觉察；6 级以上属于强震，根据震源的深度会造成严重的破坏和损坏。地震的能量是根据地震仪记录到的地震波振幅和周期计算得到的，地震的震级由能量推算得出。地震释放出的能量与震级成正比，能量越大，震级越大。

矿震能量与震级之间关系可用式(4-22)表示：

$$\lg E = a + bM_L \tag{4-22}$$

式中，a，b 为常数。不同煤矿区域震级-能量关系式中的常数 a、b 是不同的，需要结合煤矿具体地质条件、开采状况来确定。

在确定震级与矿震能量的关系时，一般将微震监测系统监测到的矿震能量与当地地震台提供的各对应矿震的震级进行数据拟合。

鲍店煤矿[图 4-35(a)]：　$\lg E = 1.77 + 1.53M_L$

华丰煤矿[图 4-35(b)]：　$\lg E = 3.484 + 2.123M_L$

波兰上西里西亚地区：　$\lg E = 1.8 + 1.9M_L$

地震系统给出的关系：　$\lg E = 11.8 + 1.5M_L$

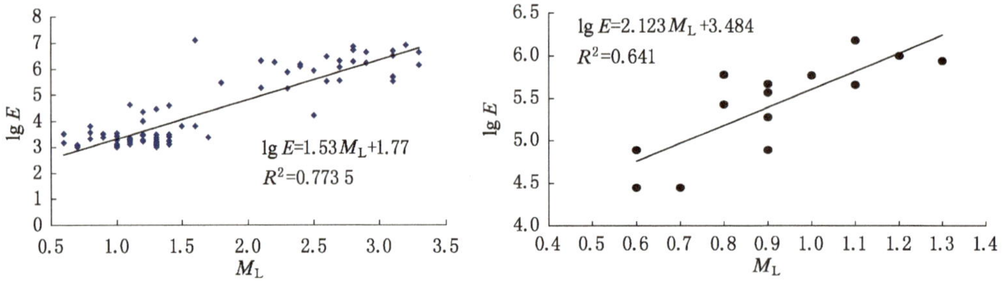

(a) 鲍店煤矿SOS微震监测系统　　(b) 华丰煤矿ARAMIS微震监测系统

图 4-35　矿震能量与震级之间的关系

4.3.1.7 冲击矿压危险判别的微震法

通过大量的现场监测可知，根据矿震活动的变化情况、震源方位和活动趋势可以监测冲击矿压危险，对冲击矿压灾害进行预警。矿震参量的每一次变化都是某个区域应力变形状态变化的征兆，可以说明冲击矿压危险的上升或下降情况。

(1) 微震活动一直比较平静，持续保持在较低的能量水平(采煤工作面小于 1.0×10^4 J，掘进工作面小于 1.0×10^3 J)，处于能量稳定释放状态，此时采掘区域无冲击危险性。

(2) 强矿震发生前，矿震次数和矿震能量迅速增加，维持在较高水平，持续 2～3 d 后会出现大的震动，之后矿震次数和矿震能量明显降低。

(3) 微震参量变化的原因应通过分析采掘工程条件和参数来识别。对于掘进工作面，当采矿技术与地质条件恶化(如遇到残留煤柱、断层、褶曲等)时，震动频次增加，并出现能量超过 1.0×10^4 J 的矿震是冲击矿压危险大幅度增加的征兆；当采矿地质条件改善时，震动频次降低，说明冲击矿压危险下降。对于采煤工作面，当采矿技术与地质条件恶化(如遇到残留煤柱、断层、褶曲、见方等)时，矿震能量降低是冲击矿压危险大幅度增加的征兆。

(4) 对于采煤工作面，煤岩体中能量的释放总是处于一种波动状态，对应能量积聚和能量释放的频繁转换，而当出现具有冲击危险性的情况时，这种波动状态开始加剧。震源总能量变化趋势首先经历一个震动活跃期(活跃期内出现能量超过 1.0×10^5 J 的矿震)，之后出现较明显的下降阶段(正常生产条件下)，开始具有冲击危险性，而在下降阶段再回升或下降阶段中出现比较长时间的沉寂现象后，或震动频次维持在较高水平时，具有强冲击危险性。

(5) 如果微震强度参数的变化情况是在固定的时间内震动次数增加，那么当微震能量同时增加时，这是冲击矿压危险上升的征兆；而当微震能量同时减少时，这是冲击矿压危险下降的征兆。

(6) 如果微震强度参数的变化情况是在固定的时间内震动次数减少，那么当至少在几个生产循环(采煤工作面或巷道最少推进 20 m)中维持这种情况时，这是冲击矿压危险下降的征兆；而当震动的微震能量增加时，这是冲击矿压危险上升的征兆。

(7) 震动相对观测巷道的位置变化：在震源向采煤工作面或巷道迎头接近时，冲击矿压危险上升；当震源向离生产区域较近的断层、遗留煤柱、停采线等区域靠近时，这是冲击矿压危险上升的征兆；在震源向采空区方向远离采煤工作面或巷道迎头时，冲击矿压危险下降；震动频次升高后，若总是集中在一个较小的区域内释放能量，则说明该区域内岩体活动加剧，这是强矿震来临的又一个前兆；若出现震动集中程度指标值与震动频次曲线在纵向上明显偏离的现象，且与之前的曲线偏离程度相比，震动频次越高，集中程度指标值越小，震动集中程度越高，则发生强矿震的可能性就越大。

4.3.2 地音法

4.3.2.1 地音法简介

地音法是指以脉冲形式记录弱的、低能量的声发射现象的方法。地音法主要对掘进工作面和采煤工作面的部分区域进行监测，是一种局部监测方法。地音监测系统每个传感器的监测范围为 50～100 m，可监测计算的震动能量小于 1.0×10^2 J。

地音法监测预警冲击危险，主要是根据记录到的岩体声发射参数与局部应力场的变化情况进行的。岩石破坏的不稳定阶段是岩石中裂缝扩展的结果，而声发射现象则是微扩张（岩体中出现的破裂和少量裂隙、裂缝）超过界限的表征，该现象的进一步发展则表明岩石的最终断裂。岩体的最终断裂运动将引发高能量的震动，可能会引发冲击矿压。

采用地音法监测预警冲击矿压危险，主要有两种方式：一种是采用地音连续监测系统；另一种是采用便携式流动地音监测仪。

1.3.2.2 监测预警的基本原理

研究表明，岩石的声发射与岩石在载荷作用下破坏的过程紧密相关。也就是说，在单轴增载荷的作用下，岩石试块的声发射强度与非弹性（破坏）体积变形（扩张）紧密相关。这种关系特别是在蠕变的第二阶段，是成正比的。假设某个时刻，地音发射的能量 $w(t)$ 与扩张速度，也就是破坏速度 $\varepsilon'(t)$ 的关系可以写成式(4-23)：

$$\varepsilon'(t) = Cw(t) \tag{4-23}$$

两边积分可以得到：

$$\varepsilon(t) = \varepsilon_0 + C\int w(t)\mathrm{d}t = \varepsilon_0 + C_a W(t) \tag{4-24}$$

式中，$\varepsilon(t)$ 为从加载开始到时间 t 的总破坏变形；$W(t)$ 为与岩石微破坏有关的地音事件总能量；C，C_a 为常数。

在一定条件下，如果试块破坏时存在某个破坏变形的标准值，记为 ε_c，式(4-24)两边由该值相除，并记 $C_0=\varepsilon_0/\varepsilon_c$，$C_1=C_a/\varepsilon_c$，则

$$0 \leqslant Z(t) = C_0 + C_1 W(t) \leqslant 1 \tag{4-25}$$

式中，$Z(t)$ 为 t 时刻岩体破坏的危险状态值，$Z(t)=\varepsilon(t)/\varepsilon_c$ 确定了 t 时刻岩石在载荷影响下实际破坏的危险程度。

式(4-25)表明了地音与岩石破坏过程和岩石破坏危险之间的关系。

对于井下采掘作业来说，考虑一个固定点或者采掘工作面推进过程中的某个运动点意义不大，因为采掘工作面是向未破坏的原始煤体推进的。因此，采掘工作面前方的破坏程度和危险性有两个过程：

(1) 随着时间的延长，破坏程度（完全破坏或接近破坏）和危险性增加；

(2) 采掘工作面推进到没有破坏的区域。

从理论上讲，岩体破坏的速度可以由工作面开采速度来限制，但实际很难做到。通常，在岩体破坏速度与采掘工作面推进速度之间有一个平衡状态。该平衡状态的特点是接近一个稳定的危险程度和每吨煤或者每平方米出露顶板的地音值接近一个稳定值。对于该状态来讲，地音的较小变化通常是一个概率事件，证明岩体破裂的危险性有小的变化。地音的较大变化和较长的持续时间说明平衡状态的变化和危险性的变化——危险性增加或降低。这就是连续声发射监测法的基础。

设 E 为过去 1 h 内地音的能量或事件数，$\overline{E}$ 为一段时间内这些值的平均值，d 为能量或事件数的变化率，则

$$-1 \leqslant d = \frac{E-\overline{E}}{\overline{E}} \tag{4-26}$$

假设存在一个函数 F_0，它与单位时间内因岩体危险程度平均值的变化（变化量为 ΔZ）而变化的平均变化率 $d(t)$ 有关。函数 F_0 是未知的，但可以由近似值 F_1 来代替。则对于连

续时间段来说：

$$\overline{Z}(t)=\overline{Z}_0+\int_0^t F_0[\overline{d}(t)]\mathrm{d}t=\overline{Z}_0+\int F_1[\overline{d}(t)]\mathrm{d}t \tag{4-27}$$

这里，变量上面加横线表示其平均值。Z_0 为初始岩体破坏危险状态值。

对于以小时为单位时间的，则可以写为：

$$\overline{Z}(t)=\overline{Z}_0+\sum F_1[\overline{d}(t)] \tag{4-28}$$

这样，采用地音连续监测系统的地音法，可以通过岩体破坏危险状态值来确定采掘工作面的冲击矿压危险程度。

4.3.2.3　监测预警的指标体系

岩体中地音强度及事件数的增加，说明岩体内应力的增加及冲击矿压危险性的增加。对于采掘工作面，为监测冲击矿压的危险性，以如下 8 个地音指标为基础来确定地音强度和事件数的变化情况。

采煤班的班平均事件数 $\overline{N}_{wt}$；

非采煤班的班平均事件数 $\overline{N}_{st}$；

采煤时间的小时平均事件数 $\overline{N}_{wh}$；

非采煤时间的小时平均事件数 $\overline{N}_{sh}$；

采煤班的班平均地音强度 $\overline{E}_{wt}$；

非采煤班的班平均地音强度 $\overline{E}_{st}$；

采煤时间的小时平均地音强度 $\overline{E}_{wh}$；

非采煤时间的小时平均地音强度 $\overline{E}_{sh}$。

对于给定的单位时间，可以确定上述每个指标的变化率。如对于采煤班的班平均事件数 $\overline{N}_{wt}$，其变化率为：

$$d=\frac{N-\overline{N}_{wt}}{\overline{N}_{wt}}\times 100\% \tag{4-29}$$

其余类推(式中，N 为观测班的事件数)。

4.3.2.4　监测预警判别准则

(1) 以班为单位对冲击危险监测预警

根据班地音事件数及地音强度的变化情况(采煤班或非采煤班的地音事件数及地音强度的变化情况)，对冲击矿压危险进行监测预警。通过归一化处理，采掘工作面的冲击危险性的判别准则为：

$$\mu_{d0}=\begin{cases}0 & d<0\\ 0.25d & 0\leqslant d<400\%\\ 1 & d\geqslant 400\%\end{cases} \tag{4-30}$$

式中，μ_{d0} 为以本班数据为基础确定的危险状态；d 为地音事件数或地音强度的变化率。

图 4-36 为采用地音法对采掘工作面进行冲击矿压危险性班监测预警的具体判别方法(其中，μ_{dp} 为前一班的危险状态)。

陕西某矿自 2013 年 11 月安装并正常运行地音监测系统，用以监测掘进头及工作面在

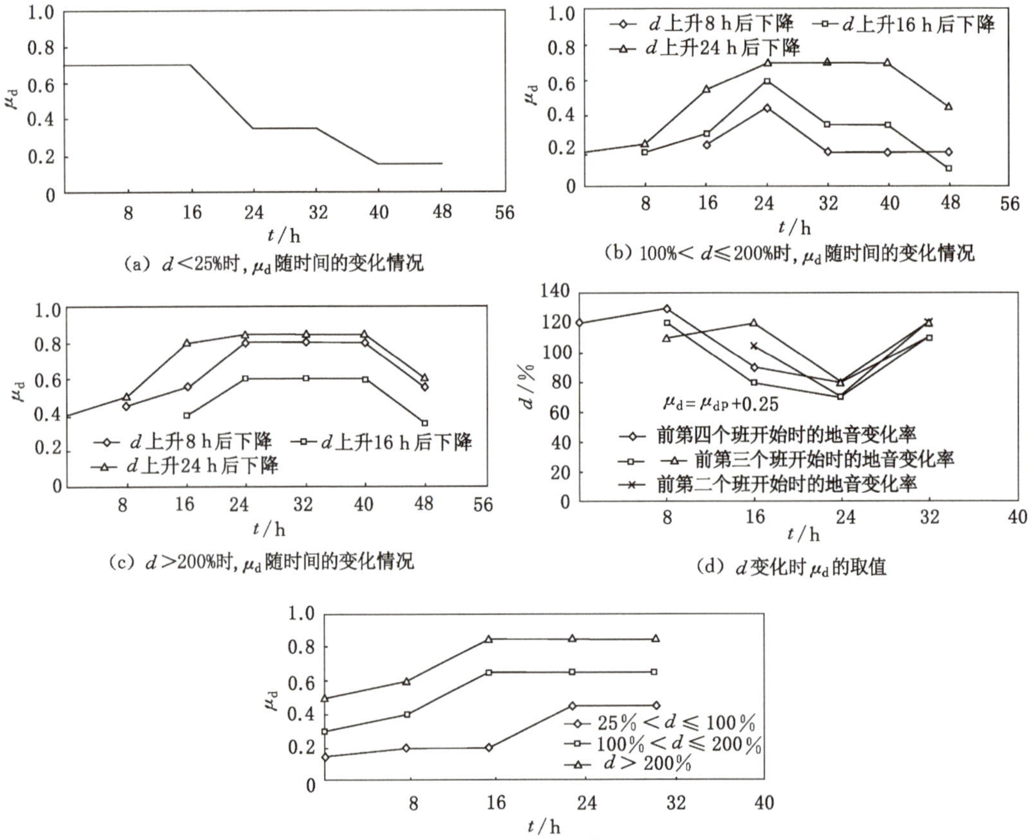

(a) $d<25\%$时，μ_d随时间的变化情况

(b) $100\%<d\leqslant200\%$时，μ_d随时间的变化情况

(c) $d>200\%$时，μ_d随时间的变化情况

(d) d变化时μ_d的取值

(e) μ_d随d的变化情况

图 4-36 冲击矿压危险状态 μ_d 与变化率 d 和时间 t 的关系

回采过程中的地音事件。根据现场的实际资料，地音探头能够记录下每分钟监测到的声发射次数及能量。由图 4-37 和图 4-38 可知，地音响应与井下生产活动具有很好的一致性，地音偏差指标值也具有很好的预警效能。

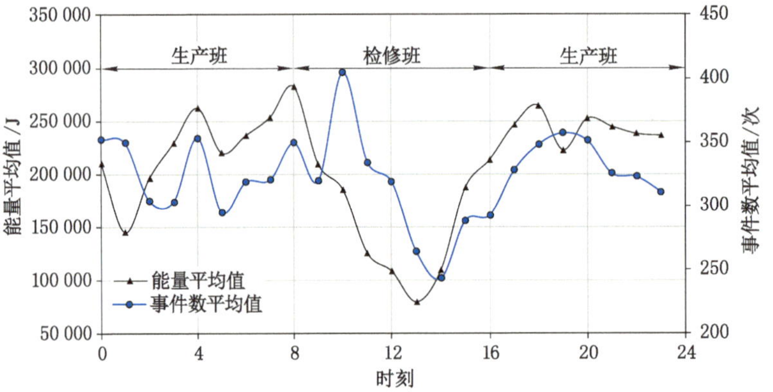

图 4-37 地音能量事件变化与生产活动变化的分布

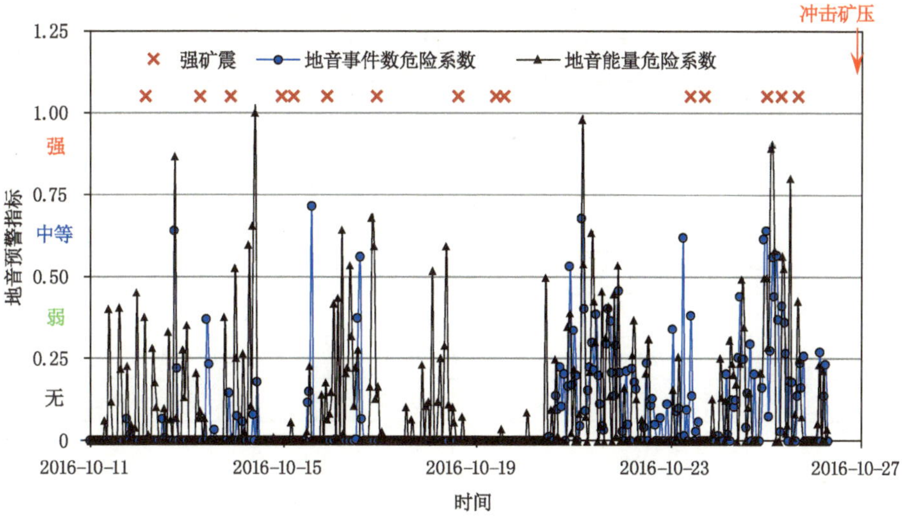

图 4-38 地音前兆信息识别

(2) 以小时为单位对冲击危险监测预警

当以班为单位，观测的地音变化率 d 大于 100%时，就需要以小时为单位对冲击危险监测预警。根据小时地音事件数及地音强度的变化情况(采煤时间或非采煤时间的小时地音事件数及地音强度的变化情况)，监测预警采掘工作面冲击危险性的判别准则为：

$$\mu_{d} = \begin{cases} \max\{\mu_{d0}(d) - 0.15(4-t), 0\} & t < 4\ \mathrm{h} \\ \mu_{d0}(d) & t \geqslant 4\ \mathrm{h} \end{cases} \tag{4-31}$$

$$\mu_{d0} = \begin{cases} 0 & d < 0 \\ 0.25d & 0 \leqslant d < 400\% \\ 1 & d \geqslant 400\% \end{cases} \tag{4-32}$$

式中，μ_{d} 为以本班及前几班数据为基础确定的该班实际危险状态；d 为小时地音事件数及地音强度的变化率；t 为变化持续的小时数；其余符号意义同前。

对于目前煤矿采用的"三八"工作制度来说，如果下一小时的变化率 d 是下降的，则冲击危险性可由下式判别：

$$\mu_{d1} = \begin{cases} \mu_{dp} + 0.125\left[1 - \sqrt{1 - \dfrac{d}{\sqrt{8}}}\right] & d \leqslant \sqrt{8} \\ \mu_{dp} + 0.125\sqrt{\dfrac{d}{\sqrt{8}}} & d > \sqrt{8} \end{cases} \tag{4-33}$$

$$\mu_{d} = \min\{\mu_{d1}, 1\} \tag{4-34}$$

式中，μ_{dp} 为前一班的危险状态。

以小时地音事件数及地音强度的变化率为基础，通过上述关系式确定危险状态时，该班冲击矿压危险程度应不低于该班开始时的危险程度。表 4-10 为根据小时地音事件数及地音强度的变化率对采掘工作面冲击矿压危险性进行监测预警的具体判别指标。

表 4-10　根据小时地音事件数及地音强度判别冲击危险的判别指标

持续时间/h	μ_d			
	$d<100\%$	$d=100\%\sim200\%$	$d=200\%\sim300\%$	$d>300\%$
1	0	0～0.05	0.05～0.30	>0.30
2	0	0～0.20	0.20～0.45	>0.45
3	<0.10	0.10～0.35	0.35～0.60	>0.60
4	<0.25	0.25～0.50	0.50～0.75	>0.75
5	<0.25	0.25～0.50	0.50～0.75	>0.75
6	<0.25	0.25～0.50	0.50～0.75	>0.75
7	<0.25	0.25～0.50	0.50～0.75	>0.75
8	<0.25	0.25～0.50	0.50～0.75	>0.75

4.3.3　电磁辐射法

4.3.3.1　电磁辐射法简介

煤岩体在载荷作用下变形及破裂过程中会产生电磁辐射信号。电磁辐射基本上随着加载及变形速率的增加而增强。煤岩样在发生冲击破坏以前，其电磁辐射强度一般在某个值以下；而发生冲击破坏时，其电磁辐射强度突然增加。电磁辐射可用来监测煤岩冲击矿压灾害动力现象。其主要参数是电磁辐射强度和脉冲数。电磁辐射强度主要反映煤岩体的受载程度及变形破裂强度，脉冲数主要反映煤岩体变形及微破裂的频次。此外，电磁辐射还可用于检测煤岩冲击矿压动力灾害防治措施的效果，确定采掘工作面周围的应力应变变化规律等。

电磁辐射法通过记录煤岩体在变形破坏过程中释放的电磁辐射的强度和脉冲数，以此对冲击矿压危险性进行监测预警。这种方法是一种局部监测方法。其监测方式有两种，分别为采用电磁辐射连续监测系统监测和采用便携式电磁辐射监测仪监测。每个传感器的监测范围为 20 m。

4.3.3.2　电磁辐射监测原理

在掘进或回采过程中，围岩原有力学平衡状态被打破，应力将重新分配，向新的平衡状态转化，转化期间煤岩体必然要发生变形或破裂，从而引起电磁辐射。

电磁辐射和煤岩的应力状态有关，应力高时电磁辐射信号强，电磁辐射频率高，应力越高，则冲击危险性越大。电磁辐射强度和脉冲数可综合反映煤岩体前方应力的集中程度，因此，可用电磁辐射法进行冲击矿压预测预报。

研究表明，煤岩冲击、变形破坏的变形值 $\varepsilon(t)$、释放的能量 $w(t)$ 与电磁辐射的幅值、脉冲数成正比。电磁辐射幅值在冲击矿压发生前的一段时间较高，之后一段时间相对较低，但在这段时间内，其值均达到、接近或超过临界值，之后发生冲击矿压。电磁辐射的变化反映煤岩破坏发生、发展的过程。

由于电磁辐射的强度和脉冲数这两个参数综合反映煤岩体应力集中程度，因此监测收集电磁辐射幅值最大值、幅值平均值、脉冲数三个指标来反映不同应力条件下电磁辐射特征。

电磁辐射与煤岩应力的关系——基于损伤力学和统计力学理论建立煤岩变形破裂电磁

辐射的力电耦合模型：

$$\frac{\sum N}{N_{\mathrm{m}}}=1-\exp\left[-\left(\frac{\varepsilon}{\varepsilon_0}\right)^m\right] \tag{4-35}$$

$$\sigma=E\varepsilon\left(1-\frac{\sum N}{N_{\mathrm{m}}}\right) \tag{4-36}$$

式中，ε 为应变；ε_0 为 Weibull 分布的分布标度和以应变形式表征的形态参数；$\sum N$ 为电磁辐射脉冲数；N_{m} 为煤岩完全破坏时的电磁辐射累计脉冲数。设应变和应力之间符合线弹性关系，则可以得到不同应力变化 $\Delta\sigma_1$、$\Delta\sigma_2$ 时对应的电磁辐射脉冲数 ΔN_1、ΔN_2 之比为：

$$\frac{\Delta N_2/\Delta\sigma_2}{\Delta N_1/\Delta\sigma_1}=\left(\frac{\sigma_2}{\sigma_1}\right)^{m-1}\exp\left[\left(\frac{\sigma_1}{\sigma_0}\right)^m-\left(\frac{\sigma_2}{\sigma_0}\right)^m\right] \tag{4-37}$$

这样，就得到单位应力的电磁辐射脉冲数与应力之间的关系，只要确定出煤岩变形破裂过程不同阶段应变之间的关系，即可得到煤岩流变-突变过程不同阶段电磁辐射脉冲数变化量的关系，从而求得电磁辐射脉冲数的临界值和变化趋势系数。

4.3.3.3 电磁辐射测量的有效距离

一般情况下，对于现场煤岩体来说，当电磁场频率低于 1 MHz 时，$\sigma/(\omega\varepsilon)\gg 1$，则煤岩体中电磁波传播的有效距离 L 为：

$$L=\sqrt{\frac{\rho}{\pi\mu f}} \tag{4-38}$$

式中，L 为电磁波传播的有效距离；ρ 为煤岩的电阻率；μ 为磁导率；ε 为绝对介电常数；ω 为电磁波的频率；σ 为介质的电导率。

对于岩石和矿物，μ 一般不随频率而变化，即 $\mu=\mu_0=4\pi\times10^{-7}$ H/m。煤岩的电阻率 ρ 一般在 $1.0\times10^2\sim1.0\times10^3$ Ω·m 之间变化。当选择接收频率上限为 500 kHz 时，则预测范围(或有效深度)为 7.12～22.5 m。

4.3.3.4 冲击危险的电磁辐射预警准则

煤岩冲击危险性与电磁辐射的规律性关系主要表现在煤岩冲击破坏的电磁辐射预警准则、预警方法和预警临界值等三个方面。

根据煤岩变形破裂电磁辐射的力电耦合模型，可建立煤岩冲击破坏的电磁辐射预警准则：

$$K_{\mathrm{Nr}}=\frac{\Delta N_{\mathrm{r}}/\Delta\sigma_{\mathrm{r}}}{\Delta N_{\mathrm{w}}/\Delta\sigma_{\mathrm{w}}}=\left(\frac{\sigma_{\mathrm{r}}}{\sigma_{\mathrm{w}}}\right)^{m-1}\exp\left[\left(\frac{\sigma_{\mathrm{w}}}{\sigma_0}\right)^m-\left(\frac{\sigma_{\mathrm{r}}}{\sigma_0}\right)^m\right] \tag{4-39}$$

$$K_{\mathrm{Nq}}=\frac{\Delta N_{\mathrm{q}}/\Delta\sigma_{\mathrm{q}}}{\Delta N_{\mathrm{w}}/\Delta\sigma_{\mathrm{w}}}=\left(\frac{\sigma_{\mathrm{q}}}{\sigma_{\mathrm{w}}}\right)^{m-1}\exp\left[\left(\frac{\sigma_{\mathrm{w}}}{\sigma_0}\right)^m-\left(\frac{\sigma_{\mathrm{q}}}{\sigma_0}\right)^m\right] \tag{4-40}$$

$$K_{\mathrm{Er}}=\frac{E_{\mathrm{r}}}{E_{\mathrm{w}}}=\frac{\sigma_{\mathrm{r}}}{\sigma_{\mathrm{w}}},K_{\mathrm{Eq}}=\frac{E_{\mathrm{q}}}{E_{\mathrm{w}}}=\frac{\sigma_{\mathrm{q}}}{\sigma_{\mathrm{w}}} \tag{4-41}$$

式中，K_{Nr}，K_{Nq}分别为有弱危险和强危险时电磁辐射脉冲数的临界值系数；K_{Er}，K_{Eq}分别为有弱危险和强危险时的电磁辐射强度临界值系数；σ_{w}，σ_{r}，σ_{q} 分别为无、弱、强危险时的应力；ΔN_{w}，ΔN_{r}，ΔN_{q}分别为无、弱和强危险时的电磁辐射脉冲数；E_{w}，E_{r}，E_{q}分别为无、弱、强危险时的电磁辐射强度。

该准则反映电磁辐射及其变化与煤岩体应力、煤岩冲击危险性之间的关系。该准则表明，可以利用电磁辐射的强度和脉冲数这两个指标监测预警煤岩冲击危险性。

煤岩冲击危险的预警可采用临界值法和动态趋势法相结合的方法。这是与煤岩体变形破裂过程或冲击矿压发展过程中的电磁辐射变化规律相适应的。冲击矿压的危险程度可分为无危险、弱危险和强危险。依据危险程度，采用三级预警，对于不同级别的冲击危险性，可采取相应的防治对策。

4.3.3.5 监测预警临界值

冲击矿压监测预警方法和防治对策如表 4-11 所示。表 4-11 中，动态趋势方法中 K_E 表示电磁辐射强度的动态变化系数，K_N 表示电磁辐射脉冲数的动态变化系数。这是计算得到的理论临界系数，实施时需要根据现场实际情况进行微调，从而可显著缩短过去根据大量实测结果统计求取临界值的周期。图 4-39 为电磁辐射监测预警临界判别指标示意图。

表 4-11　冲击矿压危险的监测预警方法及防治对策

	冲击矿压危险		
	无危险	弱危险	强危险
临界值法	$E<1.3E_w$ 且 $N<1.7N_w$	$E\geqslant1.3E_w$ 或 $N\geqslant1.7N_w$	$E\geqslant1.7E_w$ 或 $N\geqslant2.3N_w$
动态趋势法	$K_E<1.3$ 且 $K_N<1.7$	$K_E\geqslant1.3$ 或 $K_N\geqslant1.7$	$K_E\geqslant1.7$ 或 $K_N\geqslant2.3$
措施	不需要采取措施	边作业，边治理	撤人或立即采取措施

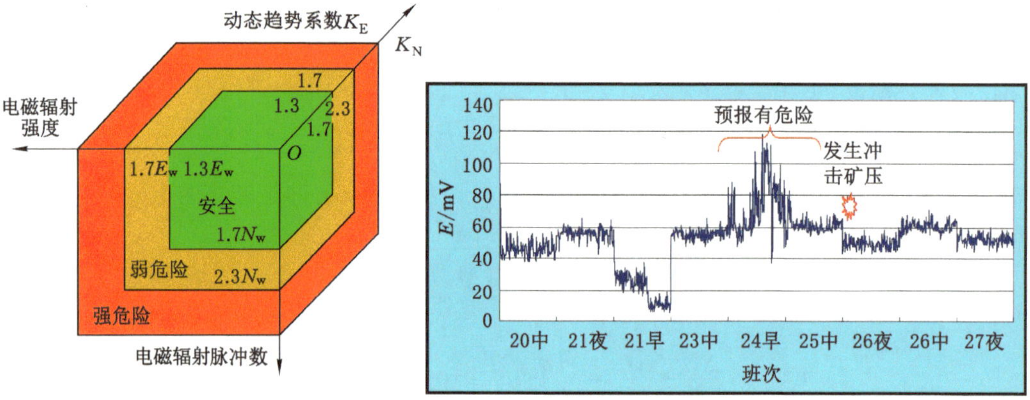

图 4-39　电磁辐射监测预警临界判别指标示意

4.3.3.6 电磁辐射测点的布置

因为采场周围的应力分布是不均匀的，冲击矿压一般发生在工作面及前方 100 m 范围。观测点的布置原则是既要监测工作面区域，又要监测两巷。而应力集中程度高的区域，则是重点防治区域，对于重点防治区域，要多布置一些测点。故测线间距可定为 10 m，这样可覆盖全部危险区域。

4.4　能量场监测方法

冲击矿压的发生是采掘工作面周围煤岩体中的能量聚集与释放的结果。因此，监测矿井采掘工作面生产过程中释放能量大小及能量释放的趋势等能量场的变化规律，就可以对冲击矿压的危险性进行监测预警。目前，常用的能量场监测方法有矿震能量判别法、能量趋势判别法、冲击变形能法。

4.4.1　矿震能量判别法

现场实测统计分析表明，发生冲击矿压的可能性和矿震能量关系密切。矿震能量越高，发生冲击矿压的可能性就越大。发生冲击矿压的最小能量等级为 1.0×10^4 J；随着能量等级的加大，发生冲击矿压的可能性也提高；当矿震能量达到 4.0×10^8 J 以上时，几乎每一次矿震都会造成冲击矿压灾害，如图 4-40 所示。

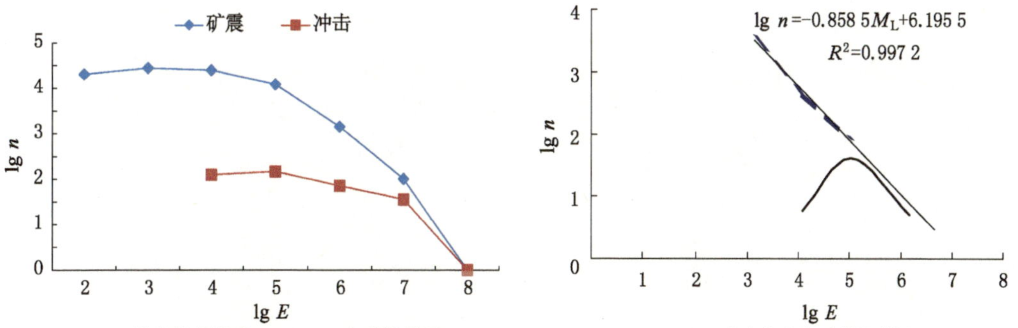

(a) 甘肃华亭煤矿2009—2011年统计结果　　(b) 山东华丰煤矿统计结果

图 4-40　矿震和冲击矿压能量的关系

山东某矿开采深度近千米，投产初期就安装了 SOS 微震监测系统，通过该监测系统，记录了大量不同能量级别的矿震事件。根据这些记录的能量数据，以每月作为一个时间单位，分析单位时间内的能量变化趋势，研究煤岩体内弹性能量的变化情况，这样，可分析确定井田范围内的冲击高危区域。井田范围内能量演化结果如图 4-41 所示，图中黄色区域表示能级在 1.0×10^3 J 以上的区域，代表井田范围内能量的整体分布趋势；红色区域表示能级在 1.0×10^4 J 以上的区域，属于冲击危险的高危警戒区，一旦发生冲击灾害，将可能造成至少类似 1.2 级以上地震的破坏效果。

从井田范围内的能量变化来看，一般受采掘活动影响的区域，其能量集中程度较为明显；而在采动影响小或者无采动影响的区域，能量聚集的可能性就会降低。并且随着采掘活动的不断影响，能量集中带会在一定程度上发生转移、分散、破碎并向周边区域转移而变得更为集中。

在某个矿井的某个区域内，在一段时间内已进行了一定的微震观测。在这种情况下，就可以根据观测到的矿震能量水平，对冲击矿压危险进行监测预警。监测预警的冲击矿压危险等级分为四级，根据不同的危险等级，可采用相应的防治措施。

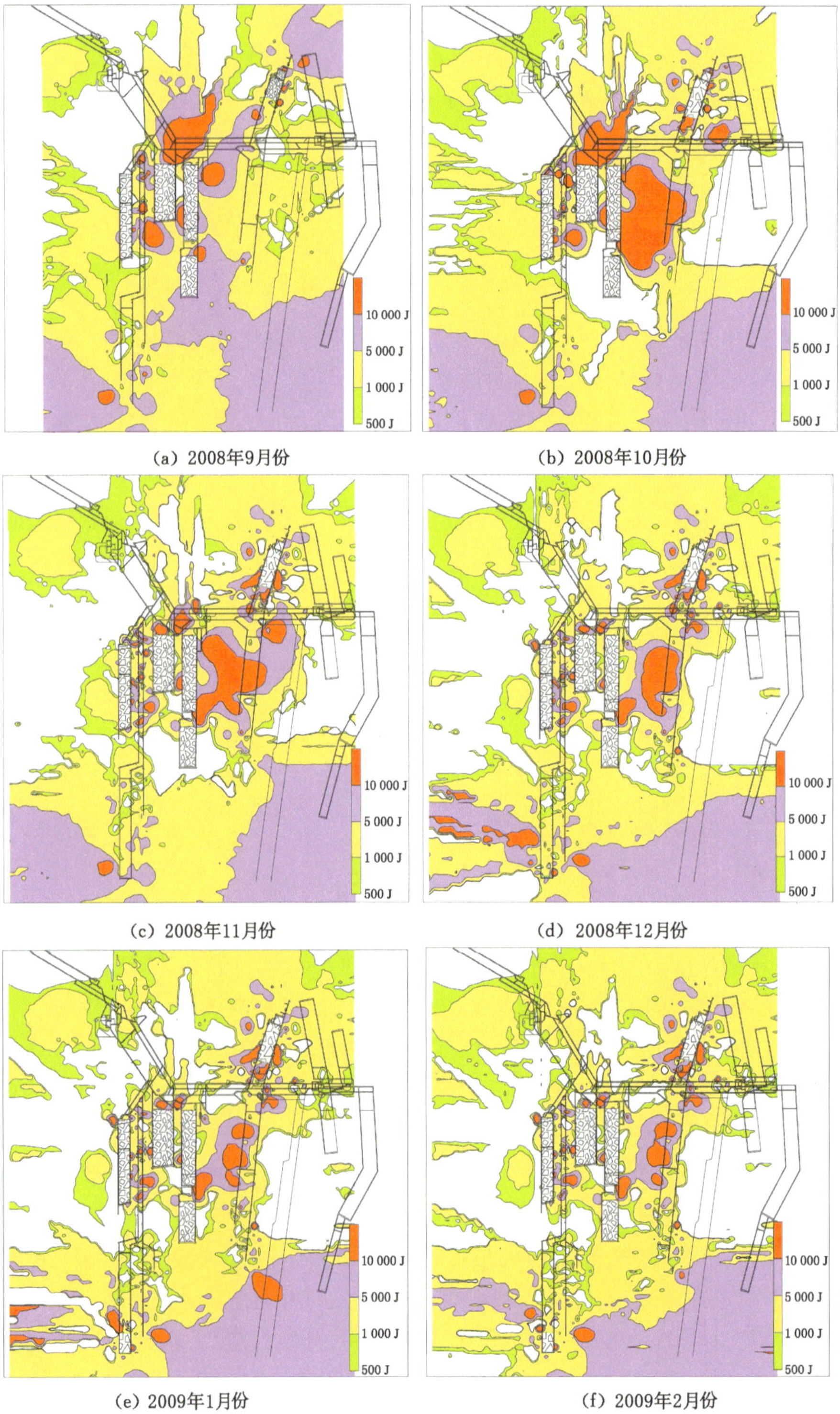

图 4-41　山东某矿井田范围内能量分布

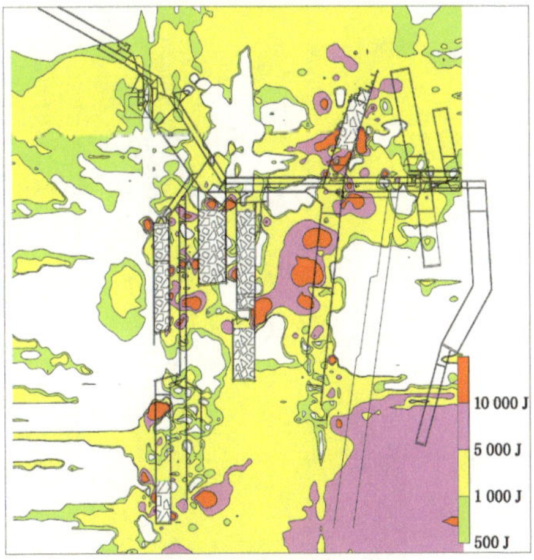

(g) 2009年3月份

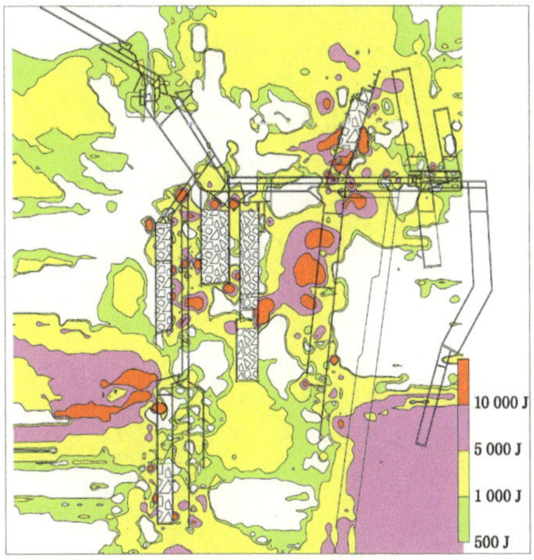

(h) 2009年4月份

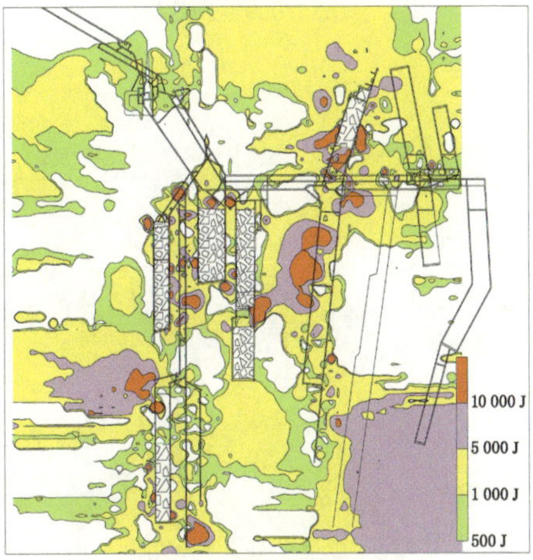

(i) 2009年5月份

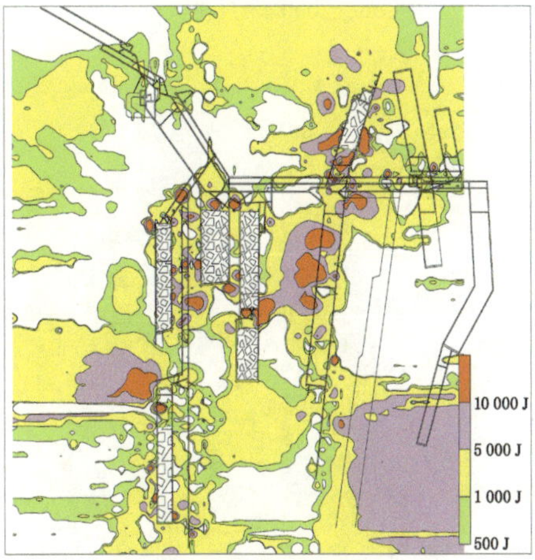

(j) 2009年6月份

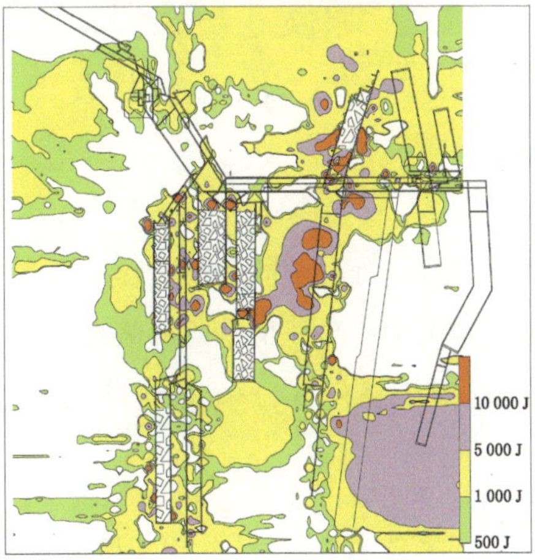

(k) 2009年7月份

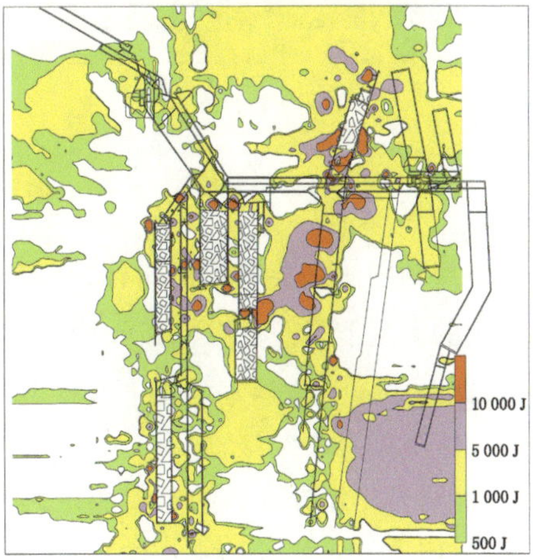

(l) 2009年8月份

图 4-41(续)

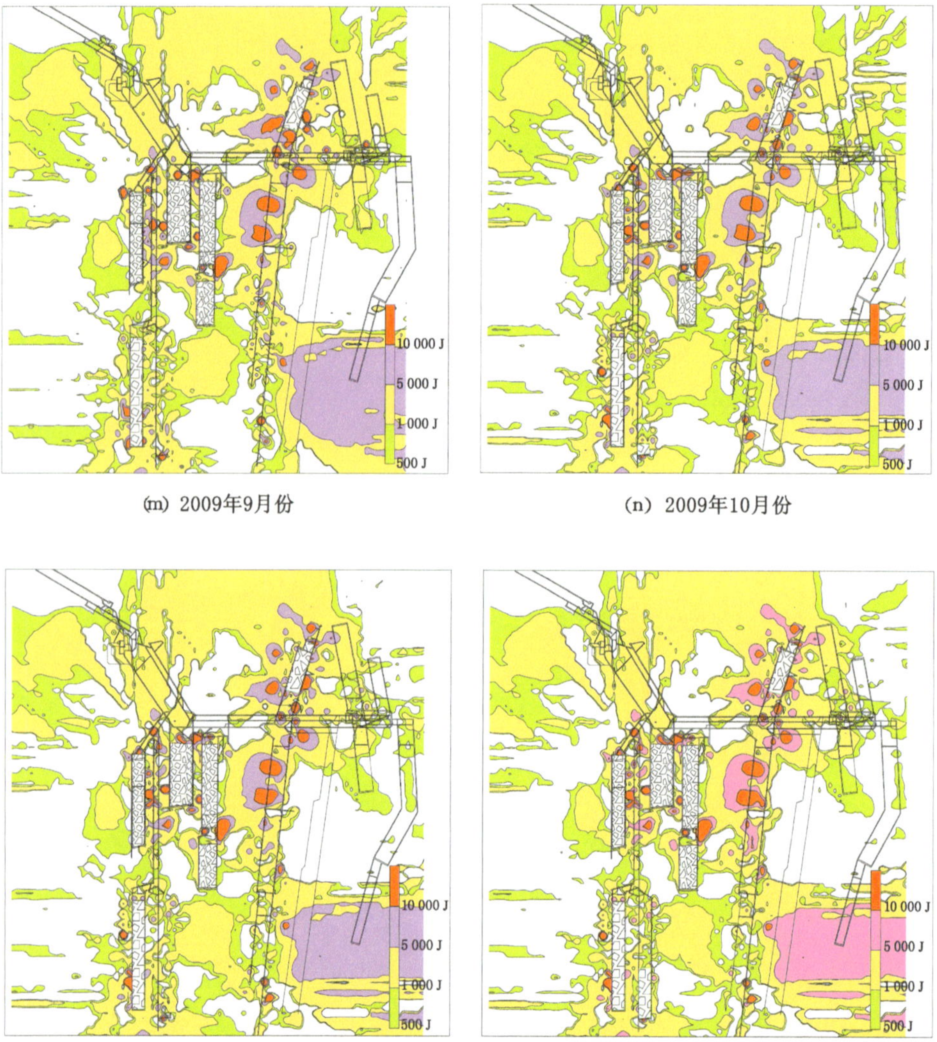

(m) 2009年9月份　(n) 2009年10月份

(o) 2009年11月份　(p) 2009年12月份

图 4-41(续)

矿震能量判别法主要采用的指标是:震动能量值 E 和震动能量的最大值 E_{max};一定推进距离释放的微震能量总和($\sum E$)。同时,如果确定的冲击矿压的危险等级高,则当上述参数降低后,冲击矿压危险性不能马上解除,必须经过一个昼夜,或一个循环,逐级解除,一个昼夜最多只能降低一个等级。

表 4-12 为统计分析得到的矿震能量判别法确定冲击矿压危险性的指标值。这是一般的统计规律,由于各个矿井的地质条件、岩层结构、开采技术条件不同,这些指标的具体数值和对应的冲击矿压危险等级是不同的,需要根据矿井的具体情况,经过一段时间的观测分析后予以确定。

表 4-12 冲击矿压危险的矿震能量监测预警指标

危险等级	工作面	掘进巷道
A 无冲击危险	(1) E一般为 $1.0\times10^2\sim1.0\times10^3$ J,$E_{max}<5.0\times10^3$ J; (2) $\sum E<1.0\times10^5$ J/5 m 推进距离	(1) E一般为 $1.0\times10^2\sim1.0\times10^3$ J,$E_{max}<5.0\times10^3$ J; (2) $\sum E<5.0\times10^3$ J/5 m 推进距离
B 弱冲击危险	(1) E一般为 $1.0\times10^2\sim1.0\times10^5$ J,$E_{max}<1.0\times10^5$ J; (2) $\sum E<1.0\times10^6$ J/5 m 推进距离	(1) E一般为 $1.0\times10^2\sim1.0\times10^4$ J,$E_{max}<5.0\times10^4$ J; (2) $\sum E<5.0\times10^4$ J/5 m 推进距离
C 中等冲击危险	(1) E一般为 $1.0\times10^2\sim1.0\times10^6$ J,$E_{max}<1.0\times10^6$ J; (2) $\sum E<1.0\times10^7$ J/5 m 推进距离	(1) E一般为 $1.0\times10^2\sim1.0\times10^5$ J,$E_{max}<5.0\times10^5$ J; (2) $\sum E<5.0\times10^5$ J/5 m 推进距离
D 强冲击危险	(1) E一般为 $1.0\times10^2\sim1.0\times10^8$ J,$E_{max}>1.0\times10^6$ J; (2) $\sum E>1.0\times10^7$ J/5 m 推进距离	(1) E一般为 $1.0\times10^2\sim1.0\times10^5$ J,$E_{max}>5.0\times10^5$ J; (2) $\sum E>5.0\times10^5$ J/5 m 推进距离

4.4.2 能量趋势判别法

能量趋势判别法以微震监测系统监测的矿震能量为基础，通过大量的监测实践，根据矿震活动的变化情况、震源与能量的变化趋势对冲击矿压危险进行预警。矿震能量参量的每一次变化都是某个区域应力应变状态、能量聚集与释放变化的征兆，可以反映冲击矿压危险的上升或下降情况。

如果采用危险指数来表示冲击矿压的危险性，则可采用矿震能量趋势判别法监测冲击矿压危险程度。

$$\mu_{sj}=\bigvee_{i=1}^{2}\{\mu_{ei}(e_i)\} \tag{4-42}$$

其中：

$$\mu_{ei}(e_i)=\begin{cases}0 & e_i<a_i\\ \dfrac{e_i-a_i}{b_i-a_i} & a_i\leqslant e_i<b_i\\ 1 & e_i\geqslant b_i\end{cases} \tag{4-43}$$

$$e_i=\lg E_i \tag{4-44}$$

式中，i 表示索引号；e_1 表示主要震动能量；e_2 表示偶尔发生的最大震动能量；E_i 表示震动能量；a_i，b_i 为系数，对于不同的井巷，其值是不同的，如表 4-13 所示。

表 4-13 不同采掘工作面的系数

震动能量	系数	采用垮落法开采的工作面	巷道
e_1	a_i	2	0
	b_i	6	4
e_2	a_i	4	2
	b_i	7	6

4.4.3 冲击变形能法

根据冲击矿压发生过程的应力-能量-变形转化关系与煤岩灾变破坏过程的微震损伤应力重构方法，定义如下冲击变形能预警指标，其时序与空间构建计算过程如图 4-42 所示。

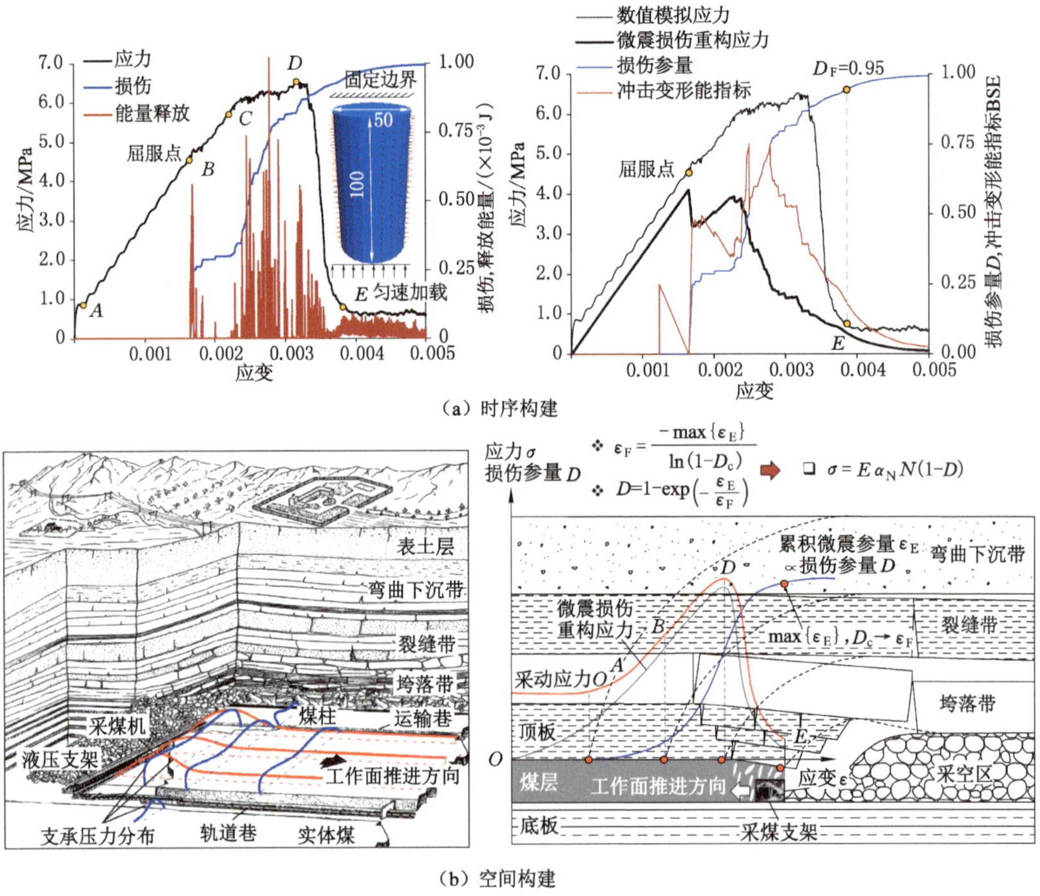

图 4-42　冲击变形能指标时序与空间构建计算过程示意

$$
\mathrm{BSE}=\begin{cases}1-\left|D-\dfrac{\sigma_{\mathrm{I}}}{\sigma_{\mathrm{p}}}\right| & D\geqslant 0.75\ \text{或}\ \dfrac{\sigma_{\mathrm{I}}}{\sigma_{\mathrm{p}}}\geqslant 0.75\\ D & D<0.75\ \text{且}\ \dfrac{\sigma_{\mathrm{I}}}{\sigma_{\mathrm{p}}}<0.75\end{cases} \tag{4-45}
$$

$$
D=1-\exp\left(-\frac{\varepsilon_{\mathrm{E}}}{\varepsilon_{\mathrm{F}}}\right) \tag{4-46}
$$

$$
\varepsilon_{\mathrm{F}}=-\frac{\max\{\varepsilon_{\mathrm{E}}\}}{\ln(1-D_{\mathrm{c}})} \tag{4-47}
$$

$$
\sigma=E\alpha_{\mathrm{N}}N(1-D)=E\alpha_{\mathrm{N}}N\exp\left(-\frac{\varepsilon_{\mathrm{E}}}{\varepsilon_{\mathrm{F}}}\right) \tag{4-48}
$$

式中，$0\leqslant \mathrm{BSE}\leqslant 1$，对应四个危险等级的取值为：无危险 0～0.25，弱危险 0.25～0.50，中等危险 0.50～0.75 和强危险 0.75～1.00；E 为煤体弹性模量；α_{N} 为应变与微震活动频次之间

的关联系数；N 为微震活动频次；σ 为基于微震损伤重构的应力；σ_p 为峰值应力；σ_I 为当前应力；$\varepsilon_E=\sqrt{SE}$，为累积 Benioff 应变；SE 为微震能量；ε_F 为临界累积 Benioff 应变；$\max\{\varepsilon_E\}$ 为累积 Benioff 应变的最大值；D_c 为临界损伤值，对应完全损伤状态，实际计算时一般将 $\max\{\varepsilon_E\}$ 处视为临界损伤状态。该指标由微震能量推导衍生而来，并用于冲击矿压危险等级的预测，因此命名为冲击变形能指标。

图 4-43 所示为冲击变形能时序预警曲线，图中冲击事件及大部分强矿震发生前，均提前显示出了强危险预警等级。图 4-44 所示为冲击变形能空间预警云图，图中指标值明显指示出了冲击区域的低损伤高应力异常。

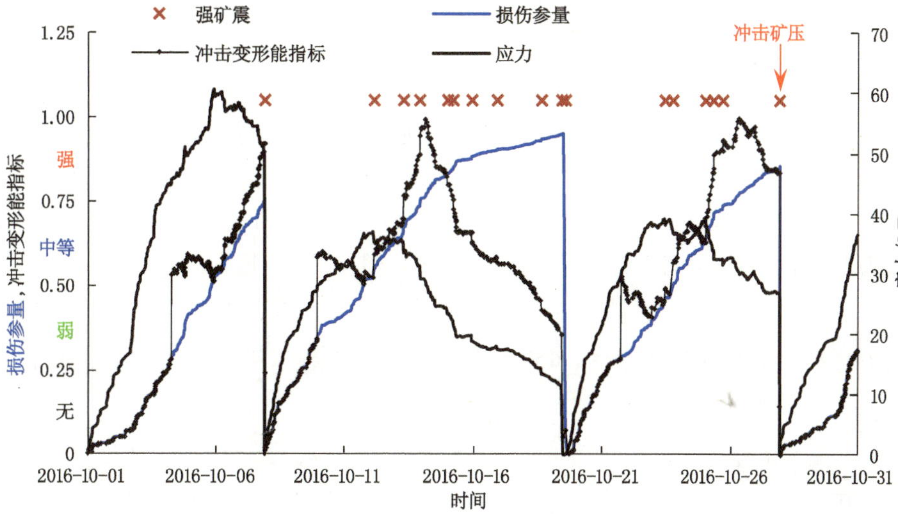

图 4-43　冲击变形能时序预警曲线

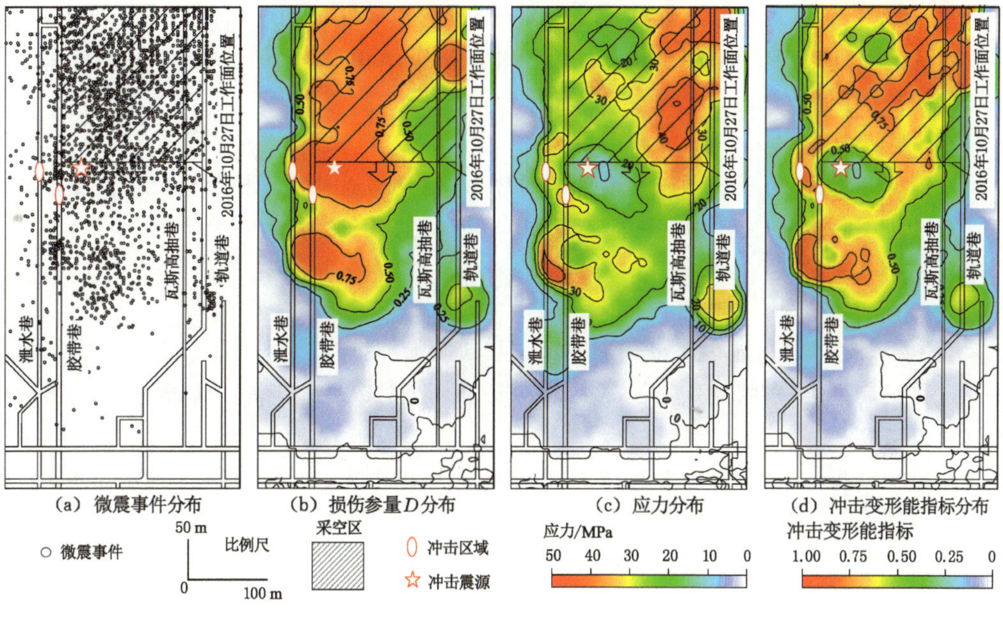

图 4-44　冲击变形能空间预警云图

4.5 风险智能判识与多参量监测预警

由于煤矿地质与开采条件复杂、采掘空间不断移动、动静态应力场交织叠加，准确把握冲击矿压灾害的复杂过程是对其进行可靠预警与防治的关键。传统的单指标或相互独立的多项指标监测，只能反映灾害演化过程的单一特征或离散特征，不能准确反映灾害孕育的整体动态特征。因此，对冲击矿压在时间上早期预测评价与即时监测预警相结合，在空间上区域预测、局部监测预警、点检测相结合，按照进行监测的分区分级监测预警技术体系，形成冲击矿压风险智能判识和多参量综合监测预警技术。

4.5.1 多参量分类监测指标

煤矿冲击矿压是煤矿采掘区域局部动静态应力场交织叠加导致的，多尺度、多因素耦合演化极为复杂的过程，也是应力场、震动场、能量场共同作用的结果。因此，需要建立三场多参量综合监测预警技术。同时，不同类型的冲击矿压，其力源和能量释放的主体也不同，需要确定分类监测指标，提高冲击矿压监测预警的有效性和可靠性。

4.5.1.1 冲击矿压的受力特征及能量释放主体

按受力特征与能量释放的主体，可将冲击矿压分为煤柱压缩型、褶曲构造型、顶板破断型和断层活化型等四类。

4.5.1.2 分类型监测指标的选取

冲击矿压的发生是应力场、震动场、能量场共同作用的结果，以此构建监测指标，包括时序集中度、震源集中度、活动度指标、时空扩散性、矿压危险系数、总应力当量、b 值、$A(b)$值、断层总面积等。时序集中度、震源集中度可用于监测煤柱、顶板、断层活化、褶曲等类型的冲击矿压；活动度指标可用于监测煤柱型冲击矿压；时空扩散性可用于监测褶曲型冲击矿压；矿压危险系数、总应力当量可用于监测顶板型冲击矿压；b 值、$A(b)$值、断层总面积可用于监测断层型冲击矿压。

(1) 时序集中度

时序集中度指标，可反映微破裂事件的时序密集特征，通过计算相邻微震事件发生的时间间隔来量化反映微震序列的时序集中程度。为此，将其定义为：

$$Q_{11} = \frac{\mathrm{var}(T)}{\overline{\Delta T}} \tag{4-49}$$

式中，$\overline{\Delta T}$ 和 $\mathrm{var}(T)$分别为相邻微震事件发生时间间隔的平均值和方差。$Q_{11}=0$ 表示微破裂事件过程是周期性发生的；$0<Q_{11}<1$，表示是准周期性发生的；$Q_{11}=1$，表示随机平稳的泊松过程；$1<Q_{11}<\infty$，表示丛集过程。

时序集中度指标表明，微震频次越大，即微震时序越密集，则微震活动性越强，冲击危险性越大。实际上，微震频次和时序集中度指标在一定程度上是等价的。

时序集中度可用于监测煤柱、顶板、断层活化、褶曲等类型的冲击矿压。

(2) 震源集中度

震源集中度指标是量化震源事件集中分布这一前兆信息的指标。通过试验发现，断面试样在整个加载过程中的声发射事件在空间上沿断面集中分布，而完整试样在加载过程中的声发射事件在空间上由两端向中间扩展，即断面试样在加载过程中的声发射事件分布集中，完整试样分布离散，以此可作为断层活化滑移的前兆。推广到矿山开采尺度，在一定的研究范围内，当微震密集分布(成丛成条带分布)时，微震活动性强，冲击危险性大；如果正常分散分布，则安全，微震活动性弱。为此，定义如下震源集中度指标。

令$\sum$为震源坐标参量x,y,z的协方差矩阵，$\boldsymbol{X}=(x,y,z)^{\mathrm{T}}$，各参量组成的期望矩阵为$\boldsymbol{u}=(u_1,u_2,u_3)^{\mathrm{T}}$。考虑$(\boldsymbol{X}-\boldsymbol{u})^{\mathrm{T}}\sum^{-1}(\boldsymbol{X}-\boldsymbol{u})=\boldsymbol{d}^2$($\boldsymbol{d}$为常数)，设$\boldsymbol{u}=\boldsymbol{0}$，因此有：

$$\boldsymbol{d}^2=\boldsymbol{X}^{\mathrm{T}}\sum^{-1}\boldsymbol{X}=\frac{Y_1^2}{\lambda_1}+\frac{Y_2^2}{\lambda_2}+\frac{Y_3^2}{\lambda_3} \tag{4-50}$$

式中，$\lambda_1,\lambda_2,\lambda_3$为协方差矩阵$\sum$的特征根；$Y_1,Y_2,Y_3$为特征根对应的主成分。由此可知，式(4-50)是一个椭球方程。

设参量x,y,z遵从三元正态分布，则其概率密度函数为：

$$f(x,y,z)=\frac{1}{(2\pi)^{3/2}\left|\sum\right|^{1/2}}\exp\left(-\frac{1}{2}\boldsymbol{X}^{\mathrm{T}}\sum^{-1}\boldsymbol{X}\right) \tag{4-51}$$

式中，$\left|\sum\right|$为协方差矩阵$\sum$的行列式。很明显，式(4-51)为三元正态分布的等概率密度椭球曲面，即椭球体积越大，椭球表面处样本出现的概率越小，分布的离散程度越高；反之，椭球表面处样本出现的概率越大，集中程度越高。

因此，在三维空间中可采用等概率密度椭球的体积($4\pi d^3\sqrt{\lambda_1\lambda_2\lambda_3}/3$)来反映微震事件分布的震源集中度。通过消除常量及量纲影响，得出震源集中度指标为：

$$Q_{21}=\sqrt[6]{\lambda_1\lambda_2\lambda_3} \tag{4-52}$$

震源集中度可用于监测煤柱、顶板、断层活化、褶曲等类型的冲击矿压。

(3) 活动度指标

活动度指标包含微震活动性的时、空、强等因素，即微震频次、平均能级或平均释放能量、最大能级以及微震空间分布的集中度及其记忆效应。其计算公式为：

$$S=0.117\lg(N+1)+0.029\lg\frac{1}{N}\sum_{i=1}^{N}10^{1.5M_i}+0.015M \tag{4-53}$$

式中，N为微震总数；M_i为能级；M为最大能级。强矿震理论上发生在活动度指标S增大后。

因此，活动度指标可用于监测煤柱型冲击矿压。

(4) 时空扩散性

定义时空扩散性d_{s}为：

$$d_{\mathrm{s}}=\frac{(\overline{X})^2}{\bar{t}} \tag{4-54}$$

式中，$\overline{X}$为顺序发生微震间的平均距离，m；$\bar{t}$为顺序发生微震间的平均时间间隔，d。因此，时空扩散性绝对量值很大，为此可将一个序列中的最大值作为分母，将此序列进行归一化处理，将d_{s}限定在[0,1]区间。选取不同的时间、空间、震级窗口，连续作出d_{s}的时空扫描，理论上强能量释放前d_{s}有个快速增大的过程。

因此，时空扩散性可用于监测褶曲型冲击矿压。

(5) 矿压危险系数

根据顶板来压原理,定义反映采掘工作面的危险程度的矿压危险系数为:

$$\Delta p = \frac{p'_t - \overline{p}_t}{\sigma_p} = \begin{cases} 0 & (\Delta p \leqslant 0) \\ \Delta p & (0 < \Delta p < 1) \\ 1 & (\Delta p \geqslant 1) \end{cases} \tag{4-55}$$

式中,Δp 为矿压危险系数;σ_p 为加权阻力或日最大加权阻力的均方差;$\overline{p}_t$ 为加权阻力或日最大加权阻力的平均值。

因此,矿压危险系数可用于监测顶板型冲击矿压。

(6) 总应力当量

总应力当量指标是指单位面积、单位时间内的应力当量总和。试验表明,受载的煤岩样在出现宏观破裂之前,声发射频次和能量急剧增大。由岩石力学理论可知,一个微震事件被定义为在一定体积内的突然非弹性变形,该变形引起可监测的震动波。每次震动所释放能量的平方根与该震动发生前岩体内的应变成正比,且应变释放比能量释放更适合描述微震活动性。进一步考虑应力和应变在弹性范围内成正比,于是,微震所释放能量的平方根可作为冲击矿压发生前岩体内应力状态的一个测度,可用总应力当量指标表示,即

$$Q_{32} = \frac{\sum \sqrt{E_i}}{ST} \tag{4-56}$$

式中,E_i 为统计区域内第 i 个微震事件所释放的能量,J;S 为面积,m^2;T 为统计时间,d。

在所讨论的时空范围内,有两组微震事件,其频次相同,总能量也相同,但其最大能量仍可能不同。此时,可认为最大能量大的微震事件组活动性强。因此,强度因子还应包含最大应力当量指标:

$$Q_{31} = \sqrt{E_{\max}} \tag{4-57}$$

式中,$E_{\max}$ 为统计时段(区域)内微震事件的最大能量。

因此,总应力当量可以用于监测顶板型冲击矿压。

(7) b 值

古登堡和里克特发现地震频次和震级之间符合幂率关系,这就是著名的震级-频次关系式,亦称古登堡公式或 G-R 关系式:

$$\lg N(\geqslant M) = a - bM \tag{4-58}$$

式中,M 为地震震级;$N(\geqslant M)$ 为震级大于或等于 M 的地震次数;a,b 为常数。

为了便于计算,采用能级 $\lg E$ 代替震级 M,于是式(4-58)转化为:

$$\lg N(\geqslant \lg E) = a - b\lg E \tag{4-59}$$

a,b 值在矿震统计中各有其统计意义。a 值反映矿震活动性,a 值越大,矿震活动性越强,矿震频次越高;反之,a 值越小,矿震活动性越弱,矿震频次越低。b 值反映矿震强度,b 值越大,矿震中低能量矿震所占的比例越大,矿震强度越低,发生冲击矿压的可能性越小;反之,b 值越小,高能量矿震所占的比例越高,矿震强度越高,发生冲击矿压的可能性越大。为了获知矿井矿震所处的强弱水平,可将矿井 a,b 值进行比较。在这里,采用最小二乘法计算 a,b 值:

$$b = \frac{\sum_{i=1}^{m} \lg E_i \sum_{i=1}^{m} \lg N_i - m \sum_{i=1}^{m} \lg E_i \lg N_i}{m \sum_{i=1}^{m} (\lg E_i)^2 - (\sum_{i=1}^{m} \lg E_i)^2}, a = \frac{1}{m} \sum_{i=1}^{m} \lg N_i + b \frac{1}{m} \sum_{i=1}^{m} \lg E_i \tag{4-60}$$

式中，m 为能级分档总数；$\lg E_i$ 为第 i 档能级；N_i 为第 i 档能级的实际微震数；a，b 为最小二乘法拟合得到的估计参数。

因此，b 值可用于监测断层型冲击矿压。

(8) $A(b)$ 值

$A(b)$ 值的定义为：

$$A(b) = \frac{1}{b}\lg \sum_{i=1}^{N} 10^{bM_i} \tag{4-61}$$

式中，b 即该区域的 b 值；M_i 为震动事件能级。由式(4-61)知，$A(b)$ 值的本质是一个震动事件集合的折合能级，它的主要成分是该集合中的较大能级。同时，它与该集合的 b 值有关，b 值越小，$A(b)$ 值越大；反之亦然。强矿震发生前，几乎均出现高值异常。

因此，$A(b)$ 值可用于监测断层型冲击矿压。

(9) 断层总面积

设矿震弹性波能量 E 正比于微震能量 E_0，即 $E \propto E_0$，因能量正比于震源体积，即正比于震源断层面积 S 的 3/2 次方，$E_0 \propto S^{3/2}$，因此，$S \propto E^{2/3} \propto 10^{2k/3}$。即当 $L=4.5$ 时，$A(t)$ 相当于断层总面积。

$$A(t) = \sum_{k=k_0}^{k-1} N(k) L^{k-k_0} (L = 4.5) \tag{4-62}$$

式中，$N(k)$ 为时间 t 至 $t+\Delta t$ 间隔内能级为 k 的矿震数目(即微震弹性波能量在 $10^k \sim 10^{k+1}$ J 之间的矿震数目)；k_0 为所统计矿震的能级下限；k 为每个矿震的能级。在强能量释放前，$A(t)$ 出现高值异常，表明在强能量释放前，矿震活动性增强。

因此，断层总面积可用于监测断层型冲击矿压。

4.5.1.3　分类指标的前兆信息试验

为了获得煤岩变化破坏的多参量前兆信息，在实验室进行了煤岩样受载的试验研究。静载作用采用轴向位移加载方式，直至试样被压坏；动载采用轴向载荷加载方式(分级循环加载)，先加载至一定应力水平后，再逐级施加循环载荷。试验情况如图 4-45 所示。

试验结果(图 4-46)表明，活动度、时空扩散性、时序集中度、断层总面积整体上与应力呈正相关关系，且在试样主破裂产生前有明显突然上升趋势，然后又瞬时下降。b 值在前期整体呈现波动状态，在试样破坏前明显下降。声发射能量总体上随着循环载荷振幅的增大而增大。由于具有非均质性，煤岩在加载过程中伴随着能量的不均匀释放。b 值、$A(b)$ 值、断层总面积、总应力当量等较为灵敏的指标均在前期处于波动状态，而当试样接近破坏时，其迅速升高或下降。而在每个循环内部，由于新裂纹的产生或裂纹的扩展会伴随着能量的释放，指标也发生相应的变化。

4.5.1.4　分类指标的前兆信息实测

以陕西某矿 402103 工作面为实测对象，观测不同类型冲击矿压的前兆信息，工作面布置如图 4-47 所示。该工作面内存在 F_7 正断层，具有断层型冲击危险；在 A_5 向斜轴部，存在褶曲构造型冲击危险；双巷两侧各留设 20 m 宽保护煤柱，存在煤柱型冲击危险；顶板中存在 35 m 厚粗砂岩、25 m 厚中砂岩，存在顶板破断型冲击危险。

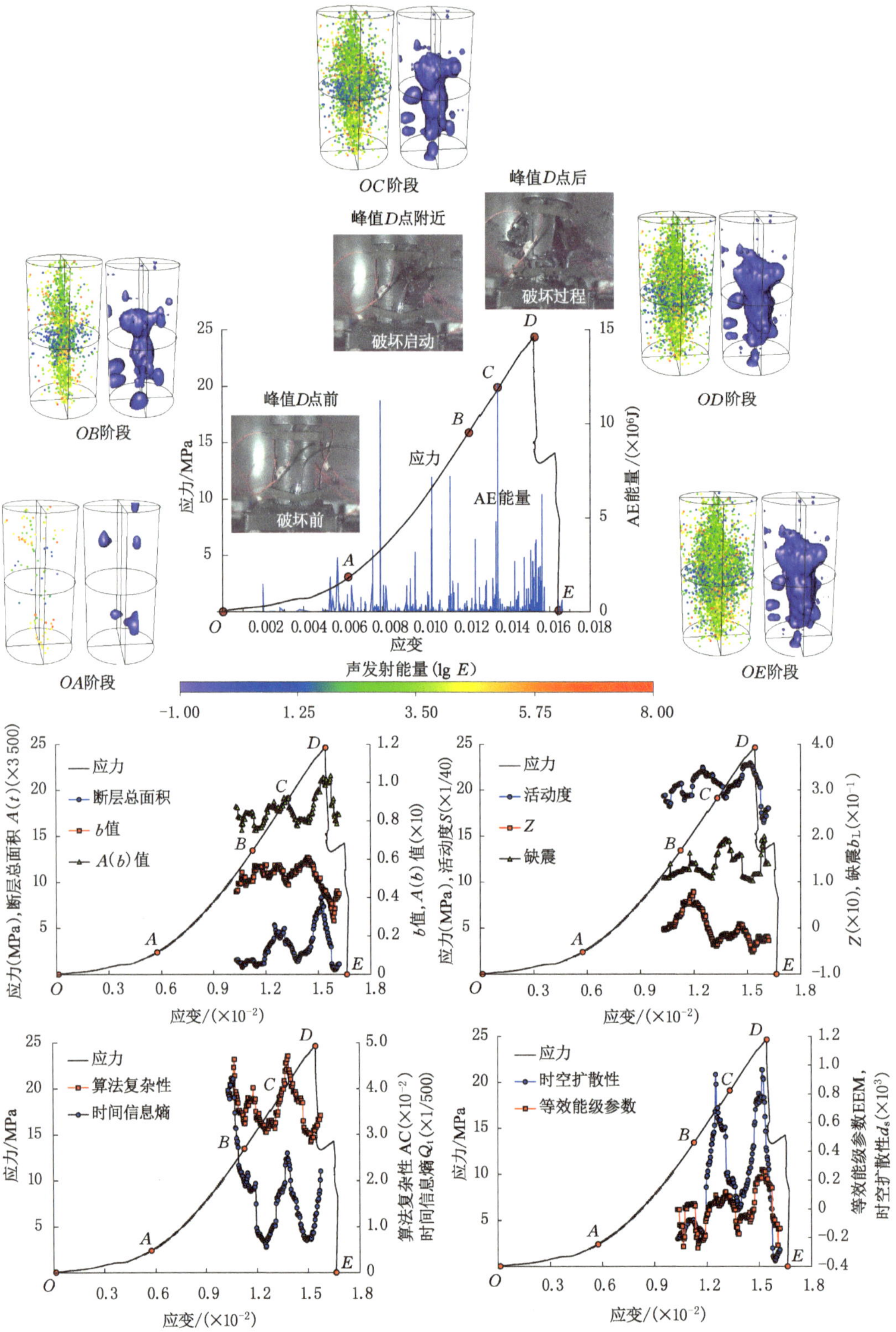

图 4-45　煤岩变形破坏的多参量前兆信息试验结果

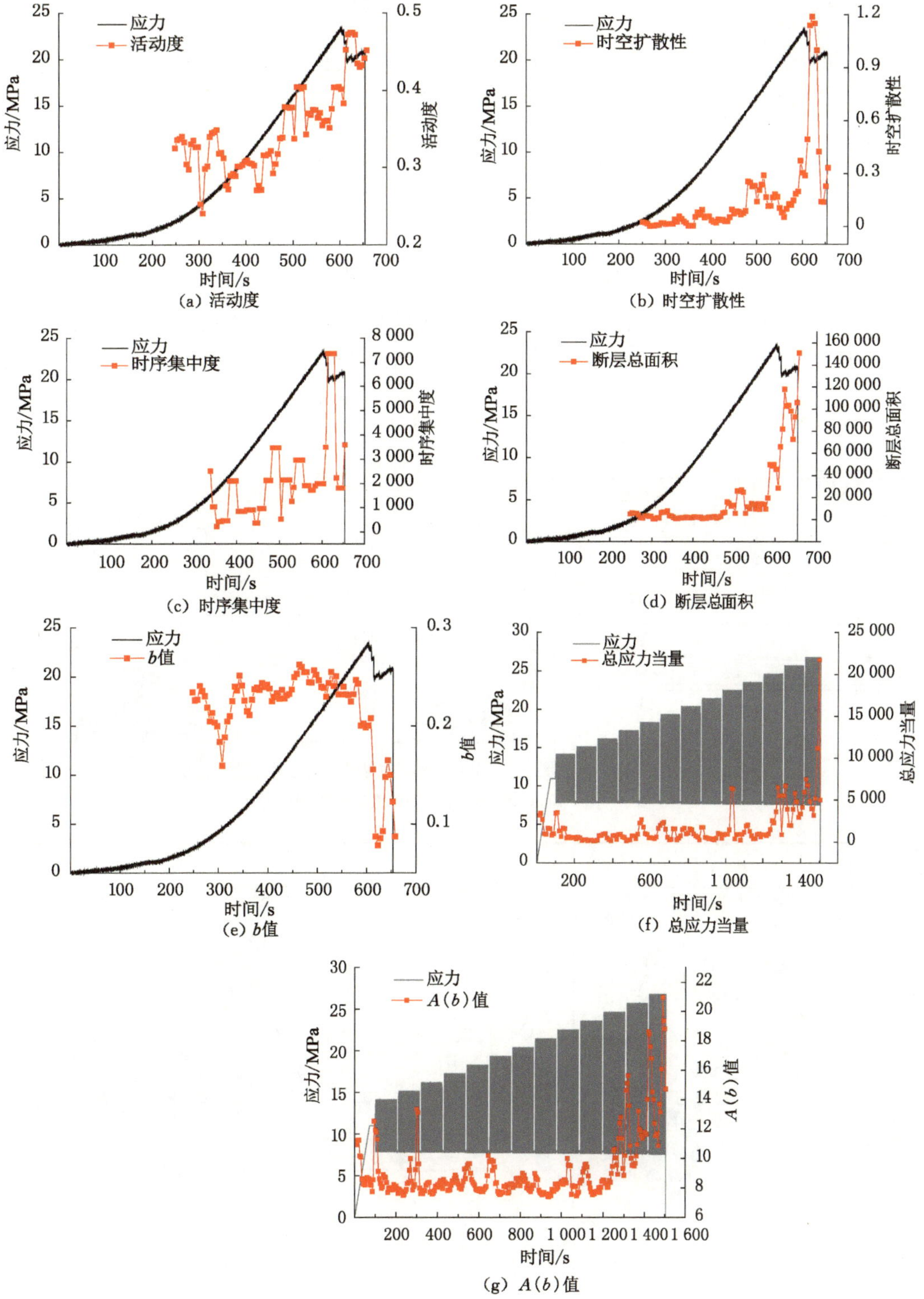

图 4-46 多参量前兆信息的试验结果

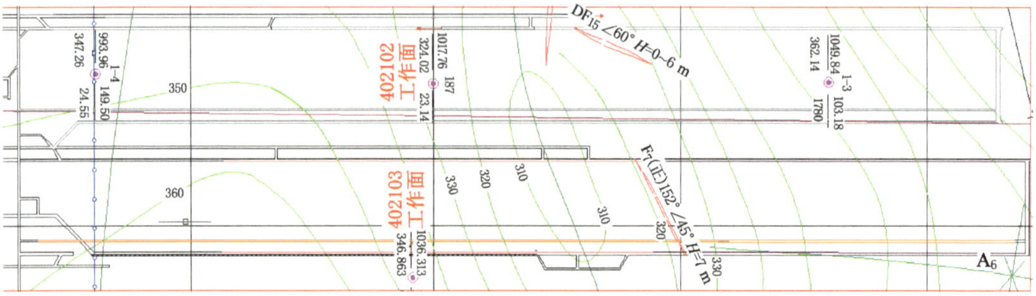

图 4-47　陕西某矿 402103 工作面布置图

图 4-48 为 402103 工作面推进 582.5 m，临近 F_7 断层区域时出现的矿震异常分布及能量集中释放现象，回风巷侧发生以采动应力为主的断层活化型冲击显现。

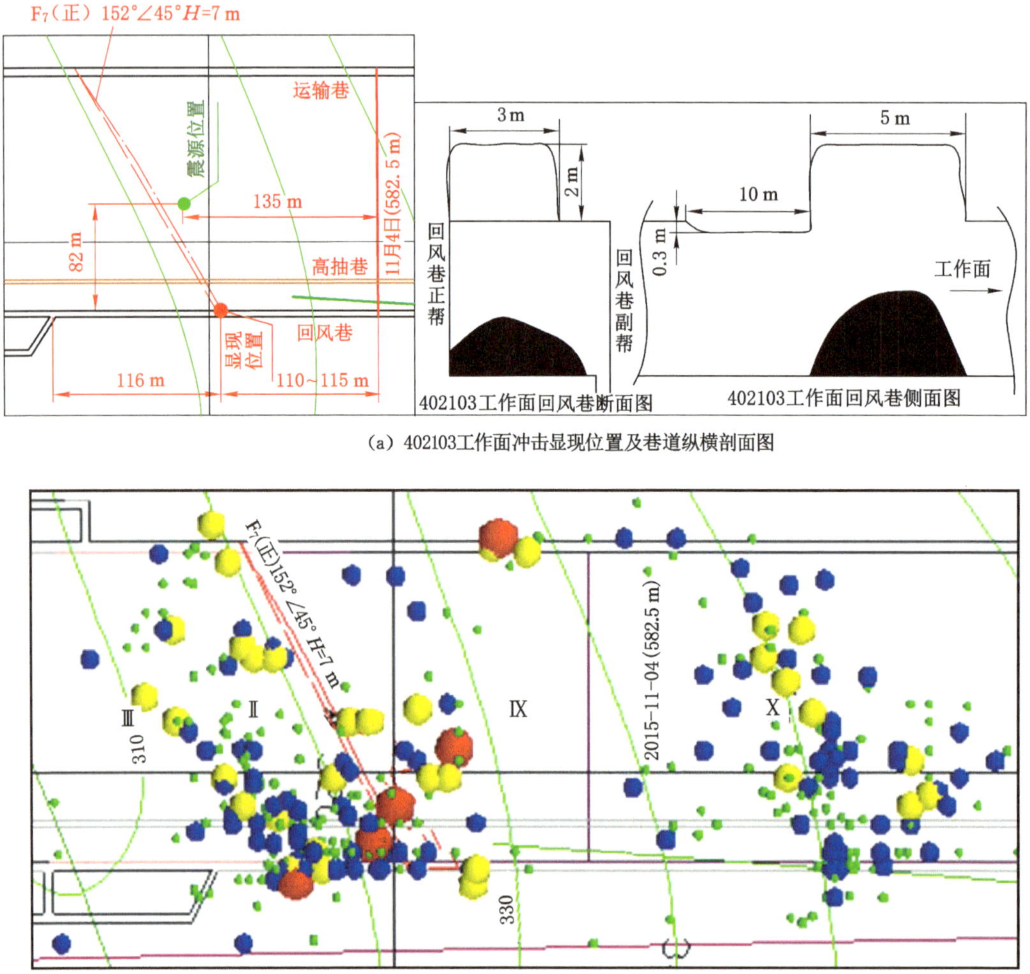

(a) 402103工作面冲击显现位置及巷道纵横剖面图

(b) 2015-09-01至2015-11-10矿震分布

图 4-48　F_7 断层处观测的结果

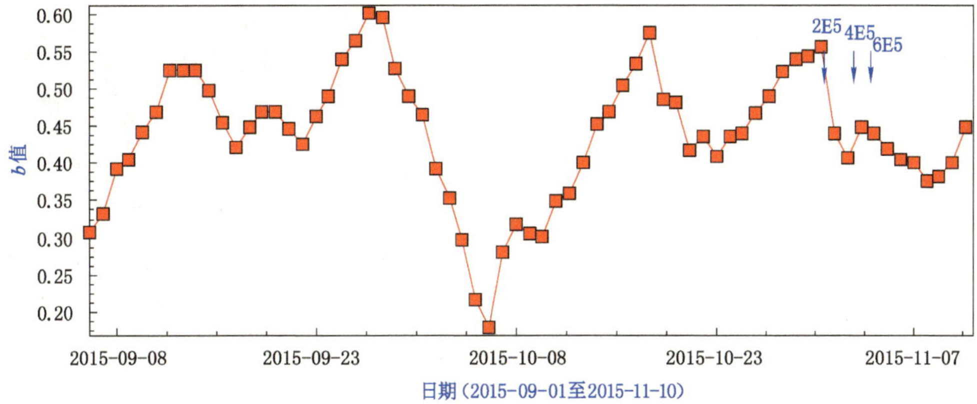

(c) b值(5 d时间窗，滑移步长为1 d，能级 lg E为1.14~5.14，分档总数为15)

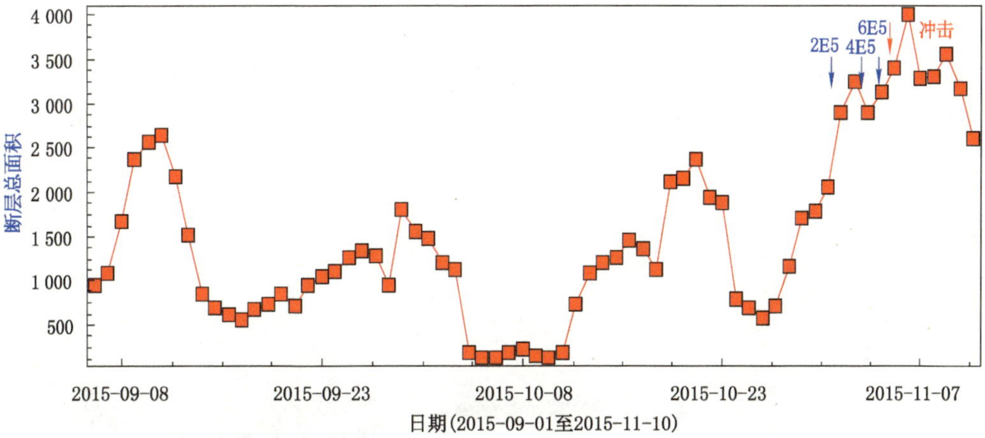

(d) 断层总面积(5 d时间窗，滑移步长为1 d，能级 lg E为1.14~5.14，分档总数为15)

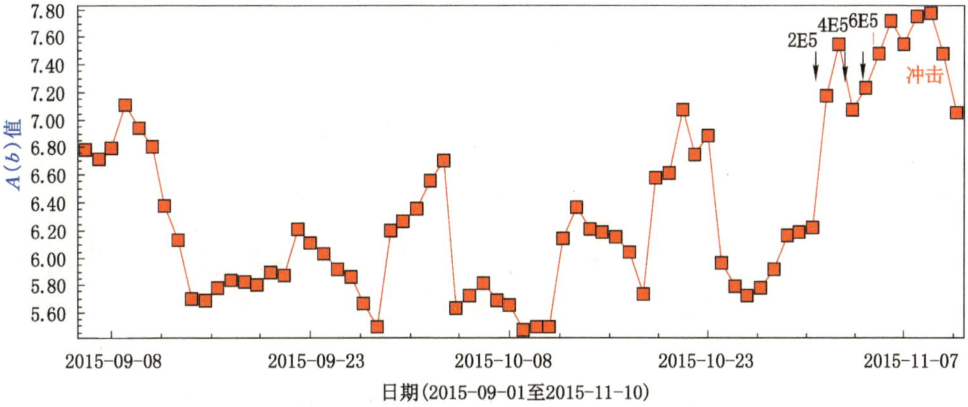

(e) $A(b)$值(5 d时间窗，滑移步长为1 d，能级 lg E为1.14~5.14，分档总数为15)

图 4-48(续)

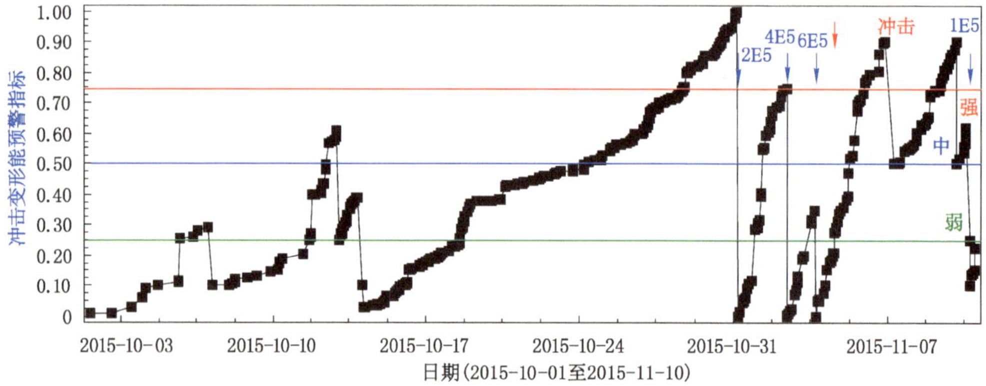

(f) 冲击变形能预警指标(该参数权重为10,当前危险系数为0.90,危险等级强)

图 4-48(续)

如图 4-49 所示,在向斜轴部,以水平应力为主的高静载和矿震应力波叠加,易发生片帮和冒顶;至翼部时,容易发生强烈剪切的冲击矿压;至 A_4 背斜轴部时,易发生冒顶和冲击矿压。

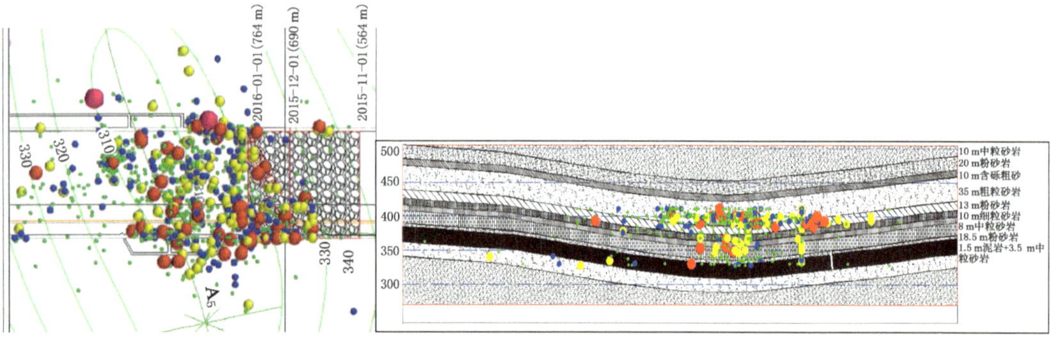

(a) 2015-11-01至2016-01-01矿震平、剖面分布

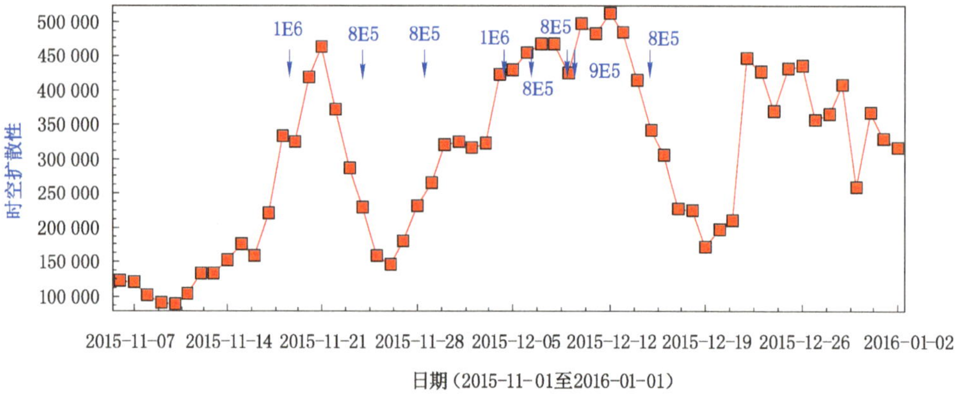

(b) 时空扩散性(5 d时间窗,滑移步长为1 d)

图 4-49 A_5 向斜处的观测结果

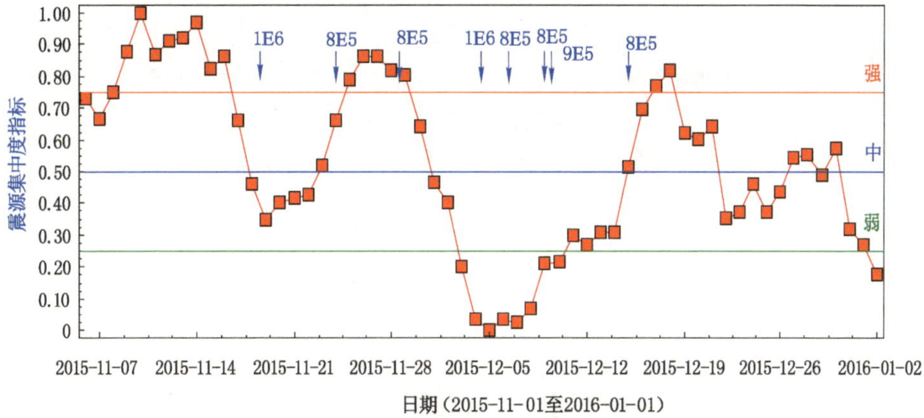

(c) 震源集中度指标(5 d时间窗，滑移步长为1 d)

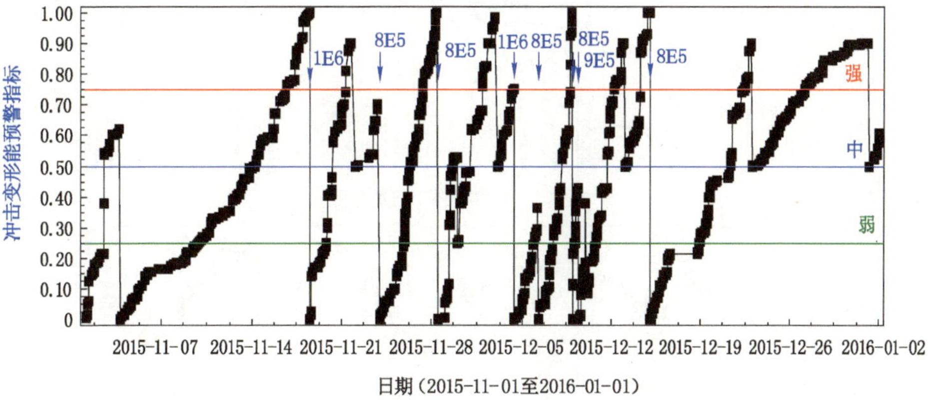

(d) 冲击变形能预警指标(该参数权重为0.333 3，当前危险系数为0.90，危险等级强)

图 4-49(续)

煤柱处的冲击危险因素主要包括临空侧巷道集中布置，承载煤柱宽度变窄使得静载应力集中等。静载应力集中加上回采后顶板周期性破断扰动，就有可能诱发煤柱型冲击，如图 4-50 所示。

图 4-51 为顶板破断型冲击矿压的观测结果。

4.5.2　风险判识与三场耦合监测指标体系

不同类型的冲击矿压，其力源和能量释放的主体不同，需要分类监测。因此，为了提高冲击矿压监测预警的有效性和可靠性，需要早期进行冲击矿压危险性评价，即进行应力场、震动场、能量场的三场监测和冲击矿压分类监测，形成冲击矿压的风险判识和多参量综合监测预警指标体系。

(1) 应力场、震动场、能量场的三场监测体系

图 4-52 为应力场、震动场、能量场“三场”时空强监测预警体系。

(2) 冲击矿压分类监测体系

图 4-53 为煤柱型、顶板型、断层型、褶曲型四类冲击矿压监测预警指标体系。

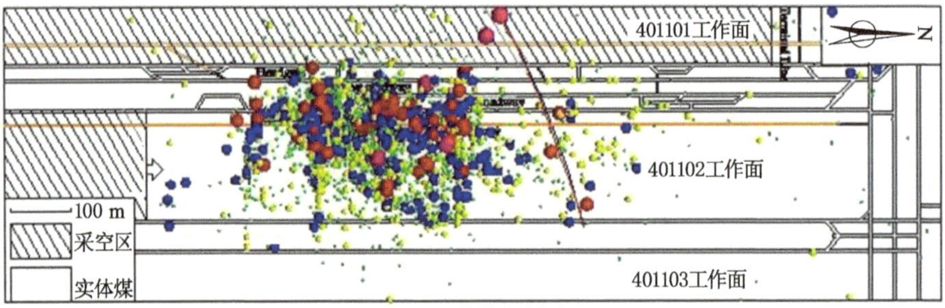

（a）矿震平面分布

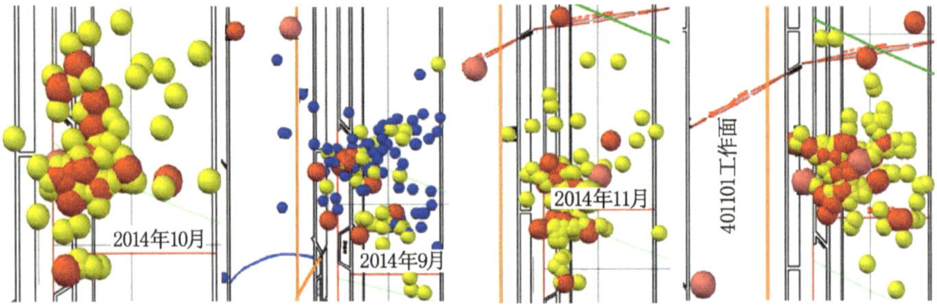

（b）矿震分布平面演化

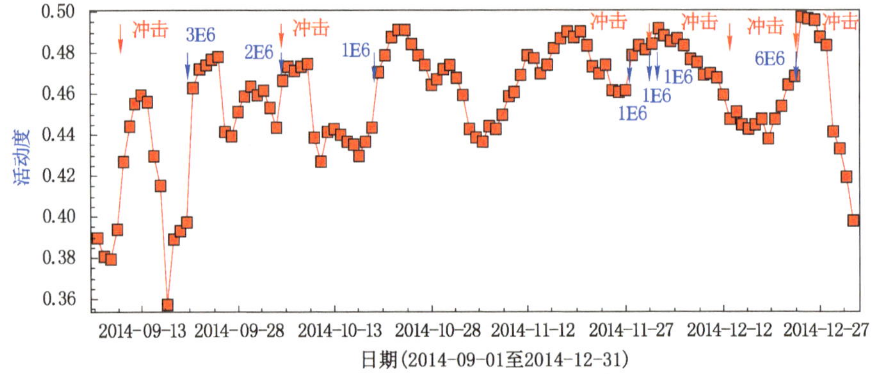

（c）活动度(5 d时间窗，滑移步长为1 d)

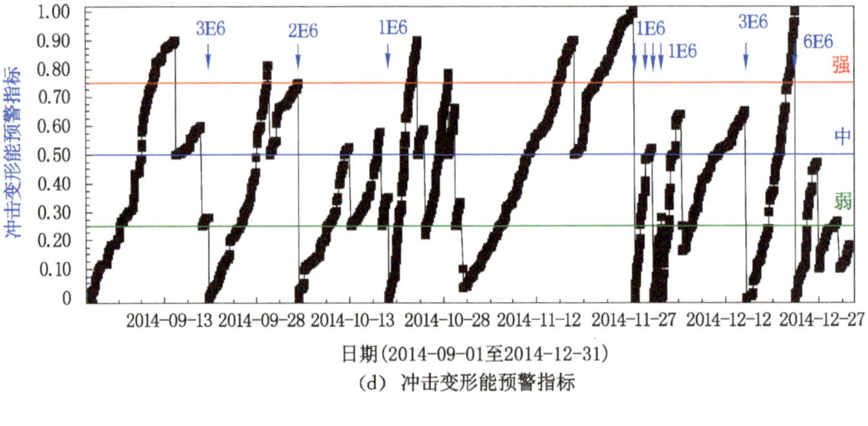

（d）冲击变形能预警指标

图 4-50　煤柱处的观测结果

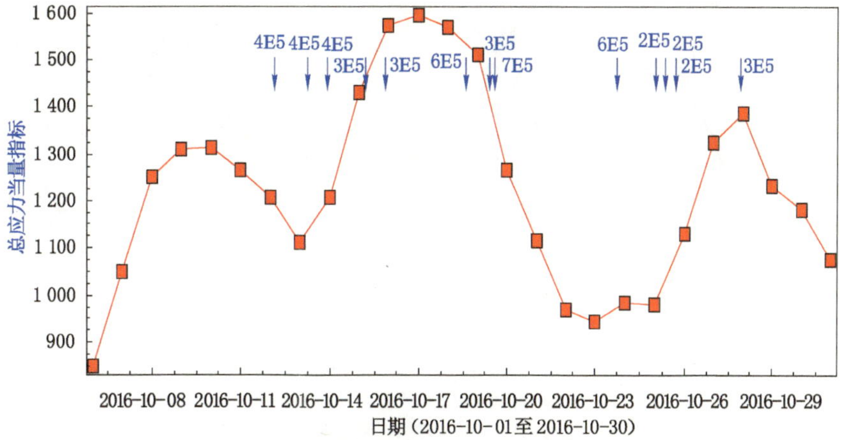

(a) 总应力当量指标（5 d时间窗，滑移步长为1 d）

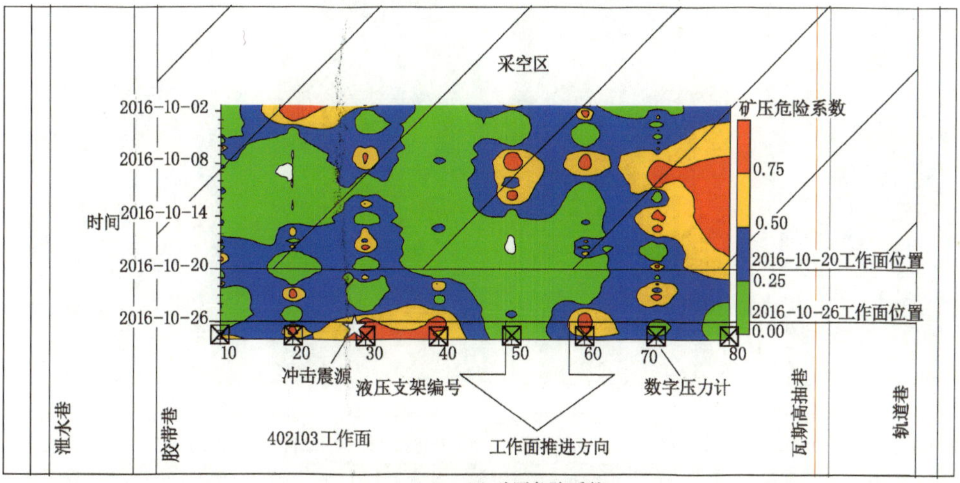

(b) 矿压危险系数

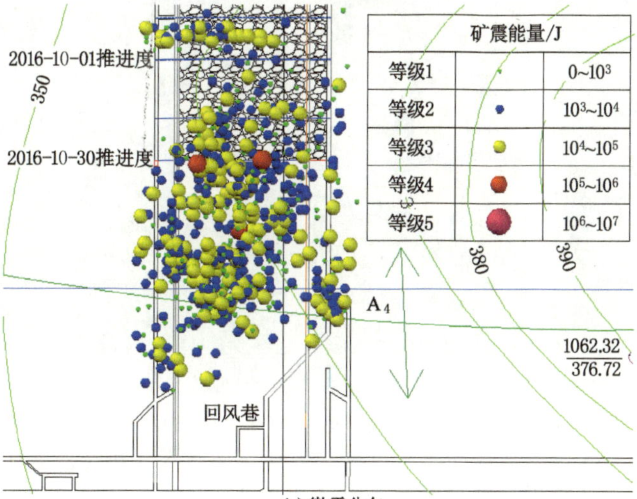

(c) 微震分布

图 4-51　顶板破断型冲击矿压的观测结果

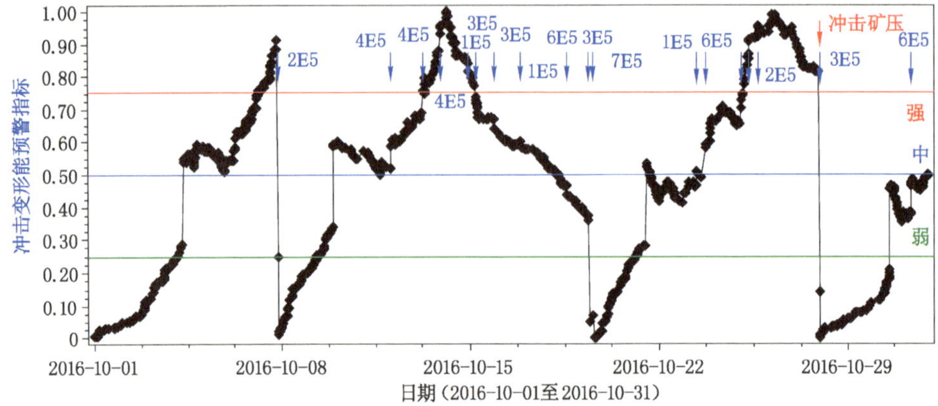

（d）冲击变形能预警指标

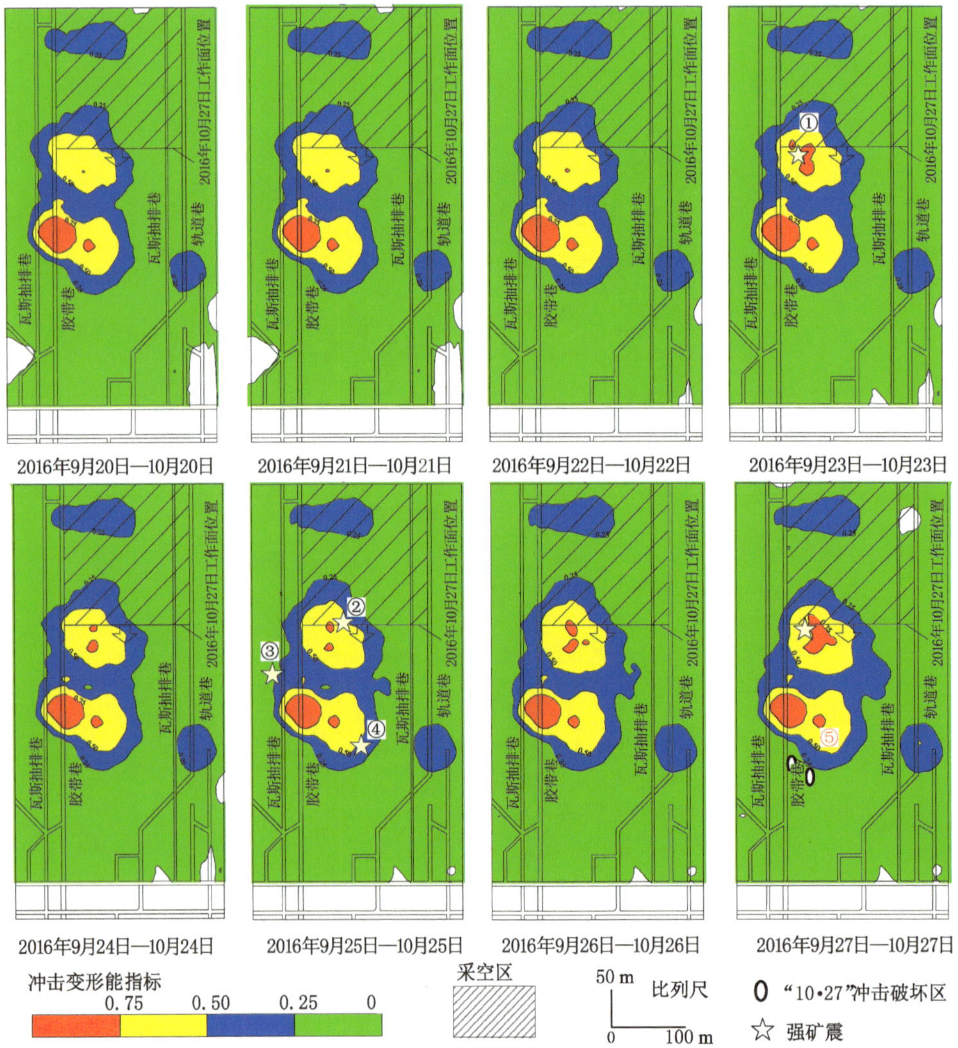

（e）冲击变形能空间预警

图 4-51(续)

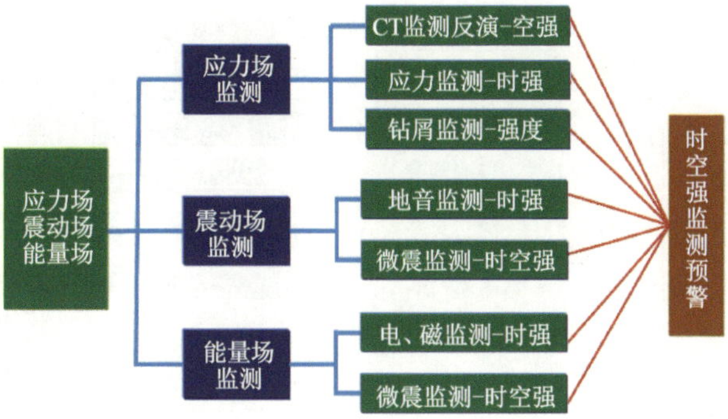

图 4-52　应力场、震动场、能量场“三场”时空强监测预警体系

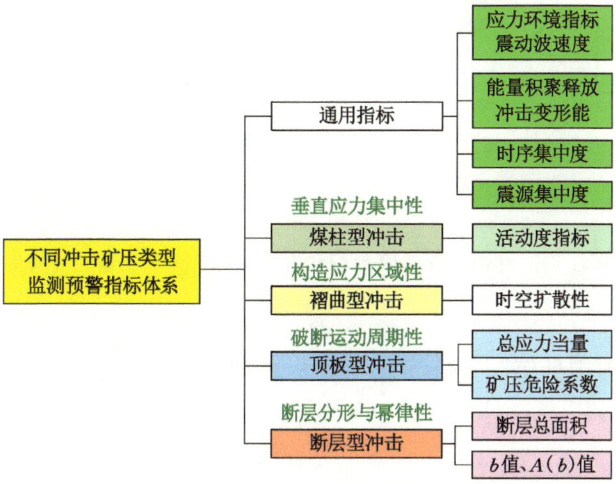

图 4-53　不同类型冲击矿压监测预警指标体系

(3) 风险判识和多参量综合监测预警指标体系

图 4-54 为冲击矿压风险判识和多参量综合监测预警指标体系。

4.5.3　多参量指标归一化及权重

4.5.3.1　指标归一化处理

由于各项预警指标的计量单位不统一，并且各指标还存在不同趋势的异常敏感信息，如低值异常(负向异常)、高值异常(正向异常)以及高低值异常(双向异常)，于是，为了统一分析各指标，应先将指标的绝对值转化为相对值。对于正(负)向及双向指标，用不同的算法进行数据归一化处理，方法如下。

正向指标：

$$F_i = [(R_i - R_{\min})/(R_{\max} - R_{\min})] \tag{4-63}$$

负向指标：

$$F_i = [(R_{\min} - R_i)/(R_{\max} - R_{\min})] \tag{4-64}$$

双向指标：

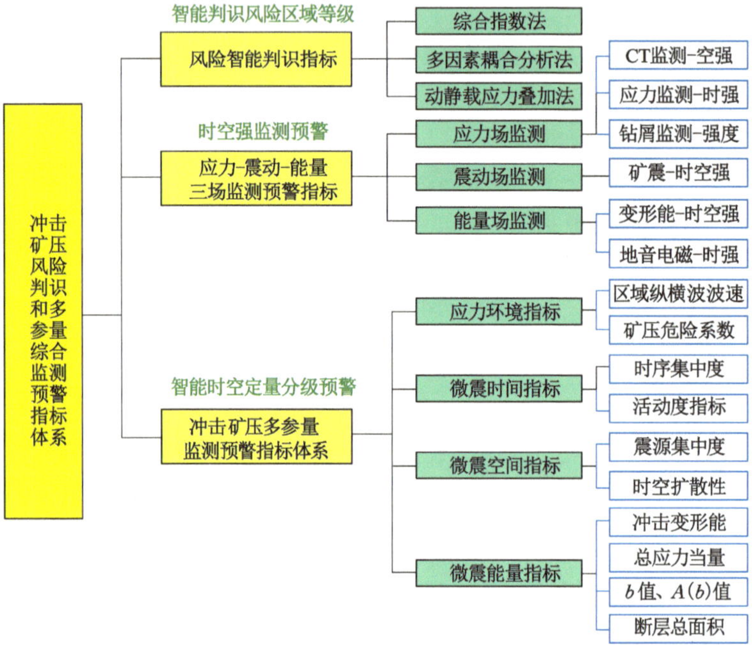

图 4-54　冲击矿压风险判识和多参量综合监测预警指标体系

$$F_i = R'_i / R'_{max} \tag{4-65}$$

式中，R_i 为指标序列中的第 i 个值；R_{max} 为指标序列中的最大值；R_{min} 为指标序列中的最小值；$R'_i = |R_i - R_{avg}|$；R'_{max} 为 R'_i 序列中的最大值；R_{avg} 为指标序列的平均值。

4.5.3.2　综合异常指数方法

由于冲击矿压的复杂多样性，不同条件下存在不同的前兆模式，单维信息指标只能从某一角度侧重反映冲击危险，采用多参量监测冲击矿压是必然趋势。

适用于各指标统一转换的异常指数表达式为：

$$W_{ij} = \frac{e - e^{1-\lambda_{ij}(t)}}{e - 1} \tag{4-66}$$

式中，$\lambda_{ij}(t)$ 为相应指标在统计时间窗 t 内的异常隶属度，取值范围为 0～1。具体 $\lambda_{ij}(t)$ 的计算采用归一化方法。

对于正向异常指标的 W_{11}、W_{31} 和 W_{32}：

$$\lambda_{ij}(t) = (Q_{ij} - Q_{min})/(Q_{max} - Q_{min}) \tag{4-67}$$

对于负向异常指标的 W_{21}：

$$\lambda_{ij}(t) = [(Q_{max} - Q_{ij})/(Q_{max} - Q_{min})] \tag{4-68}$$

式中，Q_{ij} 为指标序列值；Q_{max} 为指标序列中的最大值；Q_{min} 为指标序列中的最小值。

构建综合异常指数 W 如下：

$$W = \sum \omega_{ij} W_{ij} \tag{4-69}$$

式中，ω_{ij} 为各指标的预测权重，满足 $\sum \omega_{ij} = 1$。

4.5.3.3　指标权重确定方法

随着工作面回采，顶板、褶曲、断层、煤柱等地质条件不断变化，在不同位置各指标对应权重不同，且处于动态变化过程，所以采用动态方法确定各指标权重：

W 为工作面整体总冲击危险性；

W_1 为当前断层冲击危险性，a 为断层危险权重；

W_2 为当前褶曲冲击危险性，b 为褶曲危险权重；

W_3 为当前顶板冲击危险性，c 为顶板危险权重；

W_4 为当前煤柱冲击危险性，d 为煤柱危险权重。

当根据多参量判断的单一危险性因素变化较大时，如断层的冲击危险性 W_1 在短时间内变化较大时，可以认为工作面在靠近或者远离断层，断层处于活化加剧或逐渐稳定的状态，此时，单一断层因素对工作面冲击危险的影响程度较大，工作面的冲击危险性对断层因素更为敏感，应当赋予较大的权重值；反之，当 W_1 变化不大或者在某一值附近波动时，则断层处于稳定状态，总冲击危险性对断层因素不敏感，断层对工作面影响较小，应当赋予一个较小的权重值，以避免对工作面总冲击危险性判断的干扰。

根据工作面回采期间断层、褶曲、顶板以及煤柱的冲击危险性的历史数据以及当前数据，可以确定各个因素的权重。

其中，W_1^n，W_2^n，W_3^n，W_4^n 为第 n 次对断层、褶曲、顶板、煤柱的冲击危险性评价指标值；$\overline{W}_1$，$\overline{W}_2$，$\overline{W}_3$，$\overline{W}_4$ 为在工作面回采过程中一个较为稳定的时间内对 W_1，W_2，W_3，W_4 统计得到的平均值；σ_1，σ_2，σ_3，σ_4 为统计所得的标准差。

求出当前的 W_1^n，W_2^n，W_3^n，W_4^n 相对历史统计数据的偏离程度。偏离程度高的，则相对应的因素对冲击危险性影响较为明显；偏离程度低的，则相对应的因素处于较为稳定的状态。

采用均值标准差作为冲击危险性影响因素的权重标准：

$$\gamma_1 = |W_1^n - \overline{W}_1|/\sigma_1, \gamma_2 = |W_2^n - \overline{W}_2|/\sigma_2, \gamma_3 = |W_3^n - \overline{W}_3|/\sigma_3, \gamma_4 = |W_4^n - \overline{W}_4|/\sigma_4 \tag{4-70}$$

式中，γ_1，γ_2，γ_3，γ_4 为断层、褶曲、顶板、煤柱因素的权重值。对这些因素进行归一化处理，可得归一化后的各个因素的权重值。

$$a = \gamma_1/\sum\gamma_i, b = \gamma_2/\sum\gamma_i, c = \gamma_3/\sum\gamma_i, d = \gamma_4/\sum\gamma_i \tag{4-71}$$

当存在四个因素对冲击矿压的发生造成影响且这四个因素的冲击危险性分别为 W_1、W_2、W_3、W_4，权重分别为 a、b、c、d 时，断层造成的冲击危险性为 aW_1，褶曲造成的冲击危险会对断层的冲击危险产生叠加作用，褶曲的叠加危险可通过 $W_{叠加1}=(1-aW_1)bW_2$ 求出，顶板的叠加危险可通过 $W_{叠加2}=[1-aW_1-(1-aW_1)bW_2]cW_3$ 求出，煤柱的叠加危险可通过 $W_{叠加3}=\{1-aW_1-(1-aW_1)bW_2-[1-aW_1-(1-aW_1)bW_2]cW_3\}dW_4$ 求出，则总体冲击危险性为：

$$\begin{aligned} W = {} & aW_1 + (1-aW_1)bW_2 + [1-aW_1-(1-aW_1)bW_2]cW_3 + \\ & \{1-aW_1-(1-aW_1)bW_2-[1-aW_1-(1-aW_1)bW_2]cW_3\}dW_4 \end{aligned} \tag{4-72}$$

4.5.4 冲击矿压风险智能判识与多参量监测预警云平台

4.5.4.1 冲击矿压风险智能判识与多参量监测预警云平台简介

根据冲击矿压发生机理，冲击矿压的监测预警必须从应力场、震动场、能量场三方面进行，单一监测方法难以实现对冲击矿压的精确预测。联合多种方法涵盖应力场、震动场和能量场的多参量综合监测预警技术，能有效提高冲击矿压预警的准确性。为此，笔者团队利用大数据和云平台技术，开发了冲击矿压风险智能判识与多参量监测预警云平台。

平台集成了微震、应力、地音、钻屑、大直径钻孔卸压等多种监测系统及数据信息，对信息和数据统一管理。针对不同的监测系统和监测方式，平台建立了科学合理的预警指标，包括微震监测的时空强预警指标、冲击变形能指标和震动波 CT 反演预警指标（注重冲击矿压模型与冲击矿压危险空间、时间趋势分析），以及应力预警指标、矿压预警指标等预警指标体系，并构建了基于冲击矿压类型的“三场”多参量带权重时空预警模型。

平台不但具有多参量数据采集存储、GIS 图形展示、多系统综合展示等常规功能，还具有多参量综合预警、冲击变形能时序预警、震动波 CT 反演空间预警、信息化防治、多终端访问、多形式预警等特色功能，以及 GIS 一张图管理和监防互馈的独特优势，能够极大地满足煤矿企业对冲击矿压灾害监测预警和治理的综合性需求。图 4-55 为冲击矿压风险智能判识与多参量监测预警云平台入口。

图 4-55　冲击矿压风险智能判识与多参量监测预警云平台入口

4.5.1.2　冲击矿压风险智能判识与多参量监测预警云平台结构框架

冲击矿压风险智能判识与多参量监测预警云平台主要包括硬件、平台支持软件及云技术三个部分。硬件主要用于采集数据、构建客户端至服务器端的网络环境、传输和存储并显示从客户端传来的数据信息，包括矿区数据采集设备及局级、监管部门的展示设备等。

平台支持软件部分主要用于数据的生成、传输和存储，由客户端分析人员对基础数据进行处理后，实时上传标准化格式数据至服务器并存储，包括矿区数据采集软件及矿区、局级、监管部门的 WEB 浏览器等。

基于信息的实时传播及云技术，冲击矿压防治专家利用网络终端获取多参量综合预警信息，并根据风险判识模型确立的冲击矿压危险等级实施远程诊断及决策。

冲击矿压风险智能判识与多参量监测预警云平台架构如图 4-56 所示。整个平台的最底层是由微震、应力在线等监测系统及钻屑法监测数据形成的监测网络，它能够监测并采集矿井采掘过程中的震动及应力等信息；数据采集后进行预处理，以标准化格式通过远程数据连接实时上传至服务器；研究人员通过调取服务器数据，利用建立的风险判识模型及危险等级确定准则，判定矿区工作面的危险状态并制定相应的防治及管理措施，指导现场工作；矿区用户通过 WEB 浏览器下载预警和防治意见，达到防冲的目的。

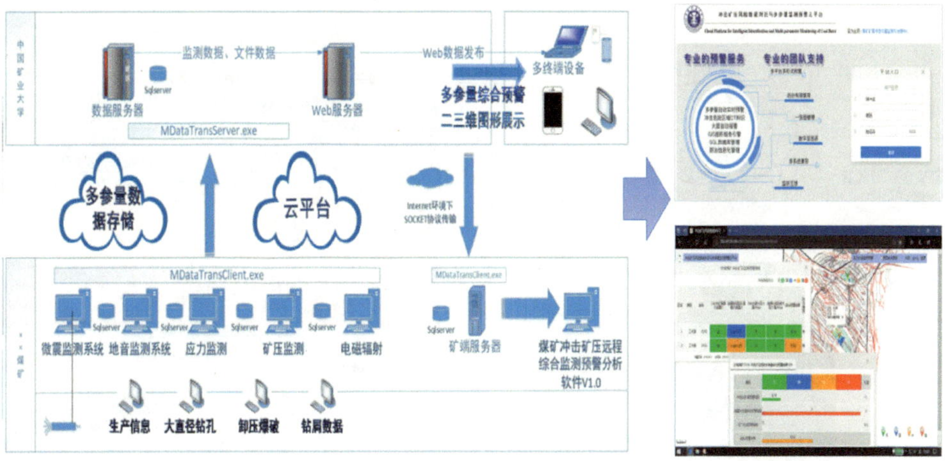

图 4-56　冲击矿压风险智能判识与多参量监测预警云平台架构

4.5.4.3　冲击矿压风险智能判识与多参量监测预警云平台的特点

冲击矿压风险智能判识与监测预警云平台具有多参量综合实时预警、远近场冲击危险震动波 CT 探测预警、冲击变形能时空监测预警、大震自动语音报警与矿震辅助分析、监测与防治信息化融合及监防互馈、监测预警防治信息集成一张图管理等特点，如图 4-57 所示。

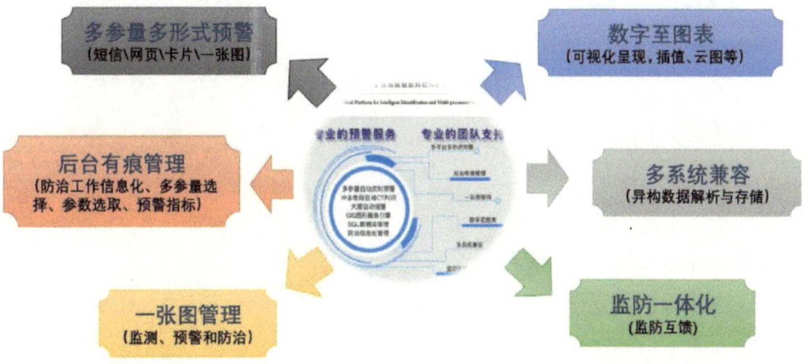

图 4-57　冲击矿压风险智能判识与多参量监测预警云平台特点

(1) 多参量综合实时预警

多参量综合实时预警，是指综合考虑微震活动性多维信息、矿压、钻孔应力等多参量预警指标体系，根据内部构建的冲击矿压多参量模型和算法，赋予各影响因子不同的权重，确定综合预警指标，最终实现基于微震、钻屑、应力等方法的多参量综合预警，实时、分级、直观显示矿井冲击矿压风险状态，如图 4-58 所示。

(2) 近远场冲击危险震动波 CT 探测预警

基于微震监测系统的震动波 CT 探测技术，可实现对工作面回采、巷道掘进期间的近场应力场探测、区域远场应力场探测及潜在冲击危险区域动态预测；可大范围、高分辨率获得采掘生产区域的冲击矿压危险分布范围、级别，确定反演区域内的应力场分布，预测高应力

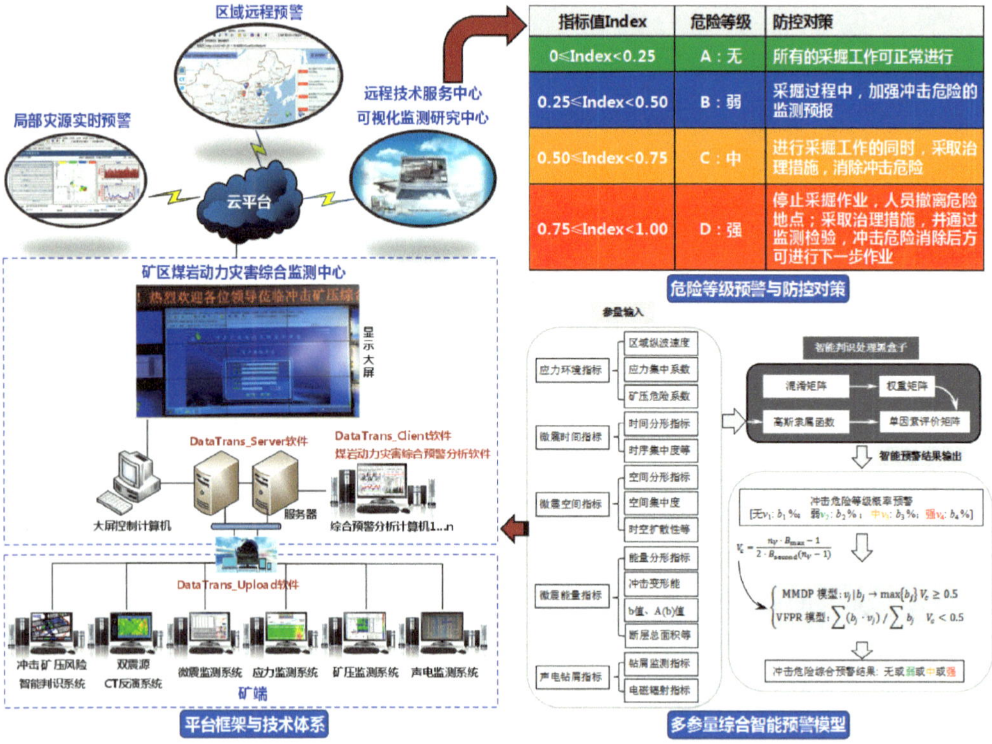

(a)

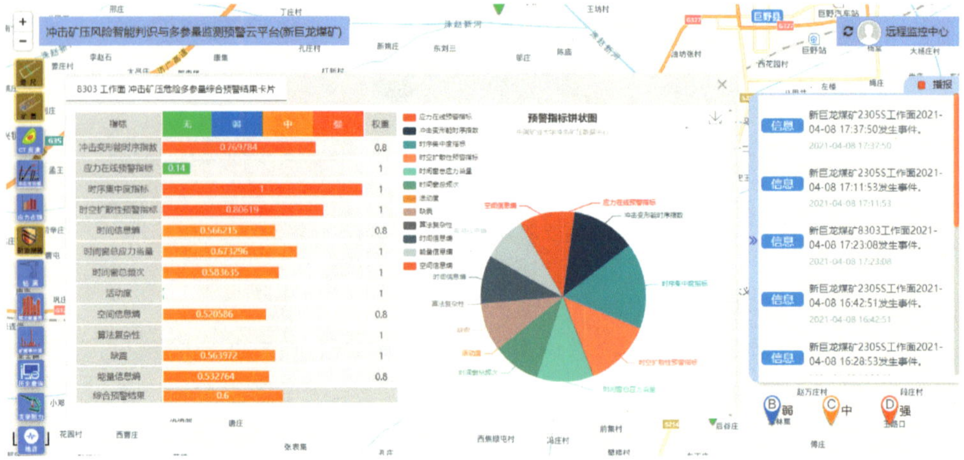

(b)

图 4-58　云平台的多参量综合实时预警

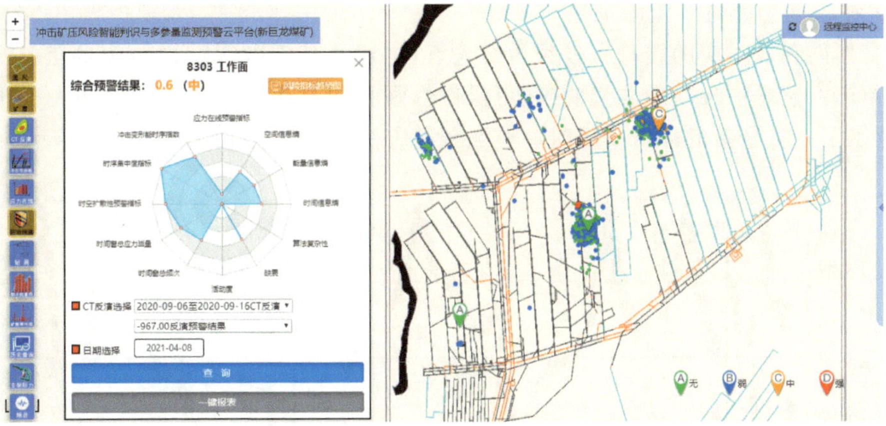

(c)

图 4-58(续)

区和潜在冲击危险区域，突破过去只能在离散局部点实施监测的弊端，能针对性指导现场制定卸压解危措施，明确防冲范围，合理配置防冲力量，见图 4-59。

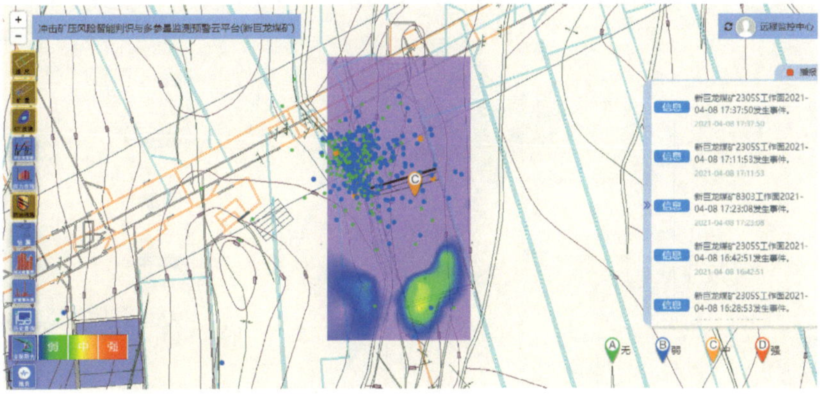

(a)

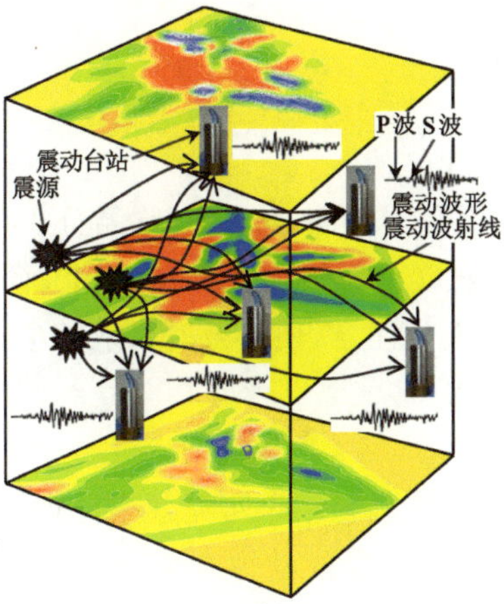

(b)

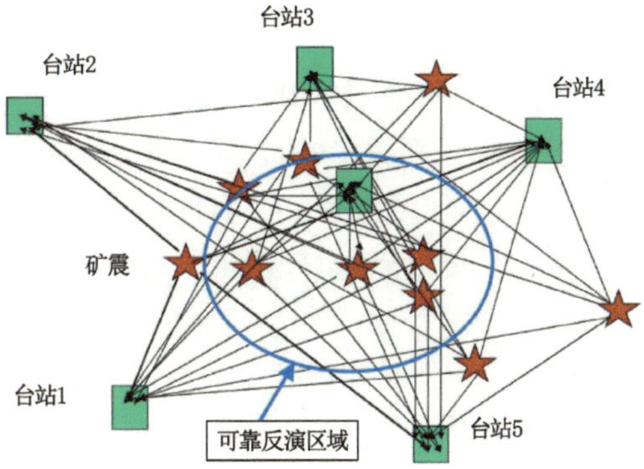

(c)

图 4-59　近远场冲击危险震动波 CT 探测预警

（3）冲击变形能时空监测预警

以变形能释放对应的震动微破裂为切入点，构建了基于微震重构的冲击变形能时空监测预警指标。它是一种物理意义明确、可操作性强且能量化危险等级的冲击失稳预警新指标，并提供了一种全新的冲击矿压时序监测预警方法，如图 4-60 所示。

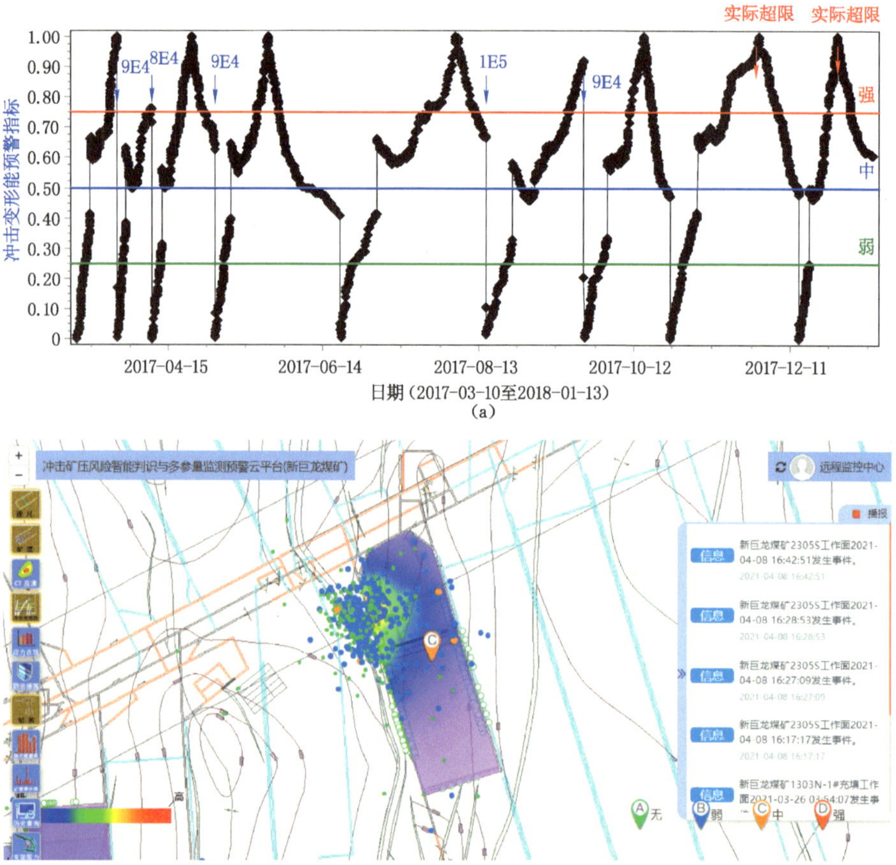

（a）

（b）

图 4-60　冲击变形能时空监测预警

（4）大震自动语音报警与矿震辅助分析

矿震 P 波自动识别技术，实现了对现场采集的矿震信号的自动、实时监测分析，进行标波和震源自动定位，能量快速、准确计算，并将矿震信息实时显示在 GIS 矿图上，同时可通过语音对矿震信号进行分区、分能量级报警，提醒管理人员注意，便于及时采取相应措施，如图 4-61 所示。

（5）监测与防治信息化融合及监防互馈

平台对冲击矿压危险在时间和空间两个维度上的监测预警结果可有效指导现场制定防冲解危措施。现场一方面可通过钻屑、大直径卸压钻孔钻进中的动力现象等验证监测预警结果，另一方面可通过综合预警平台对防治措施的卸压效果进行检验，实现监防互馈，极大地提高防治效率，准确解危冲击危险区域，如图 4-62 所示。

（6）监测预警防治信息集成一张图管理

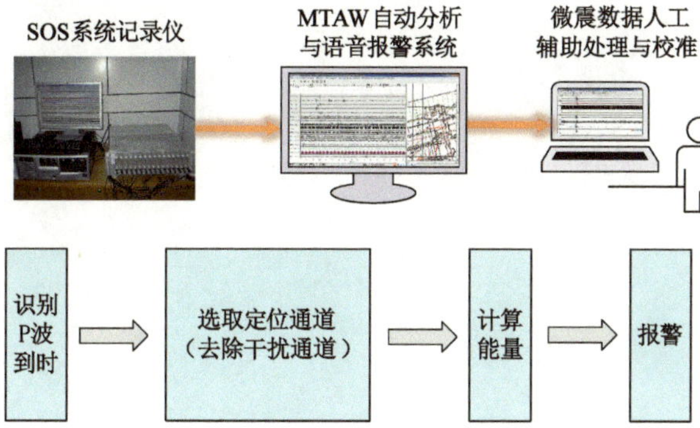

图 4-61 大震自动语音报警与矿震辅助分析

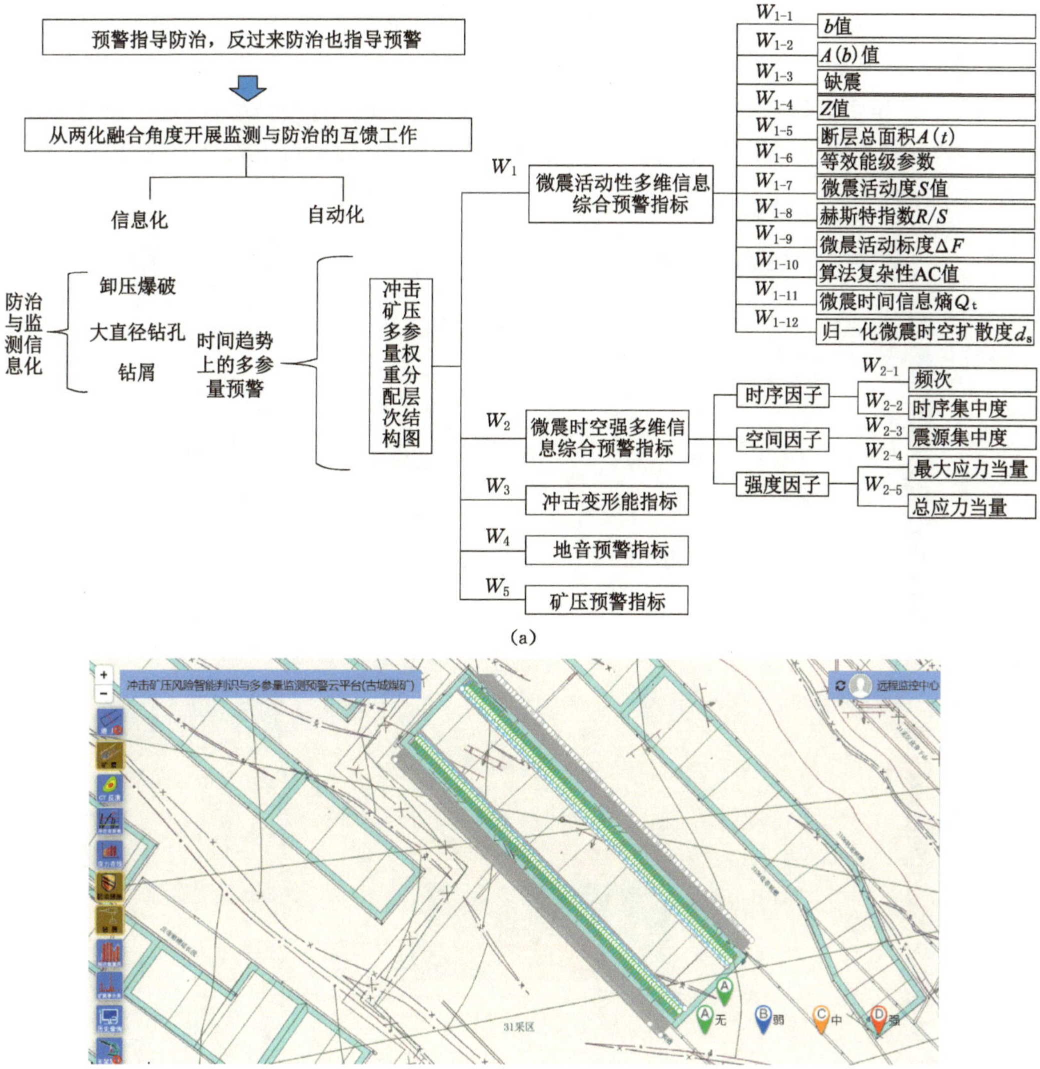

图 4-62 监测与防治信息化融合及监防互馈

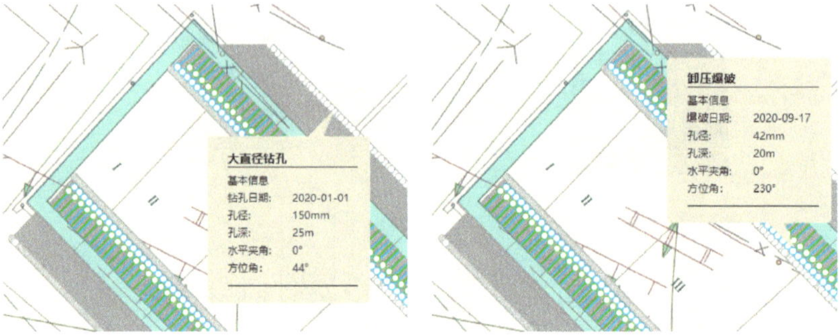

(c) (d)

图 4-62(续)

基于地理信息系统 GIS 矿图的预警信息管理，平台能够一张图展示各矿地理位置、相关生产信息，实时显示矿震事件位置及能量，将相关数据信息和结果直接显示在矿图上；能以云图形式圈定危险区域，能在一张图中展现监测、预警、防治各类信息，实现冲击危险区域的可视化，将矿井冲击矿压风险状态实时、分级直观显示，有助于技术人员快速分析和判断，如图 4-63 所示。

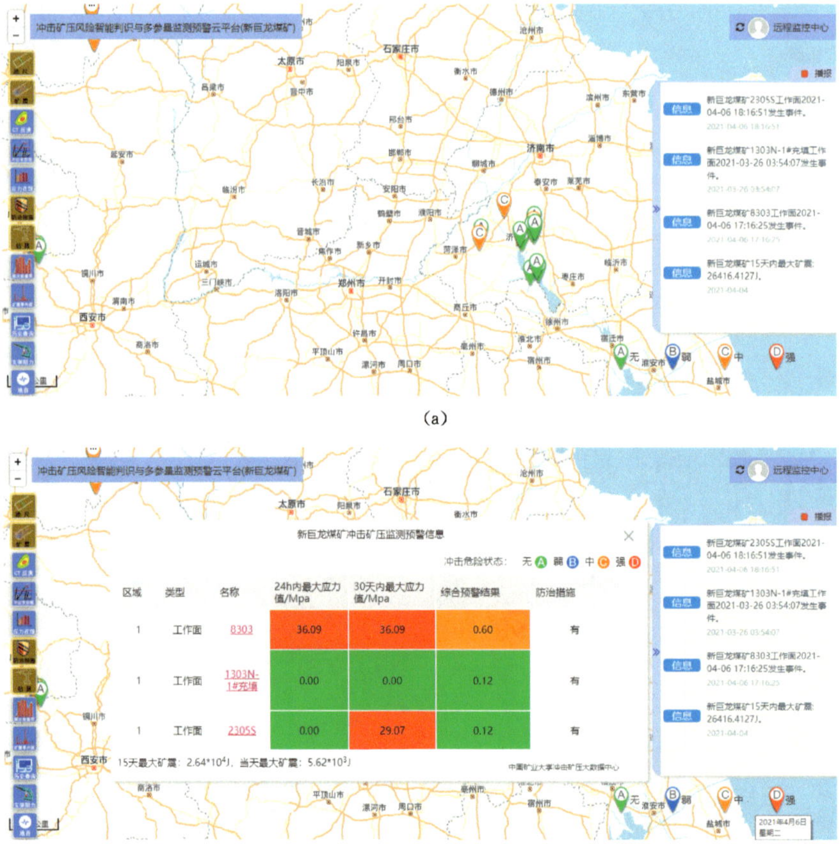

(a)

(b)

图 4-63　监测预警防治信息集成一张图管理

8303 工作面
综合预警结果：0.6 （中）
CT反演选择 2020-09-06至2020-09-16CT反演
-967.00反演预警结果
查 询
无
弱
中
强

(c)

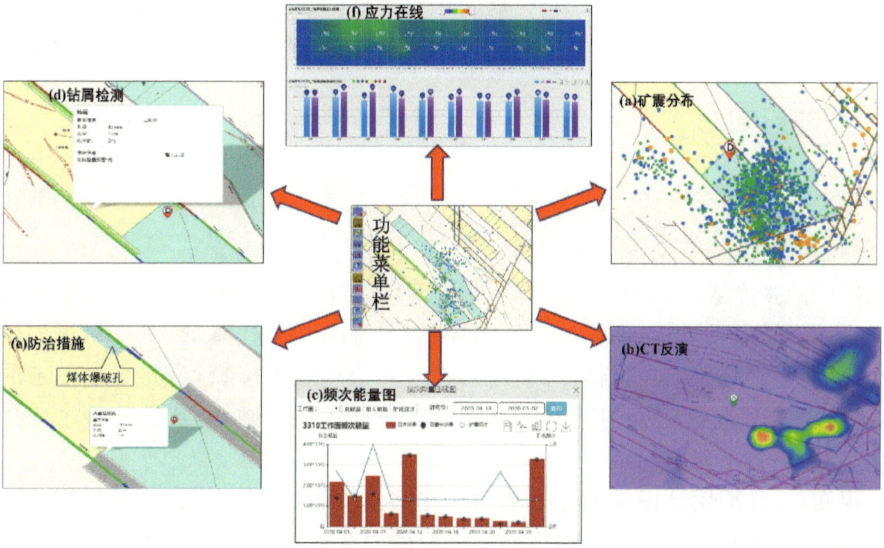
(f) 应力在线
(d)钻屑检测
(a)矿震分布
功能菜单栏
(e)防治措施
煤体爆破孔
(b)CT反演
(c)频次能量图

(d)

图 4-63(续)

第5章 冲击矿压灾害防治

煤矿冲击矿压是动静载叠加诱发的动力灾害，是能量聚集与释放的结果。其中，静载是煤岩失稳的应力和能量基础，动载主要起诱发煤岩冲击破坏的作用。因此，防治冲击矿压灾害，对于静载，采取降低应力集中程度和减少弹性能量的聚集，将应力高峰往煤体深部转移的技术；对于动载，采用破坏煤体结构，减小煤岩体运动程度，主动诱发能量释放的措施。

5.1 强度弱化减冲原理

5.1.1 冲击矿压的强度弱化减冲原理

冲击矿压的强度弱化减冲理论具有三个方面的含义：一是在冲击危险区域，采取松散煤岩体的方式，降低煤岩体的强度和冲击倾向性，使得冲击危险性降低；二是对煤岩体的强度进行弱化后，应力高峰区向煤岩体深部转移，且应力集中程度降低；三是采取一定的减冲解危措施后，煤岩体内能量聚集程度降低、矿震动载释放的能量减小，从而使冲击矿压危险性降低，发生冲击的强度降低。

众所周知，工作面两巷周围的煤岩体内存在固定支承压力，而且随着时间的推移，煤岩体要产生变形，缓慢释放能量。工作面前方煤岩体内存在移动支承压力，而且随着工作面的推进，移动支承压力向前推移。在工作面推进过程中，煤岩体破碎，向外释放能量。

在一般情况下，煤岩体内聚集的能量由弹性变形能、顶板运动产生的动能、矿震发生传播出来的震动能量和热能等组成。假设：

(1) 煤岩体中初始积聚和耗散的弹性应变能之差为 U_0。

(2) 极限弹性应变能(即发生冲击时煤岩体中所积聚的最小弹性应变能)为 U_{kmin}。

(3) 任意时刻煤岩体内弹性应变能的增量(即聚集的弹性应变能能量与耗散的能量之差)为 U_t，$U_t=U_t(\sigma,\varepsilon,T)$。

(4) 实施卸压措施时一次释放的能量为 U_e(如卸压爆破时，U_e 与炸药装药量有关，当装药量一定时，U_e 为一定值)。

在工作面回采或巷道掘进过程中，任意时刻煤岩体内弹性应变能的增量 U_t 是一个随时间不断变化的变量，其中 σ,ε,T 为控制变量。弹性应变能增量 U_t 的变化可能会出现如下三种情况：

(1) 当 $\frac{\partial U_t}{\partial t}>0$ 时，说明煤岩体内聚集的弹性能多于耗散的弹性能，弹性应变能增量 U_t 随时间的延长而增加。

(2) 当 $\frac{\partial U_t}{\partial t}=0$ 时，说明煤岩体内聚集多少弹性能，就耗散多少弹性能，能量的聚集与耗散处于平衡状态。

(3) 当$\frac{\partial U_t}{\partial t}<0$时，说明煤岩体内耗散的弹性能多于聚集的弹性能，弹性应变能增量U_t随时间的延长而不断降低。

因此，工作面前方或巷道周围煤岩体内弹性能的变化情况可由如图 5-1 所示模型来表示，其中，U_t表示任意时刻冲击煤岩体所积聚的弹性应变能增量，U_{kmin}为发生冲击矿压时煤岩体内所积聚的最小弹性应变能。

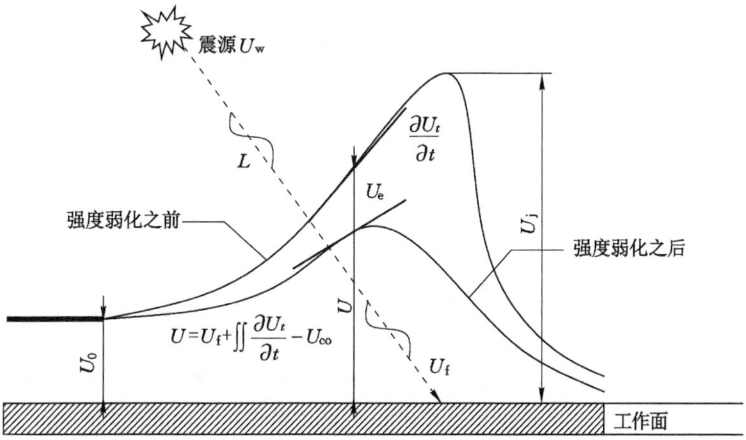

U_f—矿震传播到工作面的能量；U_j—强度弱化前静载弹性能峰值；U_{co}—煤体破裂消耗的能量。

图 5-1　工作面前方弹性能的变化示意

已知：

$$\frac{\partial U_t}{\partial t}=U'_t(\sigma)\frac{d\sigma}{dt}+U'_t(\varepsilon)\frac{d\varepsilon}{dt}+U'_t(T)\frac{dT}{dt} \tag{5-1}$$

为了研究的方便，假设$\frac{dT}{dt}=0$(即不考虑温度对冲击的影响)，σ—ε 服从广义胡克定律(即考虑弹性应变能)，则式(5-1)可以简化为：

$$\frac{\partial U_t}{\partial t}=AU'_t(\sigma)\frac{d\sigma}{dt} \tag{5-2}$$

式中，A 为与煤体弹性常数有关的一个参数，该参数能够综合反映煤体的弹性特征。

当$\frac{\partial U_t}{\partial t}>0$时，说明煤岩体内所聚集的能量大于耗散的能量，能量不断增加。但只要$U_t<U_{kmin}$，就不会出现冲击危险。U_t-U_{kmin}越小，冲击的危险性越大。当$U_t=U_{kmin}$时，再有小的能量增加，就会发生冲击矿压。在这种情况下，就可以采用卸压爆破等手段来释放弹性能，减小U_t，使得$U_t<U_{kmin}$。如果$U_t\geqslant U_{kmin}$，而且不及时采取卸压爆破等方法来释放弹性能，则在工作面回采或掘进过程中其能量进一步增加，就会发生冲击矿压。

当$\frac{\partial U_t}{\partial t}<0$时，说明煤岩体内耗散的弹性能大于聚集的弹性能，弹性能逐渐释放，能量不断减少，U_t与U_{kmin}之差越来越大，冲击的危险性则越来越小。这种情况下，不采用任何卸压释放能量的措施也不会出现冲击危险。

因此，随着采掘工作面的推进，在采掘工作面周围煤岩体中存在着能量的积聚、转移、释放过程。而冲击矿压的防治可以采用边采掘作业、边监测、边治理的强度弱化减冲技术，即工作面采掘→冲击危险监测→能量聚积→卸压爆破→能量释放→生产→再监测。这就是冲击矿压的强度弱化减冲理论实现的过程。

5.1.2 冲击矿压的防治原则

冲击矿压的防治原则是"区域先行、局部跟进、分区管理、分类防治"。

"区域先行"是指从矿井整体开拓布局入手，基于防冲提出分区开采，优化大巷布置、采区布置、煤柱留设方式等区域卸压降载减冲技术。

"局部跟进"是指在区域防冲措施基础上，针对性设计局部卸压措施，主要包括煤层注水、大直径钻孔卸压、钻孔爆破卸压、断顶断底卸压降载减冲等。

"分区管理"是指针对不同冲击矿压危险区域，采取不同的管理措施，包括措施管理、人员管理、产量管理、设备管理等。

"分类防治"是指针对不同区域不同冲击类型、冲击动静载力源、能量释放主体等方面的差异，采取不同的针对性卸压降载减冲措施。

在冲击矿压防治过程中，通常遵从以下基本原则。

(1) 避免高应力的形成：调整开采顺序，调整采区和工作面布置，实现无煤柱开采，避免应力高度集中。

(2) 优先开采无冲击倾向性和无冲击危险性煤层：在煤层群开采条件下使用，先开采无冲击倾向性或冲击倾向性相对较弱的煤层，可使具有冲击危险性煤层的应力条件得到改善，从而使具有冲击危险性煤层在回采过程中的冲击危险性下降。

(3) 扩大应力释放范围以降低应力集中程度与应力释放速度：改进开采方法，使开采过程中的应力释放区域增大，从而避免局部应力的高度集中与冲击危险区域的形成。煤矿开采必然导致煤岩层应力的重新分布与释放，当应力重分布过程与释放过程导致煤岩层的失稳破坏或非稳定破坏时，发生冲击矿压的可能性将大大提高。例如，在厚煤层开采条件下，如果采用分层开采方式回采煤层，则当采用沿顶回采和沿底回采等不同方案时，采场应力分布规律和应力释放范围明显不同，特别是沿顶分层回采时，发生冲击的危险性最大；如果采用一次采全高开采方法回采，在煤层顶底板比较稳定、整体性相对较好时，则煤层将具有一定的发生冲击的可能性；如果采用放顶煤开采方法回采，则支架上方顶煤的变形与破坏能使煤层中的能量及时地释放出来，降低煤层中存储的能量，从而可降低采煤工作面发生冲击的危险性。

(4) 与地应力方向平行回采与掘进：调整开采方向，降低冲击危险性和冲击危害程度。实践表明，地应力的方向与大小与冲击矿压的发生具有密切的关系，当采煤工作面或掘进工作面的回采或掘进方向与地应力方向呈垂直或较大角度时，工作面发生冲击的危险性和危害程度将增加。

(5) 控制煤层存储能量的条件：对煤层实施卸压钻孔、切槽、卸载爆破等，以改变煤体承载能力，使应力集中程度下降，并使应力峰值向煤岩体深部转移，从而增加阻力、降低冲击危险性或人为诱发冲击。

(6) 控制顶板能量的突然释放与加载：顶板的可控垮落实质上就是改善煤岩层结构系

统的能量存储条件，因为顶板特别是坚硬难冒顶板中存储着大量的能量。对顶板实施定向断裂(定向水压致裂或深孔断顶爆破技术)，可改变工作面周围煤岩层的应力分布状态，使煤岩体中存储的能量能够及时、有效地以稳定破坏的形式释放出来。

(7) 改善底板应力条件与支承能力：对底板进行切槽卸压，使煤层底板及时破坏，可促使煤层和顶板岩层的变形量加大，其弹性变形能的消耗量也将增加，从而避免煤岩层中能量的高度集聚与突然释放。

(8) 最大限度地降低构造对冲击矿压的影响：采取高压预注水、深孔爆破等方法，使地质构造体稳定、缓慢地释放大量的弹性能，从而起到防止冲击矿压发生的作用。

5.1.3　冲击矿压的防治流程

(1) 冲击矿压的危险性评价：主要采用综合指数法、多因素耦合分析法、模拟分析法、应力分析法等。

(2) 开采设计方案优化：主要包括开采保护层，合理留设煤柱宽度，优化工作面长度、开采顺序、开切眼位置、推进速度等。

(3) 冲击危险的监测与预警：主要采用微震监测方法、地音法、电磁辐射法、钻屑法。

(4) 冲击危险区域的解危与处理：主要采用煤体、顶底板的钻孔卸压、爆破卸压、注水、水力压裂方法等。

(5) 解危效果检验：采用与监测预警相同的技术。

5.2　冲击矿压区域防范

5.2.1　区域防范的原则

实践表明，合理的开拓布置和开采方式对于避免应力集中和叠加，防止冲击矿压发生的作用极大。大量实例证明，多数冲击矿压是开采技术不合理造成的。不正确的开拓开采方式一经形成就难以改变，临到煤层开采时，只能采取局部措施，而且耗费很大，效果有限。故合理的开拓布置和开采方式是防治冲击矿压的根本性措施。其主要内容包括优先合理开采保护层、煤层群由上往下顺序开采、工作面顺序开采、不留孤岛煤柱、优选工作面长度、避免工作面开切眼位置外错、避免工作面停采线位置外错、选择区段煤柱宽度、控制工作面推进速度等。

5.2.1.1　冲击矿压煤层合理开拓布置的主要原则

(1) 首先开采无冲击危险性或冲击危险性小的煤层作为保护层。且优先开采上保护层。例如，抚顺、辽源等矿区，采用厚煤层上行水砂充填开采法，作为保护层的第一分层都尽量布置在冲击危险性小的煤层中。

(2) 划分采区时，应保证合理的开采顺序，最大限度地避免形成煤柱等应力集中区。煤柱承受的压力很高，特别是孤岛形煤柱，要承受几个方面的叠加应力，最易发生冲击矿压。上部煤层遗留的煤柱还会向下传递集中应力，集中应力的作用可达相当大的深度，从而导致下部煤层开采时也易发生冲击矿压。

(3) 采区或盘区的工作面应朝一个方向推进，避免相向开采，以免应力叠加。

(4) 在地质构造等特殊部位，应采取能避免或减缓应力集中和叠加的开采程序。在向斜和背斜构造区应从轴部开始回采，在构造盆地应从盆底开始回采；在有断层和采空区的条件下，应采用从断层或采空区开始回采的开采程序。

(5) 有冲击危险性的煤层的开拓或准备巷道、永久硐室、主要上(下)山、主要溜煤巷和回风巷应布置在底板岩层或无冲击危险性的煤层中，以利于维护和减小冲击危险。回采巷道应尽可能避开支承压力峰值范围，采用宽巷掘进方法，少用或不用双巷或多巷同时平行掘进方法。

(6) 开采有冲击危险性的煤层，应采用不留煤柱的机械化长壁垮落法。不同的采煤方法，矿山压力的大小及分布不同。房柱式等柱式采煤法由于掘进的巷道多和在采空区遗留的煤柱多、顶板不能及时充分垮落，支承压力较高。在工作面前方掘进巷道势必受到叠加压力的影响，会增加危险性。

统计表明，采用非正规采煤法的采区冲击矿压次数多、强度大，水力充填法次之，全部垮落法次数少且强度弱。我国发生冲击矿压的煤层，其顶板大多又厚又硬，不易垮落。采用注水、爆破等方法，使顶板弱化或垮落，能减缓冲击矿压。

5.2.1.2 冲击矿压煤层采掘过程遵守的主要原则

(1) 在冲击危险区的煤层中掘进和回采时，必须始终在煤层的保护带范围内进行，确保保护带的宽度不小于 3.5 倍采高。

(2) 煤层应力高度集中时，必须进行解危处理，否则不得进行回采和掘进工作。

(3) 应避免在支承压力峰值区掘进巷道。

(4) 煤层巷道应采用宽巷掘进方法。巷道支护应采用可缩性拱形或环形金属支架，严禁采用混凝土支架和刚性金属支架。在破碎顶板条件下，支架间顶帮必须插严背实。

(5) 严重冲击矿压厚煤层中的巷道应布置在应力集中区外。冲击矿压煤层双巷掘进时，两条平行巷道在时间、空间上应当避免相互影响。

(6) 冲击矿压煤层内掘进巷道贯通或错层交叉时，应当在距离贯通或交叉点 50 m 之前开始采取防冲专项措施。

(7) 选择合适的采煤方法。各种采煤方法的巷道布置和顶板管理方法不同，所产生的矿山压力及其分布规律也不同。短壁体系(房柱式、刀柱式、短壁水采等)采煤方法由于采掘巷道多，巷道交叉多，遗留煤柱也多，形成多处支承压力叠加，易发生冲击矿压。采用长壁式开采方法，则有利于减缓冲击矿压的危害。因此，长壁工作面开采法是冲击矿压煤层最有利的开采方法。

(8) 新采区投产要保持合理的开采顺序，避免形成“孤岛区”或“孤岛工作面”。

(9) 开采冲击矿压煤层时，在应力集中区内不得布置 2 个工作面同时进行采掘作业。2 个掘进工作面之间的距离小于 150 m 时，采煤工作面与掘进工作面之间的距离小于 350 m 时，2 个采煤工作面之间的距离小于 500 m 时，必须停止其中一个工作面，确保两个采煤工作面之间、采煤工作面与掘进工作面之间、两个掘进工作面之间留有足够的间距，以避免应力叠加导致冲击矿压的发生。相邻矿井、相邻采区之间应当避免开采相互影响。

(10) 在采空区内不得留有煤柱，如果必须在采空区内留煤柱，则应进行论证，报企业技术负责人审批，并将煤柱的位置、尺寸以及影响范围标在采掘工程平面图上。开采孤岛煤柱的，应进行防冲安全开采论证；严重冲击矿压矿井不得开采孤岛煤柱。

(11) 采煤工作面一般应保持直线式。台阶式工作面的台阶错距不应大于3 m。

(12) 分层开采厚煤层时，分层顺槽应内错布置，上、下分层顺槽轴线距离至少不小于3倍巷道宽度。上、下分层开切眼位置至少应内错5 m。每个分层工作面应先于上分层工作面停采线至少5 m停采。

(13) 厚煤层采用一次采全高大采高开采和综放开采时，尽可能将巷道沿底布置；冲击危险区域因支承压力影响范围的扩大而应扩大到工作面前方150 m。

(14) 厚煤层采用分层综放开采时，第一分层巷道应注意加强支护，尤其底板煤层较软时，应对底板适当加固。

(15) 冲击矿压煤层巷道与硐室布置不应留底煤，如果留有底煤，则当其厚度大于1.0 m时，必须采取底板预卸压等专项治理措施。

(16) 采用垮落法管理顶板时，应提高切顶支架的工作阻力，选用强力液压支架。采用单体支柱支护时，必须加大切顶线支护强度，并回净采空区所有支柱。

(17) 在一般情况下，掘进与采煤工作面的躲炮直线距离不小于300 m，躲炮时间大于30 min；在作业规程中应明确规定躲炮地点。

(18) 掘进与回采作业规程应包括工作地区的冲击危险级别、地质构造说明与简明图表、上层采动边界位置图、掘进与回采方式、循环进度、支护形式、加强支护的措施与要求、防治冲击矿压措施以及发生冲击矿压时的应急措施(包括撤人路线)。

(19) 根据监测结果，在冲击矿压危险煤层内划定严重危险区，标在采掘工程平面图上，并在严重危险区周围建立警告牌，限制无关人员停留。

(20) 如果采取的措施不能阻止冲击矿压危险的发生、或出现中等以上的危险时，则必须停止作业，直到采取有效措施使之卸压为止。

5.2.2　开采保护层

开采保护层是防治冲击矿压的有效和带有根本性的区域防范措施。

(1) 保护范围和保护程度：决定保护范围和保护程度的基本因素是采空区宽度、岩体的结构和强度、开采深度、开采层的倾角和厚度、开采方法和时间等。

(2) 开采保护层的原则：合理地安排开采顺序，充分利用保护效果，避免形成应力集中；在保护层内保证整个块段采净，避免留设煤柱。

(3) 合理安排煤层群的开采顺序和单一煤层的分层开采顺序。

开采煤层群时，应首先选择无冲击危险煤层作为保护层开采。

当冲击矿压危险煤层的顶底板方向都有保护层时，应首先开采上保护层。这样既有利于维护巷道，又有利于安全开采，上保护层能使全阶段的煤层都得到保护。也可选用上下保护层结合方案，此时，需注意上下保护层的保护范围必须相互交叉。如无上保护层，则可将下保护层超前一区段，使本区段的危险煤层全部得到保护。

当全部煤层都有冲击危险时，应先采危险性或厚度最小的煤层。

(4) 合理安排采区开采顺序，以及区段回采方向、速度和距离，使保护层在走向方向保持足够的超前距离。开采保护层时，采空区内不得留煤柱。特殊情况非留煤柱不可时，应经总工程师批准，并将煤柱的位置和尺寸准确地标在采掘工程平面图上。在每个被保护层采掘工程平面图上，应相应地标出煤柱的影响范围。在此范围内进行采掘工作时，必须采取防治措施。

5.2.3 开采顺序及开采方向优选

对于煤层群开采，其正确的开采顺序与煤层冲击倾向性、煤层群的保护层开采等紧密相关。第一个开采的煤层应该是能够卸压的煤层，而且是没有冲击倾向性或为弱冲击倾向性的。另外，在开采保护层时，应考虑煤层之间的间距、顶底板岩性、采空区处理方式等。因为这些因素决定着保护层的卸压方式和卸压程度。图 5-2 为残采区影响范围内最大垂直应力分布状况。

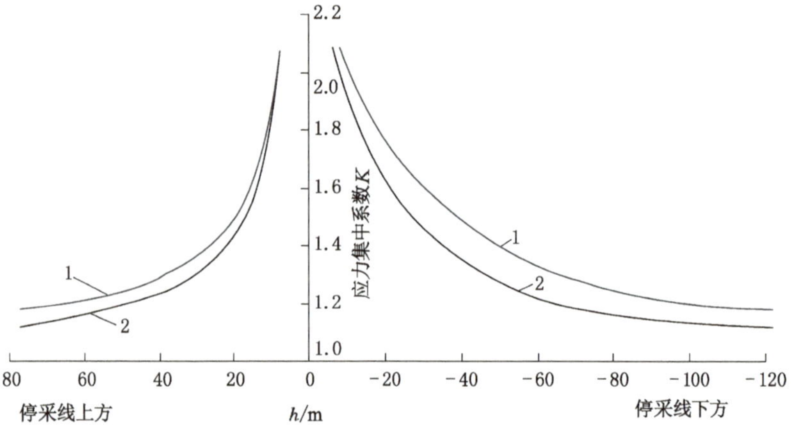

1—全部垮落法处理采空区时的应力集中系数；2—充填开采时的应力集中系数。

图 5-2　残采区影响范围内最大垂直应力分布

在开采具有冲击倾向性的厚煤层时，最好沿顶板采用垮落法先采第一分层，该分层对于其他分层来说可起到保护层的作用。

煤层的开采方向应根据具体的开采布置及设计来确定。但在同一开采区域，工作面应向同一方向推进。同样，两个矿井相邻的两个采区，其推进方向应一致。

煤层开采时，禁止留下残采区和孤岛煤柱，应统一规划采区。区段工作面的开采按照或从上到下，或者从下到上的一个方向进行。对于向斜轴部，区段的开采应从轴部最低的部分向上推进。

5.2.4 区段防冲煤柱设计

5.2.4.1 区段煤柱的承载类型

煤柱是应力集中部位，承受的集中应力较高，易引起冲击矿压。煤柱合理宽度的确定对冲击矿压防治起着至关重要的作用，同时合理的煤柱宽度对回采巷道稳定性及维护有着积极作用。

一般来说，煤柱尺寸的宽高比（W/H）在 5～10 之间时，对预防煤柱型冲击矿压是不利的，易形成危险程度较大的临界煤柱，如图 5-3 所示。临界煤柱尺寸太大，则存在不稳定的弹性核，会导致煤柱不能平稳地进入屈服状态；尺寸太小，则不能完全承受其上的载荷。因此，好的煤柱设计不仅要能保证巷道内支护质量和人员设备安全，在具有冲击危险性的矿井，还要能够降低冲击危险性。

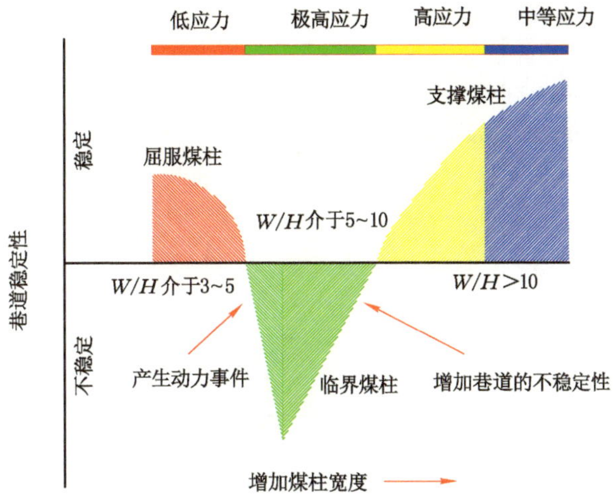

图 5-3 煤柱宽高比 W/H 与承载特性关系

从图 5-3 可以看出，屈服煤柱和支撑煤柱都能够有效地保证巷道的稳定性，支撑煤柱的弹性核区较宽，能够支撑住上覆岩层所施加的载荷，煤柱不易发生突然失稳破坏；同样，留设屈服煤柱在现场的应用表明，该技术能够有效减少冲击矿压次数，降低巷道内的底鼓严重程度，相比支撑煤柱可节省大量的煤炭。留设屈服煤柱方法容许巷道和煤柱在侧向支承压力作用下产生一定的变形，从而把大量的载荷转移到周围的实体煤中，降低自身的应力集中程度，防止大量弹性能积聚后的突然释放造成煤柱型冲击矿压的发生。

5.2.4.2 承载煤柱设计

根据 Wilson 理论，当煤柱从其周围煤岩体中分离出来后，将经历初始承载、巷道有限稳定和极限抵抗三个阶段。在初始承载阶段，煤柱两侧失去约束，并开始屈服，屈服区域不具有较高的承载能力，但由于摩擦阻力的存在，会在煤柱屈服区域和开挖的自由面之间对煤柱的弹性核起到限制作用。随着工作面开采所造成的应力的增加，在巷道有限稳定阶段，煤柱弹性核所受的平均应力也在增加，直到与屈服区域边界上的峰值应力相等。煤柱应力的持续增加将导致塑性区域的进一步扩展，最终，当达到煤柱的最大承载能力时，整个煤柱连同核心都进入屈服阶段。

图 5-4 为巷道有限稳定阶段煤柱受力的力学模型，考虑宽度为 W 的煤柱，其中既包括弹性区域，也包括塑性区域。

由此可得出巷道有限稳定阶段煤柱塑性区的宽度：

$$x_{\mathrm{b}} = \frac{H}{2}\left[\left(\frac{\gamma Z}{C}\right)^{\frac{1}{K-1}} - 1\right] \tag{5-3}$$

式中，H 为煤柱的高度；γ 为岩层重度；Z 为开采深度；K 为围压系数；C 为煤柱侧已破坏部分的黏结力。当 $x=0$ 时，$\sigma_x=C=0.1$ MPa。

在选择设计承载煤柱时，为保证巷道稳定性，就要保证煤柱不能从有限稳定阶段向极限抵抗阶段转化，煤柱在有限稳定阶段的承载力必须大于上覆岩层施加在煤层上的载荷。将煤柱及其顶板视为一个力学系统，设煤柱侧巷道的宽度为 b，则煤柱中弹性核的宽度为

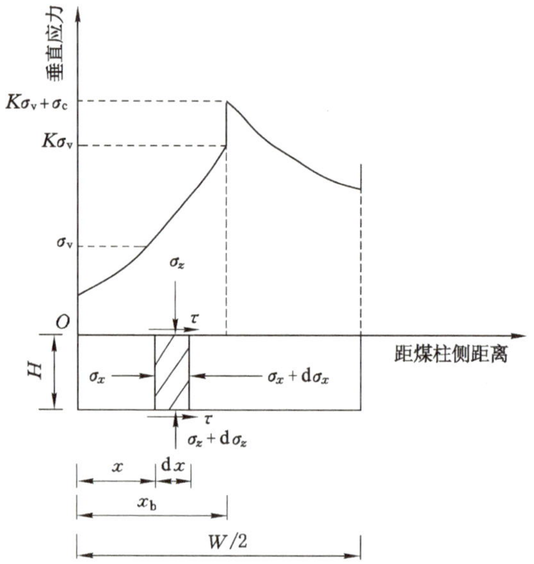

图 5-4　巷道有限稳定阶段煤柱受力力学模型

$T=W-2x_b$,煤柱弹性区受到两侧塑性区的约束,处于三向应力状态。采用突变理论,得出煤柱失稳的判别方程。

$$W \leqslant H\left[\left(\frac{\gamma Z}{C}\right)^{\frac{1}{K-1}}-1\right]\left[\frac{(1-\nu)e^2+1-\nu-\nu/K}{(1-\nu)e^2}\right] \tag{5-4}$$

式中,ν 为泊松比。

当煤柱宽度满足式(5-4)时,煤柱容易发生突然的失稳,故承载煤柱的宽度必须大于式(5-4)右面的值才能保证巷道的稳定性。

5.2.4.3　屈服煤柱设计

理论上,有限稳定阶段的煤柱承载力应小于施加在煤柱上的载荷才能保证煤柱进入极限抵抗阶段,即进入完全塑性区,但是如何避免形成临界煤柱,则牵涉煤柱破坏的峰后承载特性。由于无法从理论上描述弹性核向屈服阶段转化的过程是否会出现突然的失稳,故采用数值模拟方法来解决这些问题。

图 5-5 为甘肃某矿不同宽度煤柱的垂直应力分布的模拟结果。

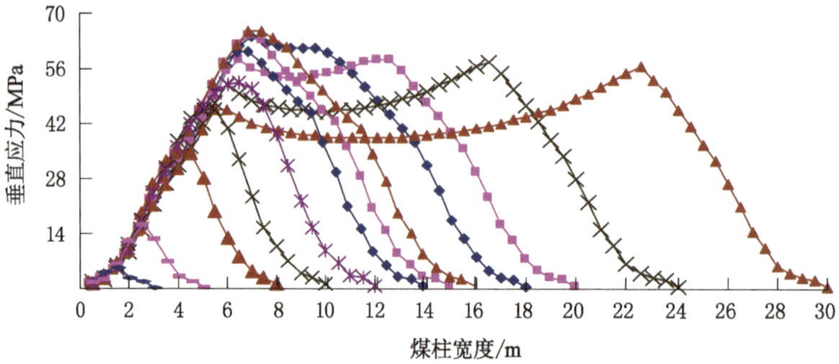

图 5-5　不同宽度煤柱的垂直应力分布

由此可见，数值模拟得到的煤柱应力分布特征与 Wilson 理论相符，当煤柱宽度小于或等于 5 m 时，煤柱中的垂直应力小于 15 MPa，应力水平很低，煤柱已完全进入屈服状态，而此时巷道右侧实体煤中的最大应力在 50 MPa 以上，说明在屈服煤柱失去承载能力后，多余的载荷转移到了实体煤侧，冲击危险性较低；当煤柱宽度在 14～18 m 之间时，煤柱中的最大垂直应力达到 60 MPa 以上，并随着煤柱宽度的增加，应力高于 60 MPa 的范围逐渐扩大，随着应力集中程度的增加，煤柱以及顶底板"弹性压缩核"内积聚的弹性变形能也将相应增多，并向煤柱顶底板中延伸，由于煤柱没有足够的承载能力，煤柱将从有限稳定阶段向极限抵抗状态转变，煤柱塑性区域开始增大，直至完全进入屈服阶段。

5.2.4.4 条带防冲煤柱设计

条带开采时将留下孤岛煤柱，孤岛煤柱上的载荷，是由煤柱上覆岩层重力及煤柱一侧或两侧采空区悬露岩层转移到煤柱上的部分重力引起的。

单位长度煤柱上的总载荷 P（图 5-6）为：

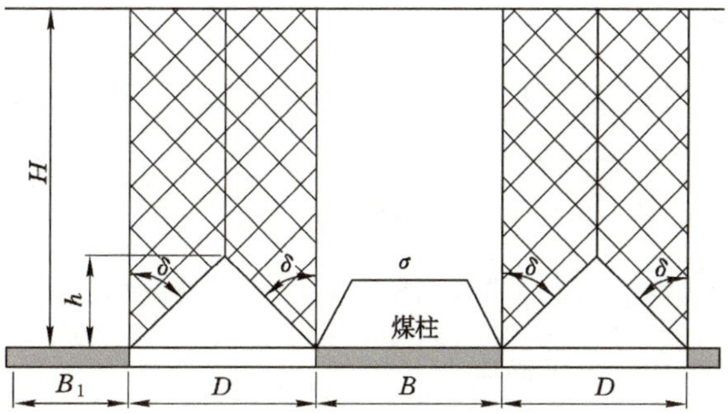

图 5-6 煤柱载荷估算模型

$$P = \left[(B+D)H - \frac{D^2\cot\delta}{4}\right]\gamma \tag{5-5}$$

式中，B 为煤柱宽度，m；D 为采空区宽度，m；H 为巷道埋深，m；δ 为采空区上覆岩层垮落角；γ 为上覆岩层平均重度，一般取 25 kN/m^3。

煤柱保持稳定的基本条件是：煤柱两侧产生塑性变形后，在煤柱中央存在一定宽度的弹性核，该弹性核宽度应不小于煤柱高度的 2 倍。

煤柱宽度留设还应考虑避免煤柱的动力失稳，即冲击破坏。为估算方便，不妨取工作面宽度相等，为 D，孤岛煤柱宽度相等，为 B，则采留比为 $\mu=D/B$，孤岛煤柱内应力服从对称的梯形分布，则有：

$$\sigma(B-x_0) = P = \left[(B+D)H - \frac{D^2\cot\delta}{4}\right]\gamma \tag{5-6}$$

将采留比代入得煤柱内应力为：

$$\sigma = \left(DH\frac{1+\mu}{\mu} - \frac{D^2\cot\delta}{4}\right)\gamma/\left(\frac{D}{\mu} - x_0\right) \tag{5-7}$$

对某煤层，取 $H=1\ 000$ m，$\delta=15°$，$\gamma=25$ kN/m^3，$x_0=20$ m，可求得保持煤柱长期稳定前提下不同采留比对应的煤柱冲击危险程度（图 5-7）。可以看出，孤岛煤柱的冲击危险性随着煤柱宽度的增大和采留比的减小而降低；同等冲击危险状态下，采留比随煤柱宽度增大而增大。如在弱冲击危险状态，煤柱宽度留设 80 m、100 m、120 m 时允许的最大工作面宽度分别为 48 m、73 m、100 m，对应的采留比分别为 0.6、0.73、0.83；在中等冲击危险状态，煤柱宽度留设 80 m、100 m、120 m 时允许的最大工作面宽度分别为 67 m、100 m、135 m，对应的采留比分别为 0.84、1、1.125。因此，为保证煤柱不失稳，且尽可能提高煤炭采出率，煤柱留设宽度应取较大值，这样工作面宽度也可相应取大，并增大了采留比。对于煤柱宽度为 80 m、100 m、120 m 三种情况，首先应选 120 m，对应工作面宽度可选取 135 m 以下。

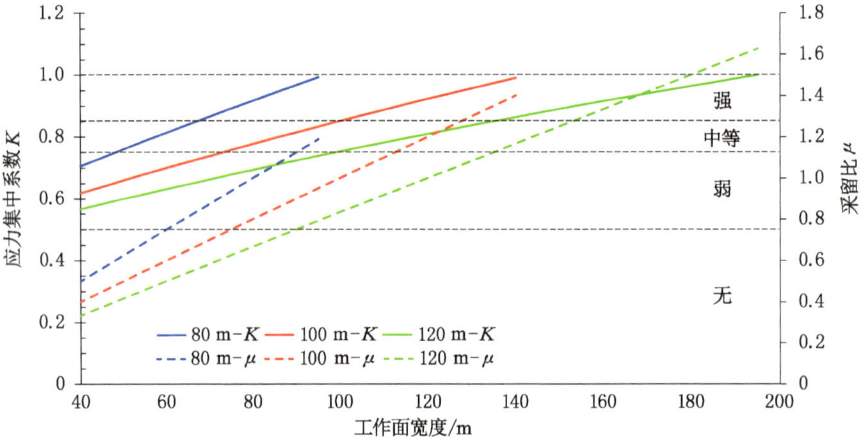

图 5-7　不同工作面及煤柱宽度下煤柱冲击危险程度

需要指出的是，开采深度显著影响计算结果，对千米深井开采而言，工作面及煤柱宽度设计需要根据开采区域具体地质条件和开采条件仔细核定。

5.2.5　临空侧巷道错层布置

5.2.5.1　临空侧巷道错层布置方法

采煤工作面临空侧回采巷道受上区段采动影响，其上覆岩层产生不同程度的弯曲、破坏，从而导致承载位置向临空侧移动，使接替区段临空侧回采巷道承受的静载增加；同时接替区段工作面回采时，高能量矿震动载主要由上区段未完全稳定的覆岩断裂诱发，对于临空侧回采巷道动载扰动最为强烈。因此，临空侧回采巷道动静载叠加后应力更容易超过其围岩支护体系的承载极限，从而增加其冲击破坏的可能性。

在上区段工作面回采顶煤时，采用全部垮落法形成上区段采空区，然后在邻近上区段采空区下方的底煤中布置接替区段回采巷道，接替区段回采巷道与上区段内侧回采巷道平行交错间隔一段距离，在接替区段工作面的另一侧布置与上区段内侧回采巷道平行的接替区段非临空侧回采巷道，使接替区段工作面呈倾斜布置，之后进行接替区段工作面的回采工作，布置示意如图 5-8 所示。

这种布置方式以降低临空侧巷道所承受的叠加动静载为主要原则，从回采巷道优化布置角度进行冲击矿压防治，从而避免临到煤层开采时只能采取局部解危措施。

5.2.5.2　临空侧错层巷道位置的选择

临空侧巷道错层布置，既可以降低静载的作用，也可以降低动载的作用。图 5-9 为临空

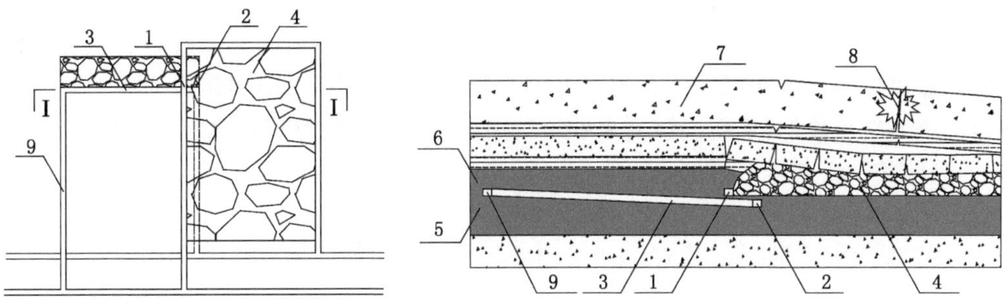

(a) 平面示意　　　　(b) I—I剖面示意

1—上区段内侧回采巷道；2—接替区段临空侧回采巷道；3—接替区段工作面；4—上区段采空区；
5—底煤；6—顶煤；7—覆岩亚关键层；8—矿震；9—接替区段非临空侧回采巷道。

图 5-8　临空侧巷道外错布置示意

侧采动支承压力分布规律。临空侧巷道应该布置在静载较小的不受采动支承压力影响的原岩应力区，适合的位置为 A、B、C 三个区域。其中，C 区域所受的压力最小。因此，接替区段工作面临空侧巷道最优布置位置在上区段采空区下方，该布置方式可避开采动支承压力影响区，提高回采率且围岩稳定性较好。

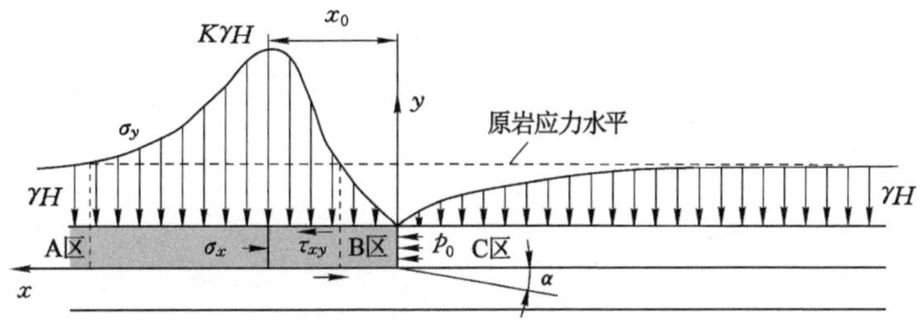

图 5-9　临空侧采动支承压力分布特征

同时，布置在上区段采空区下方的临空侧巷道应该避开底板岩层的剪切破坏区，如图 5-10 所示，即临空侧错层巷道应该布置在 F 点以外。

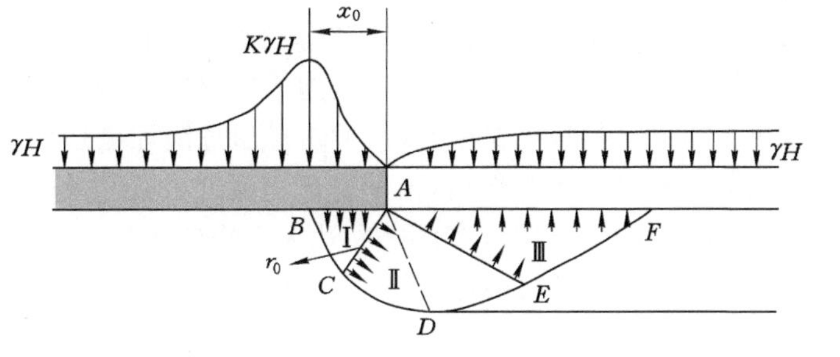

图 5-10　底板岩层剪切破坏特征

$$L_{AF}=x_0\tan\left(\frac{\pi}{4}+\frac{\varphi_1}{2}\right)\exp\left(\frac{\pi}{2}\tan\varphi_1\right)\tag{5-8}$$

式中，φ_1 为底板岩石的内摩擦角。

临空侧巷道错层布置后，降低动载的作用主要基于矿震传播的衰减规律。上区段采空区的松散破碎软弱围岩结构对外部矿震震动波的强衰减作用，可削弱矿震动载对临空侧外错巷道的应力扰动作用，从而使该回采巷道受动静载叠加影响最弱，有效保护该临空侧回采巷道，起到防治冲击矿压的目的。

$$\sigma_d = \sigma_0 e^{-\eta l/2} \tag{5-9}$$

式中，σ_0 为矿震震源处动载强度；l 为矿震震源与巷道之间的传播距离；η 为矿震动载的衰减指数。

5.2.6 采煤工作面长度优选

5.2.6.1 采空区大小的影响

采煤工作面和采空区面积对冲击矿压的影响是巨大的。图 5-11 为冲击危险性 W 与采空区宽度之和 S 的关系。当 $S<0.4H$ 时，冲击危险性随着采空区宽度之和的增大而增加；当 $S=0.4H$ 时，冲击危险性达到最大；当 $S>0.4H$ 时，冲击危险性随着采空区宽度之和的增加基本不变。

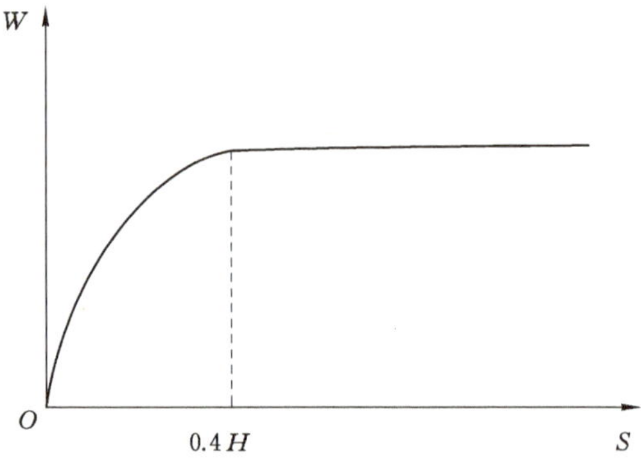

W—冲击危险性；H—开采深度；S—采空区宽度之和。

图 5-11　冲击危险性与采空区宽度之和的关系

对于一个新采区的第一个工作面来说，由于两边都是实体煤，工作面开始回采时，顶板处于四周固支状态；当工作面回采形成“见方效应”时，工作面所能影响到的岩层层位达到最高，危险性达到最大(首个工作面回采)；由于采空区短边的限制，随着工作面的回采，危险性基本不增加，这种状态下工作面的压力是最小的，冲击矿压危险性也是最小的。

对于同一采区的第二个、第三个工作面，当采空区宽度之和还没有完全影响到地表(根据岩层移动理论，当 $S=0.4H$ 时，采空区宽度之和达完全影响到地表的程度)时，由于 S 增加，其影响范围逐渐增大，影响的岩层层位逐渐升高，危险性逐渐增加，但是由于短边的限制，采空区并未影响到地表岩层，所以冲击危险性并未达到最大。

当采空区宽度之和达完全影响到地表的程度，即 $S=0.4H$ 时，由于影响到的上覆岩层层位达到最高，在煤系中，震动释放的能量是最大的，即冲击矿压的危险性是最大的。

当采煤工作面继续开采，采空区宽度之和继续增加时，即 $S>0.4H$，在这种情况下，由于上覆岩层的移动已处于所能达到的最高层位，煤层中释放的震动能量将处于某一水平，冲击危险性基本不变。

在孤岛煤柱情况下，由于三边均为采空区，因此开采时其释放的震动能量是很大的。

5.2.6.2　采煤工作面长度的确定

从上述分析可知，工作面长度对冲击矿压危险程度的影响主要发生在采空区宽度之和 $S>0.4H$ 的条件下。此时，采煤工作面的一边为采空区，另一边为实体煤。从工作面边缘到采空区形成一个直角，在这部分煤体上，因工作面前方超前支承压力和采空区边缘侧向支承压力相互叠加，形成很高的应力集中现象。而且在工作面推进过程中，这种现象一直存在。

对于中厚煤层工作面，应力峰值位置距采空区边缘 10～20 m。在本工作面与上个工作面采空区交接的地方，该直角区的应力集中影响范围为 40～50 m。当工作面长度大于 50 m 时，直角区对应力集中程度不会产生影响，而且对动力现象的发生也不会产生影响。而在综采放顶煤工作面，直角区的应力集中影响范围可达 80～100 m。在这种情况下，加大工作面长度对限制冲击矿压的发生是有利的。煤层中应力集中系数与工作面长度之间的关系如图 5-12 所示。

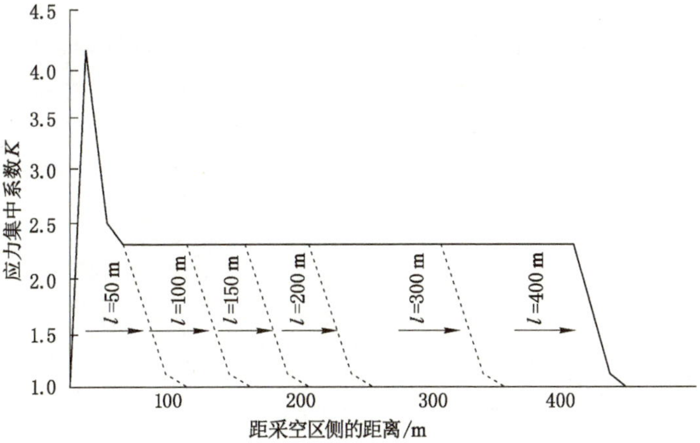

图 5-12　煤层中应力集中系数 K 与工作面长度 l 之间的关系

5.2.7　回采速度控制

5.2.7.1　回采速度对矿震的影响

当采煤工作面高强度开采时，回采速度对冲击矿压的影响机制至关重要。不同的回采速度，对工作面的巷道围岩应力特征、顶板运动剧烈程度、周期来压步距以及超前支承压力分布特征等均有不同程度的影响。

回采速度对围岩应力场的影响主要体现为：回采速度影响围岩应力调整的完整程度，伴随应力调整过程也会影响弹性能释放的剧烈程度。单位时间内开采进度增加必然导致周围煤岩体的加卸载速率更加剧烈，从而影响围岩的加卸载过程，以及弹性能集聚与释放的过程。

研究表明，采煤工作面的回采速度与矿震之间存在着明显的关系，即工作面的回采速度越快，产生的矿震越多，震动释放的能量就越高。图 5-13 为采煤工作面在不同回采速度下的矿震规律。

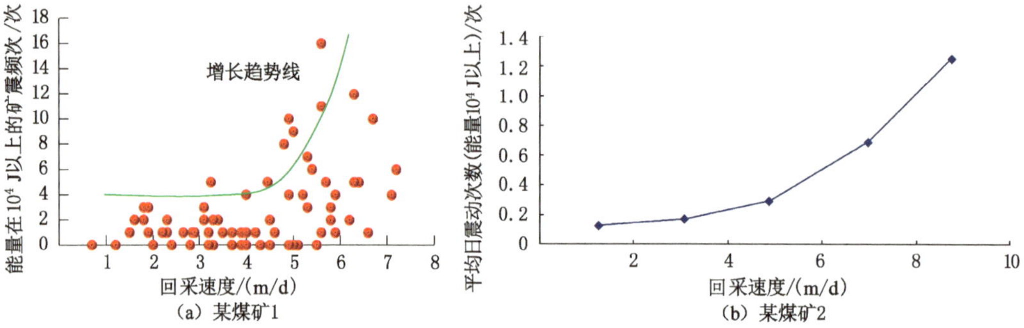

图 5-13　工作面回采速度与冲击矿压之间的关系

另外，构造应力对工作面回采速度的影响作用非常强烈。构造应力较大的区域，增加回采速度，释放的能量会大幅度上升，冲击矿压危险性也会大幅度上升。

5.2.7.2　回采速度对支承压力的影响

在实验室试验的条件下，煤样加载速度越快，煤样破裂就越剧烈、煤岩的冲击倾向性就越强、煤岩中聚集增加的能量也就越多越快。图 5-14 为煤岩单轴抗压强度和储能与加载速度(在图中由应变率表征)之间的关系。

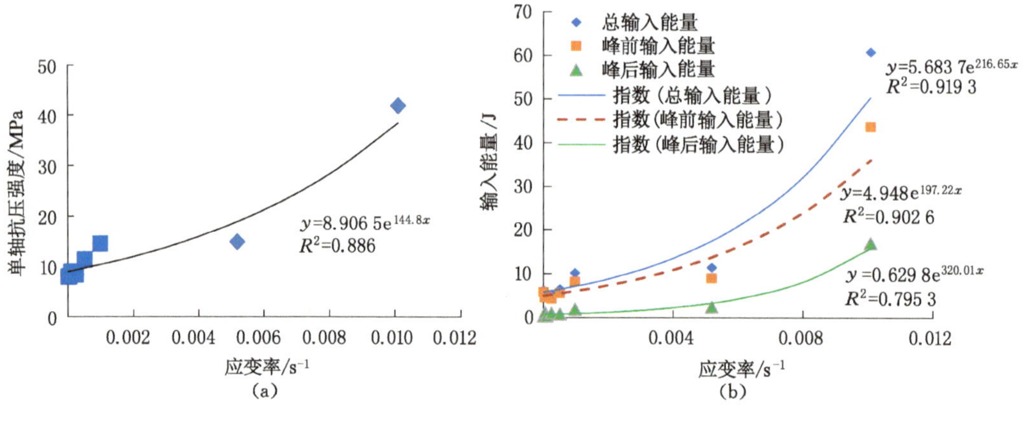

图 5-14　煤岩单轴抗压强度和储能与加载速度之间的关系

图 5-15 为现场观测和模拟得出的回采速度与支承压力/应力降之间的关系。由于煤岩体具有蠕变特性，强度具有时间依赖性，回采速度越快应力向前传递越不充分。工作面快速推进时，应力峰值位置距煤壁近，应力集中程度高，超前影响范围小。即回采速度越快，支承压力峰值越大、峰值位置距煤壁越近。工作面向前继续推进割煤过程中，应力峰值位置距煤壁越近，割煤产生的应力降越大，扰动越强，煤体越容易失稳释放能量。

5.2.7.3　回采速度对覆岩悬顶及破断的影响

回采速度越快，覆岩悬顶越长，来压步距加大。随回采速度的增加，顶板的弯曲弹性能随着悬臂段的悬露长度增加而增大；顶板超前载荷增量也会增加，顶板的弯曲弹性能随之近

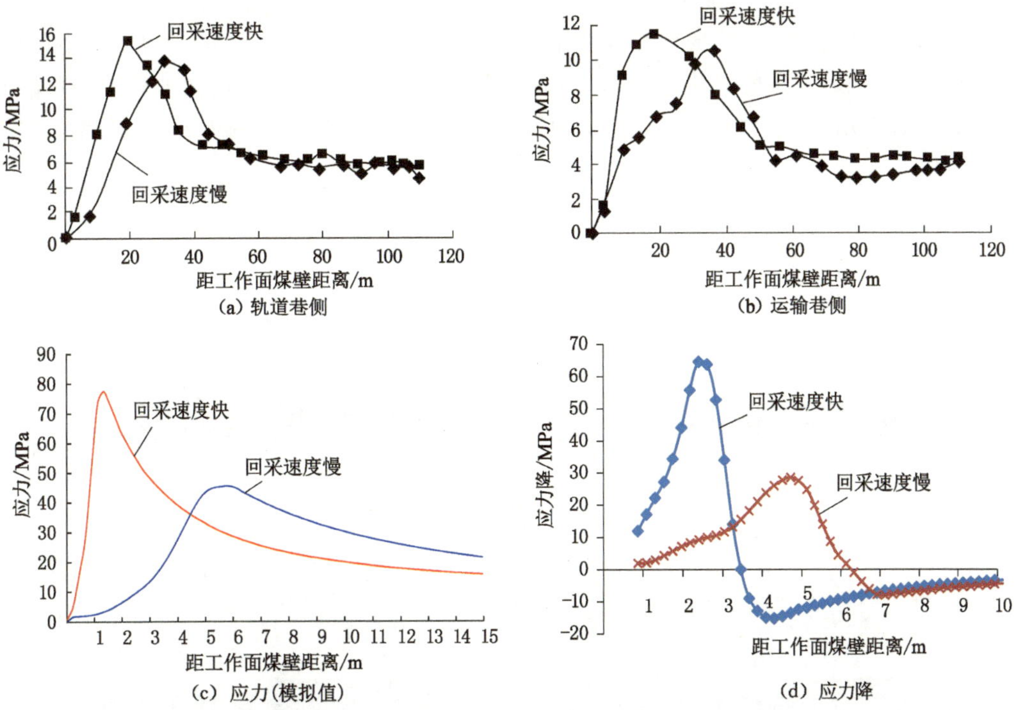

图 5-15 回采速度与支承压力/应力降之间的关系

似线性增加；载荷峰值位置距煤壁越近，顶板的弯曲弹性能也会增大；随着煤壁前方超前影响范围的增大，顶板的弯曲变形能呈现先增大后减小再增大的变化趋势，加快回采速度有利于减小煤壁前方的超前影响范围。载荷峰值与弯曲弹性能的关系如图 5-16 所示。

实测表明：回采速度加快，来压步距增加。统计表明，当回采速度由 1 m/d 加快到 1.8 m/d 时，来压步距由 11.3 m 增加到 18.9 m，如图 5-17 所示。来压步距增大后，单位时间覆岩释放的重力势能增加、超前支承压力应力集中系数增大。

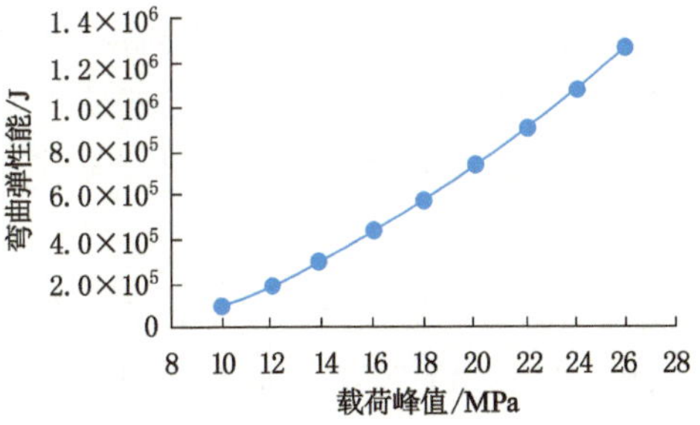

图 5-16 载荷峰值与弯曲弹性能的关系

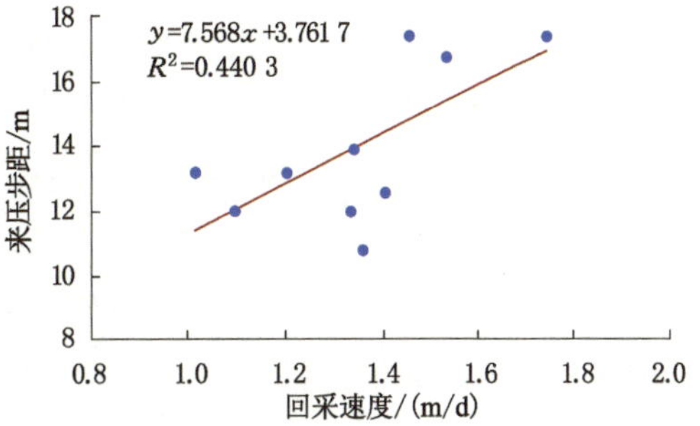

图 5-17 来压步距与回采速度的统计关系
（据周通，1999）

回采速度对砌体梁结构的破断影响表现在：高速推进使关键块 A 的断裂长度 L 增加，冲击致灾的可能性增大；高速推进造成岩块 A 距下方自由空间的距离 Δ 变大，不利于岩块

A 与岩块 B 铰接，可能促使原本为低位未触矸破断的砌体梁结构变为高位悬臂梁结构，也可促使高位触矸砌体梁式破断转变为非触矸式破断，而高位触矸砌体梁式破断产生的能量要远远小于非触矸式破断产生的能量。如图 5-18 所示，即随着回采速度加快，悬臂端载荷减小、悬臂长度增加、应力峰值增量增大、应力峰值位置距煤壁的距离减小、增压载荷影响范围减小。

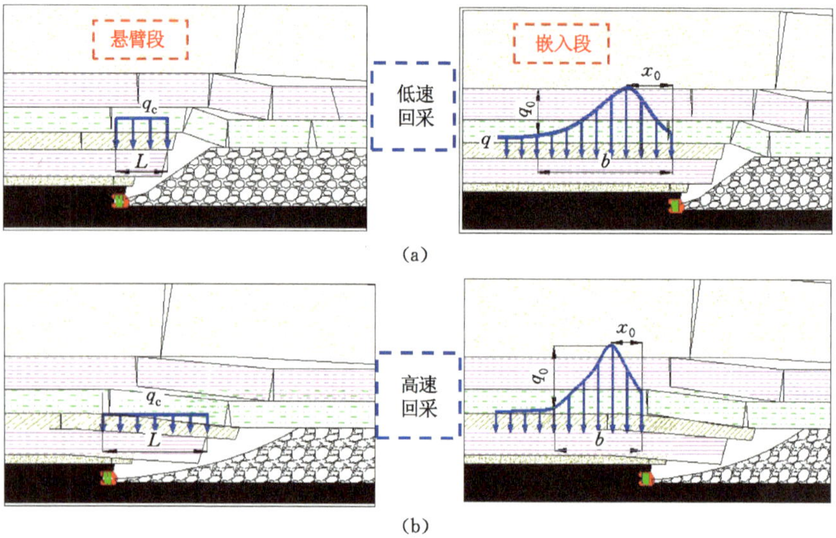

图 5-18　回采速度对砌体梁结构及支承压力的影响

5.2.7.4　回采速度对采煤能量释放的影响

三维采场不同回采速度条件下的能量及应力变化的数值模拟结果为：在进尺相同的条件下，回采速度越快，累计开挖次数越多，释放的总弹性能峰值越高；在开挖次数相同的情况下，单次开挖量越大，单位时间内释放的总能量越大，其中峰值尤其明显，单位时间内释放的最大弹性能也越大，单位时间内释放弹性能的范围亦越大。围岩的应力转移和调整过程具有累积效应；在连续回采过程中，回采速度越慢，产生的破裂事件越多，增多的大部分是小能量（$<1.0\times10^5$ J）事件，而且连续回采的速度越快，大能量事件所占的比例越高；在回采速度相同的条件下，开挖量越大，主应力差变化速率越大，应力状态的急剧变化会驱使煤岩体单元的应变发生突变，冲击的可能性增大。图 5-19 为回采速度与释放能量之间的关系。

5.2.7.5　工作面匀速推进的作用

采煤工作面匀速推进对防止冲击矿压的发生是有利的。工作面停采以后的恢复生产时期，回采速度突然加快等均有可能引发冲击矿压。图 5-20 为某矿在工作面推进过程中释放能量与工作面回采速度之间的关系，图中给出了该矿工作面在停采两周前（第一阶段）、停采两周期间（第二阶段）及停采两周后（第三阶段）释放的能量。由图 5-20 可见，停采两周后释放的能量比停采两周前的要大近 5 倍，而产量和震动次数基本相同。

5.2.8　上覆巨厚关键层控制

煤层上覆存在的巨厚关键层对冲击矿压的发生有巨大的影响，主要包括两个方面：

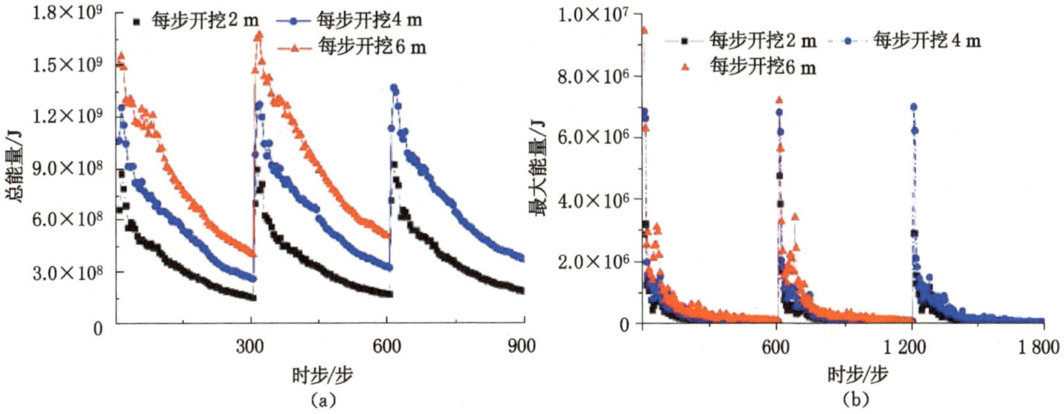

图 5-19　回采速度与释放能量之间的关系

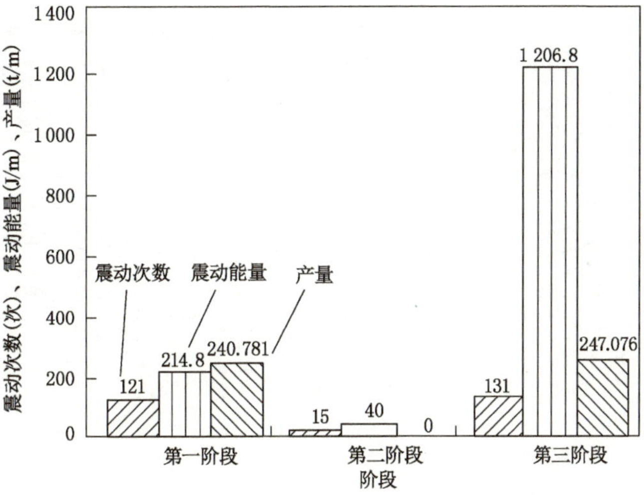

图 5-20　释放能量与工作面回采速度之间的关系

(1) 当煤层采空区较小时，覆岩关键层形成长臂“F”结构，在这种结构作用下，采空区周围煤岩体承担采空区上方关键层及其上覆岩层的全部重力，其应力集中程度大幅度增加，冲击危险性也大幅度增加。覆岩关键层在没有破断的情况下产生离层，甚至产生轻微运动就会对煤层施加巨大的动载，造成煤层巷道和工作面发生冲击矿压。

(2) 当采空区面积不断增加并达到一定程度后，上覆关键层会产生破断运动，释放大量的能量，包括破断滑移产生的矿震震动能量和覆岩运动产生的机械能，从而诱发冲击矿压。

因此，对于覆岩巨厚关键层，控制其诱发冲击矿压的对策主要有两条：一是控制覆岩巨厚关键层对采空区周围煤岩施加的载荷，以及控制其不产生破断和运动；二是破坏覆岩巨厚关键层的完整性，从而使得其在采空区较小的情况下就破断、下沉，减小其对周围煤岩体施加的应力，降低其破断运动释放的能量，即降低冲击矿压危险性。

5.2.8.1 留煤柱条带开采与离层注浆充填开采

对于像新汶华丰煤矿 4# 煤层上方存在的近 550 m 巨厚砾岩和淮北海孜煤矿煤层上方存在的近 120 m 巨厚火成岩，由于距煤层远、厚度大，其破断运动时产生强烈的震动、释放大量的能量，从而造成井下工作面的强烈冲击，因此无法采用常规措施防治冲击矿压危险。

主关键层破断将释放大量的弹性能，从而引发冲击矿压。因此，可采用防止上覆岩层中的主关键层破断并保持其长期稳定的覆岩离层注浆等技术手段。

覆岩离层注浆是控制主关键层破断和运动的新技术。其基本原理是利用岩层移动过程中上覆岩层内形成的离层空间，从地面布置钻孔向离层区注浆来支撑上覆岩层，从而控制覆岩主关键层的断裂和运动，达到消除主关键层破断引发冲击矿压危险和减缓地表下沉的目的，如图 5-21 所示。

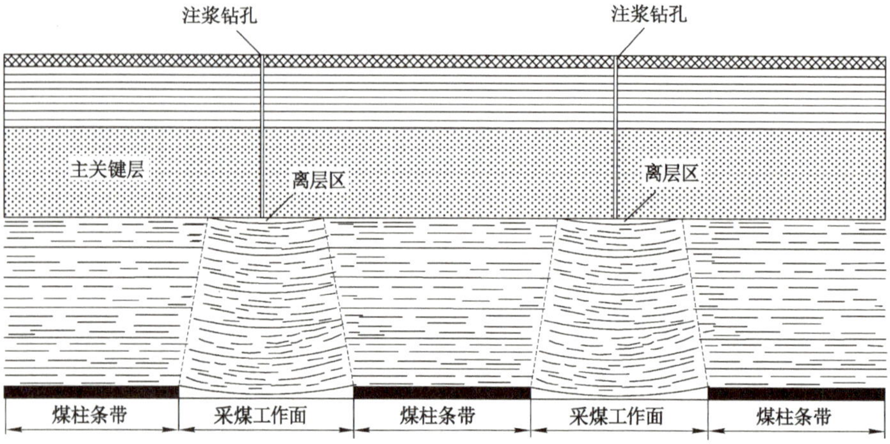

图 5-21 离层注浆控制主关键层示意

覆岩离层注浆的主要内容包括：

(1) 分析冲击矿压发生的原因，确定对冲击矿压的发生有巨大影响的覆岩关键层位置，研究进行离层注浆控制覆岩主关键层破断的可能性。

(2) 合理进行煤层的开采设计。采用跳采的方式，选择的工作面长度能够保证顶板主关键层不断裂。

(3) 合理布置注浆钻孔。这是离层注浆控制主关键层破断技术成功应用的关键之一。注浆钻孔的注浆层位应选择在关键层下方。主关键层下部是离层注浆的最佳层位。而亚关键层下部也能形成较为明显的离层区，在其下部注浆既能起到保护主关键层的作用，又能起到地表减沉的效果。沿走向的第 1 个注浆钻孔应布置在关键层初次破断前的离层区内，距开切眼距离为关键层初次破断距的一半。相邻注浆钻孔间距应小于关键层初次破断距。

(4) 优化离层注浆工艺。主要包括注浆材料的选择，合理注浆压力、注浆钻孔孔径与单孔最大注浆量的选择等。好的注浆材料，应既能保证流动性又有一定的支撑能力。目前的注浆材料中水的比例过大，随着煤层的不断开采和时间的推移，注浆材料中的水将流动和析出，从而不能对关键层进行有效的支撑。研制新的注浆材料将是离层注浆减沉技术进一步发展的重点。

5.2.8.2　高位覆岩的远近场预裂技术

特厚煤层开采后覆岩运移范围广，造成低、中、高位坚硬岩层发生破断，据此提出“大空间采场”的概念，即厚及特厚煤层开采条件下，受大范围开采扰动影响，覆岩形成多层位“低-中-高”关键层系统结构，并具有相互影响、相互作用特征，且均对采场矿压显现产生影响。

近场：基本顶岩层范围，该区域内坚硬岩层破断后呈“悬臂梁＋砌体梁”结构特征，该结构破断失稳主要作用于工作面支架，造成工作面复合周期来压显现。近场范围内岩层破断步距相对较小，岩层破断一般不会造成工作面的强矿压显现。

远场：基本顶范围以上，该区域内坚硬岩层破断后的形态明显区别于近场岩层，呈特殊“高位结构”。远场坚硬岩层破断步距大，影响范围广，其破断失稳是工作面强矿压显现的主控因素，该结构的破断失稳对工作面及巷道影响大；临空多工作面开采、上覆煤柱赋存使得远场结构破断更为复杂，从而增大采场矿压显现强度。大空间采场范围内远近场结构划分示意如图 5-22 所示。

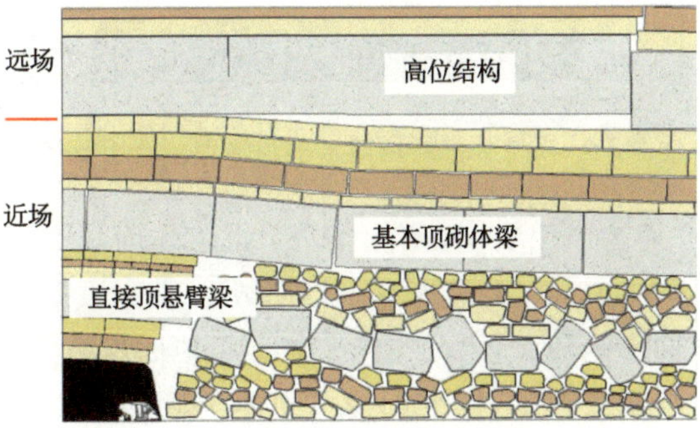

图 5-22　大空间采场范围内远近场结构

为减弱工作面生产期间基本顶的来压步距和垮断冲击强度，生产实践中，在初采期间利用工艺巷进行水压致裂或承压爆破，以增加顶板与顶煤的裂隙、减小顶板初次垮落步距和强度，如图 5-23 所示。塔山矿生产实践表明，基本顶平均初次垮落步距由 65.7 m 减小至 25 m。

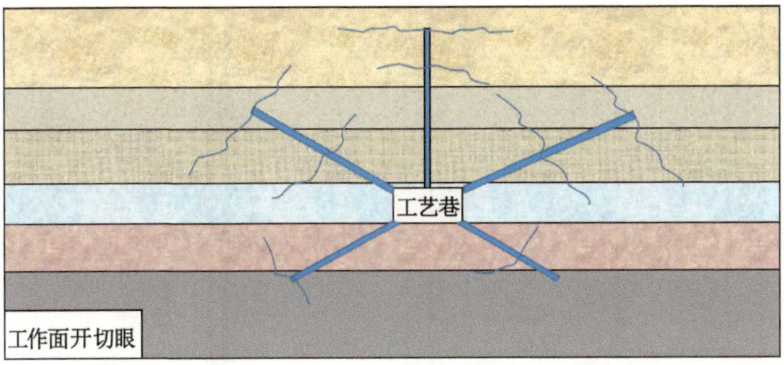

图 5-23　初采期间工艺巷压裂示意

为降低远场关键层破断时释放的能量和传递的压力，减小高位岩层破断的影响，采用远场关键层地面压裂技术，如图 5-24 所示。采用地面水平井分段压裂或垂直井分层压裂技术，实现对坚硬顶板物理力学性质的弱化，从而改变远场关键层的破断特性和强度。针对侏罗系采空区大煤柱失稳带来的强矿压问题，通过采用侏罗系煤柱上、下坚硬岩层协同压裂控制技术，减小侏罗系煤柱破坏、采空区结构失稳对工作面采场的矿压作用。该技术解决了井下施工难的问题，实现了远场坚硬顶板控制技术的突破，开辟了远场坚硬岩层压裂控制强矿压的新途径。

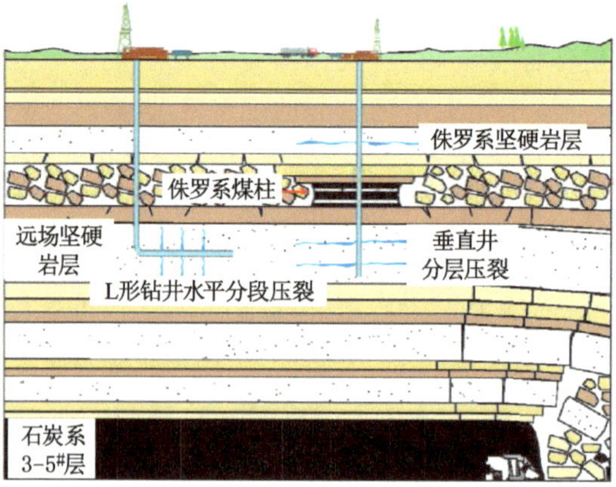

图 5-24　高位关键层地面水平和垂直协同压裂技术

以塔山矿 8101 工作面为应用实例。塔山矿 8101 工作面长 230 m，走向长 1 445 m，埋深 465.72 m，平均煤层厚度 20 m，上覆存在多层坚硬岩层。根据以往观测研究，远场高位关键层破断失稳对工作面影响较大，因此实施坚硬顶板地面压裂技术，以控制工作面的强矿压显现。采用垂直井分层压裂技术，在距 8101 工作面开切眼 431 m、距工作面运输巷 139 m 处布置压裂井。压裂井深度 460.7 m，分两次进行压裂，第一次压裂层埋深 345.2～355.85 m，第二次压裂层埋深 311.32～321.07 m，如图 5-25 所示。

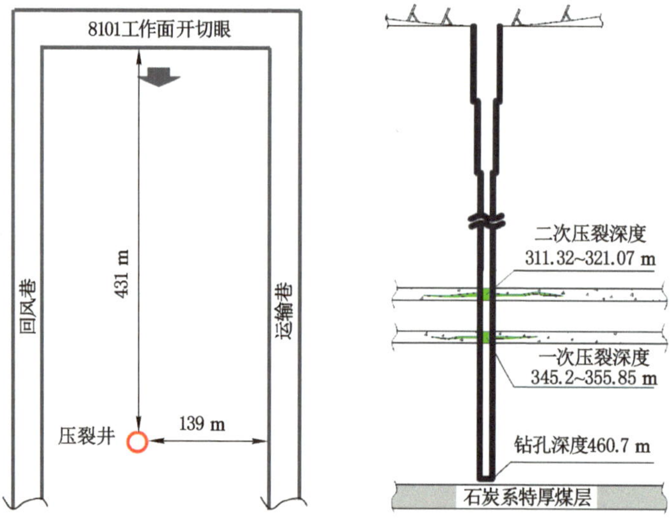

(a) 平面图　　(b) 剖面图

图 5-25　二次压裂裂缝扩展形态

微震监测表明，两次压裂后裂缝长度分别达 218 m、250 m，裂缝高度 11～12 m，覆盖了整个工作面长度，裂缝扩展效果良好。同时，统计得到工作面超前巷道高度变化与未实施地面压裂的 8109 工作面巷道高度变化对比曲线，如图 5-26 所示。由图 5-26 可知，地面压裂弱化后，8101 工作面巷道高度变化量平均为 0.54 m，远小于 8109 工作面的巷道高度变化量(1.36 m)，巷道变形得到明显改善。8101 工作面支架安全阀开启率下降 37%，有效解决了强矿压问题。地面压裂解决了传统井下无法压裂高位岩层的问题，对于解决类似由高位岩层、高位结构失稳引起的矿压灾害问题具有重大意义。

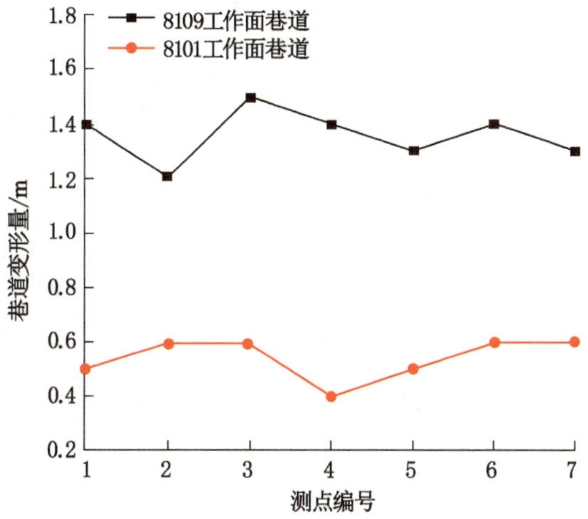

图 5-26　巷道高度变化对比

5.3　冲击矿压局部解危

5.3.1　煤层钻孔卸压

煤层钻孔卸压可以降低井巷周围煤体中的应力集中程度，将应力高峰区向煤体深部转移，释放煤体中聚集的弹性能，减小应力升高区范围，降低冲击矿压的危险性。如图 5-27 所示。

顶板岩层作用在工作面前方煤体上的压力可用 σ_z 表示；而 σ_k 表示发生冲击矿压的极限应力值，即煤层的应力达到该值时将会发生冲击矿压。从煤壁开始，煤层中的应力达最大值 σ_{zmax}，而该值接近极限应力值，说明冲击矿压危险性很大。在这种情况下，采用直径 $d=2r$，长 l 的钻孔，钻孔中部受挤压的长度为 a，可使钻孔周围煤体的应力降为 σ_{sc}。应力 σ_z 越高，钻孔受挤压移动的程度就越大。

在支承压力区域内，用大直径钻头钻孔，降低应力值，而钻孔局部范围出现小的集中应力 σ'_z，当该应力 σ'_z 超过钻孔壁的强度时，随着时间的推移，钻孔间煤体风化与压裂，结果在每个钻孔周围直径为 D 的范围内卸压。

因此，在布置钻孔时，其间距 S 至少等于 D。这样，在一定范围内，应力降低。应力峰值(σ''_{zmax})点距煤壁的距离变成 b''。应注意，钻孔形成的卸压带使煤体松动，煤体不再能聚

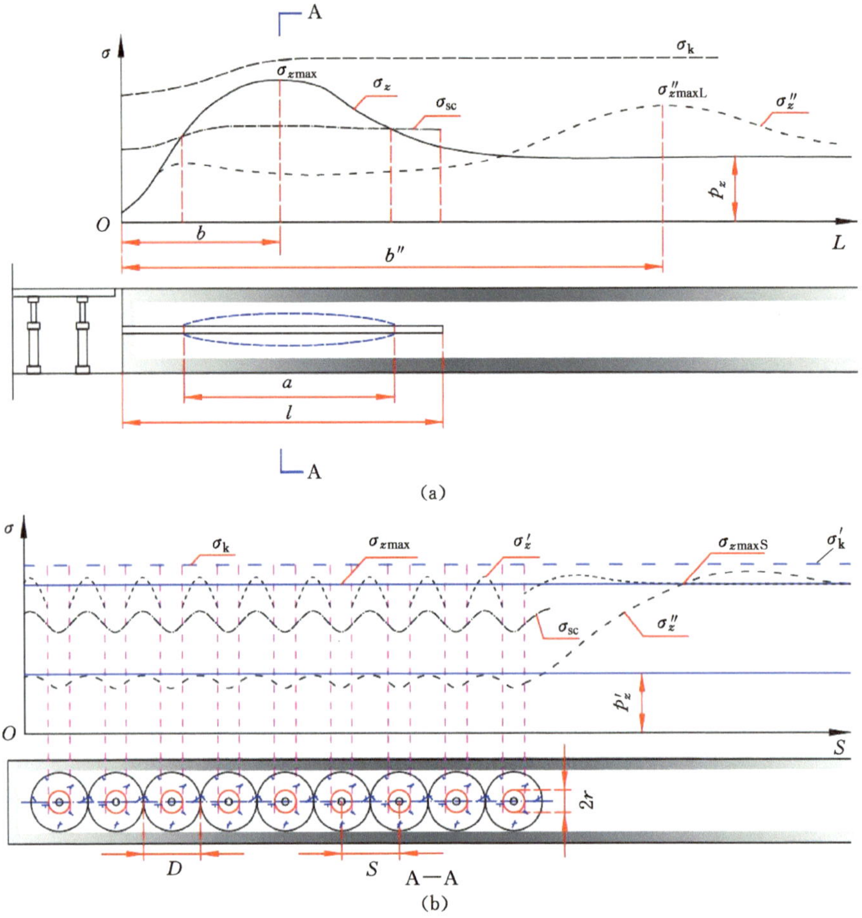

图 5-27　煤层钻孔对应力分布的影响示意

集弹性能以及形成永久屈服变形。

图 5-28 为煤层大直径钻孔卸压的布置方式，包括巷道两帮的钻孔卸压、掘进头的钻孔卸压、底板的钻孔卸压等。

5.3.2　煤体卸压爆破

煤体卸压爆破是指对已形成冲击危险的煤体，用爆破方法减缓其应力集中程度的一种解危措施。卸压爆破在煤体中产生大量裂隙，使煤体的力学性质发生变化（弹性模量减小、强度降低），弹性能减少，从而破坏冲击矿压发生的强度条件和能量条件。

因此，在工作面及上下两巷实施煤体卸压爆破，其主要作用是在工作面附近及巷道两帮形成卸压破坏区，降低煤体的强度和冲击倾向性、使支承压力高峰区向煤体深部转移、释放能量、形成冲击矿压危险的松散煤体阻挡带。

煤体爆破卸压的爆破孔布置方式应根据具体条件确定。合理的钻孔布置应使炸药爆破后形成的弹性波以合理的方向传播，使得炸药爆炸形成的压力与开采形成的压力叠加，并超过煤体极限强度，从而使煤体卸压，引发震动释放能量。通常用煤电钻打眼，孔径 42～

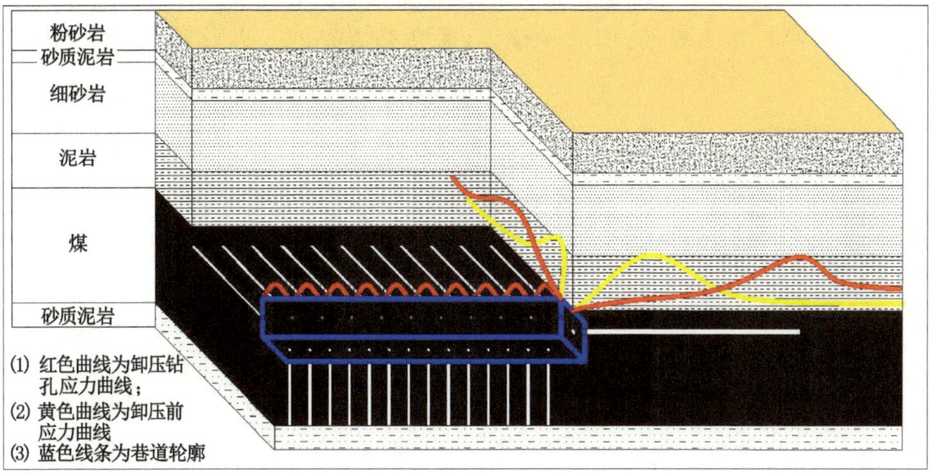

图 5-28　煤层大直径钻孔卸压的布置方式

50 mm，孔间距 5 m 左右，每孔装药量一般为 1.5～3.0 kg，封孔长度一般为 5～6 m。为了保证卸压爆破的安全，躲炮半径一般大于 300 m，躲炮时间为 30 min 以上。

煤体卸压爆破效果可以通过爆破后测量煤层的煤粉量，并与爆破前的煤粉量进行对比分析；也可以通过微震法测定爆破释放的能量进行检验；还可以通过电磁辐射监测法检验。

5.3.3　煤层钻孔高压射流卸压

煤层钻孔高压射流卸压技术，包括高压射流基本原理、高压射流技术装备、高压射流卸压技术等。

5.3.3.1　高压射流基本原理

煤层钻孔高压射流卸压技术是指在封闭式高压供水条件下，利用钻头钻进、水流冲击和水力脉动输排等作用，诱导和控制喷孔，使工作面前方煤体卸压，从而达到防治冲击矿压的目的。相较普通的打钻方法，高压射流钻割冲孔具有钻头磨损小、噪声低、粉尘少、无火花和经济性高等优点。

高压射流钻割卸压以一种具有脉冲特性、自激空化特性和切割破碎煤岩特性的新型射流形式，以高度聚能的射流束在煤岩上产生冲蚀、空化作用来实现对煤岩体的切割破碎。当在煤岩层中钻进一定直径和深度的钻孔后，将安装好喷头的高压管沿钻孔送到指定位置。启动高压泵后，从喷嘴射出的高压水射流冲击煤层表面，煤屑不断剥落，裂隙不断加深。射流进入煤层裂缝中，对缝隙底部的煤体进行冲击。由于射流随喷头后退式移动，因而射流是紧贴着割开的煤层的壁面而流动的，将受到固壁摩擦阻力的作用，在壁面上形成边界层。射流前部是冲击缝隙底部而折回的液体，与射流产生掺混作用。高压射流钻割的压力脉动冲击在钻孔、煤缝隙周围煤体中产生交变应力，促使煤体动力致裂，激发裂隙连通，产生进一步卸压效果。

割缝落煤的机理主要有割缝、崩落和楔劈 3 个步骤：① 割缝是水力落煤的开端，又是水力落煤过程主要的组成部分；② 崩落是指利用自由面借助射流的总冲击力成块地把煤崩落下来;③ 楔劈是指高速水射流冲进煤体的裂隙(包括原生的和开采过程中产生的)。一般来讲,对于硬煤,前两者是主要的;而对于软煤,后者是主要的。水力射流割煤具体过程如图 5-29 所示。

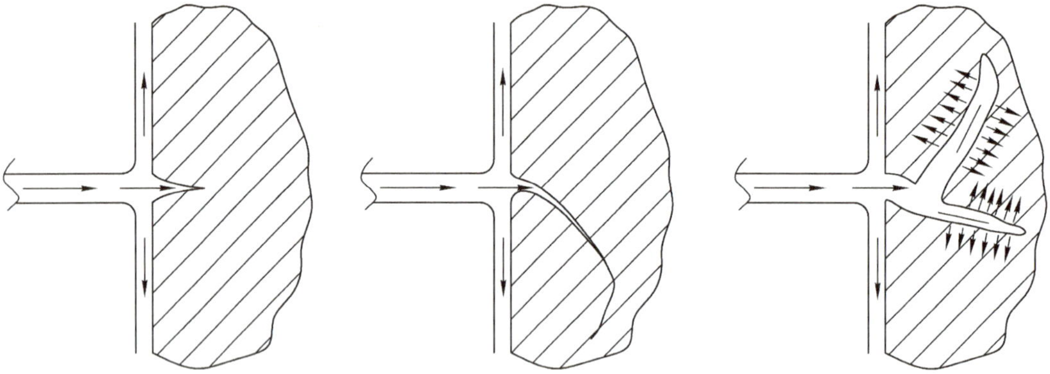

(a) 割缝　(b) 崩落　(c) 楔劈

图 5-29　水力射流割煤过程

5.3.3.2　高压射流技术装备

煤层钻孔高压射流的技术装备包括钻割泵及水箱、管路、钻具、钻割高压射流器及其喷嘴、高压密封水辫、液压控制装置等,如图 5-30 所示。

(a) 高压密封水辫　(b) 液压控制装置　(c) 高压射流器

(d) 高压射流器喷嘴　(e) 履带式冲孔泵车　(f) 高压密封钻杆

图 5-30　煤层钻孔高压射流的技术装备

供液系统连接方式:供水管→水箱→连接管→注水泵→高压水管→防喷装置→钻杆→煤体冲孔钻头,如图 5-31 所示。

5.3.3.3　高压射流卸压技术

煤层钻孔高压射流卸压技术利用水射流的切割能力,对孔内煤体进行切割,从而将一定量的煤体排出孔外,人为制造一定的卸压空间,实现煤体的整体卸压。割缝方法主要有以下两种(图 5-32)。

方法一:钻杆轴向运动与径向射流钻割相结合,在一定位置进行径向运动,旋转切割周

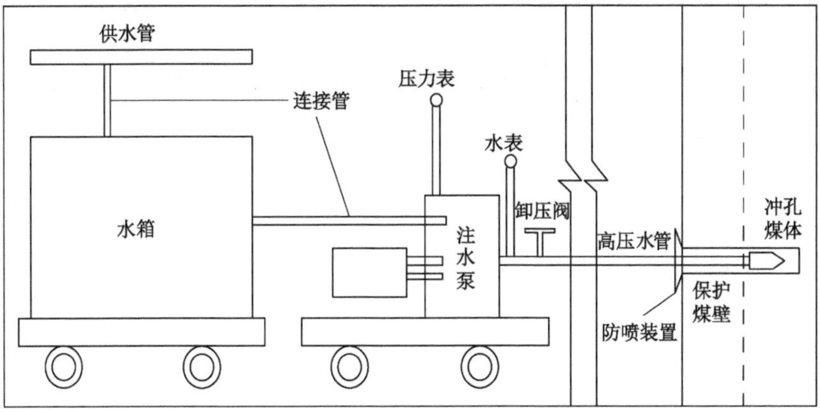

图 5-31　煤层钻孔高压射流的供液系统

围煤体，形成圆盘状卸压空间；钻杆的轴向运动和一定间距的分段切割，可以形成多段圆盘状卸压空间。

方法二：钻杆轴向运动与径向射流钻割相结合，对一段煤体持续割缝，形成具有一定直径的孔洞。

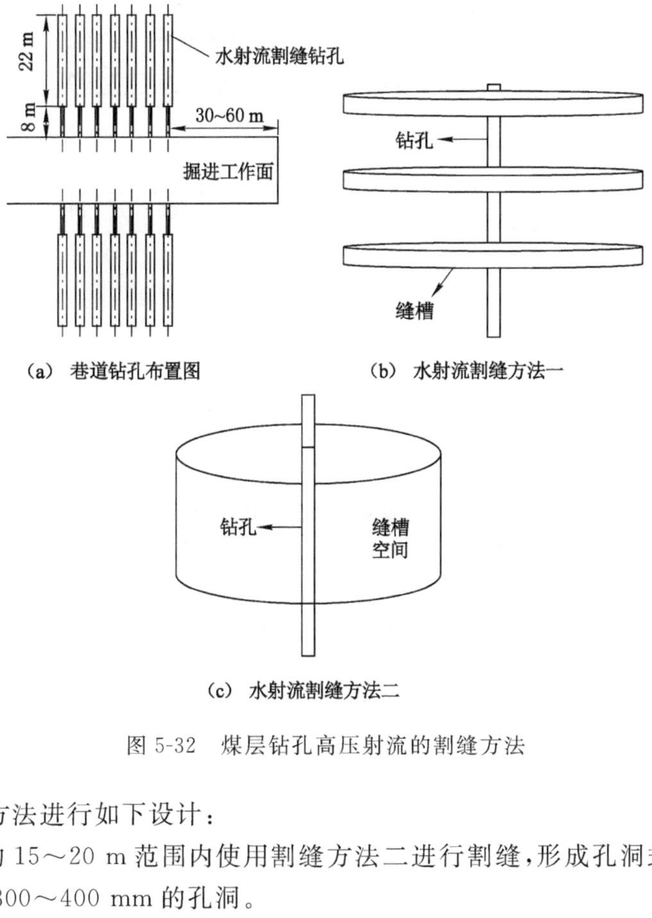

图 5-32　煤层钻孔高压射流的割缝方法

对钻孔割缝方法进行如下设计：

(1) 在钻孔的 15～20 m 范围内使用割缝方法二进行割缝，形成孔洞式卸压空间，在煤层内形成半径为 300～400 mm 的孔洞。

(2) 对钻孔的 8～15 m 范围使用割缝方法一进行割缝，形成圆盘状卸压空间，圆盘间距根据现场作业情况进行检验确定。

在割缝过程中要避免发生严重的喷孔、堵孔现象，保证施工过程的安全高效。

5.3.4 煤层注水软化降冲

5.3.4.1 煤层注水原理

煤层注水后，煤的结构发生变化，导致其强度下降，冲击倾向性减弱甚至完全失去冲击能力；煤体聚集弹性能的能力下降，而以塑性变形方式消耗弹性能的能力增加，因此，煤层中储存的可恢复的弹性能减少，从而可以预防冲击矿压。

大量的研究表明，煤系中岩层的单轴抗压强度随着其含水量的增加而降低，其关系可用式(5-10)表示，如图 5-33 所示。

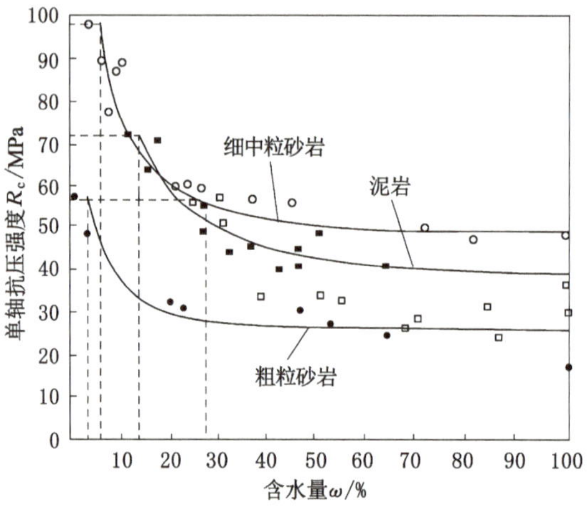

图 5-33 岩层的单轴抗压强度与含水量的关系

$$R_c = aw_0^b + c \tag{5-10}$$

式中，ω_0 为强度最大时的含水量；a,b,c 为系数。

系数 a,b,c 及 ω_0 的值如表 5-1 所示。

表 5-1 系数 a,b,c 以及 ω_0 的值

岩石种类	a	b	c	ω_0/%
粗粒砂岩	290	−1.39	25.9	≥4
细中粒砂岩	537	−1.20	46.0	≥7
泥岩	985	−1.21	34.0	≥15
页岩	6 100	−2.27	23.9	≥28

同样，煤的弹性能量指数 W_{ET} 也随煤的含水量的增加而降低，如图 5-34 所示。在所有的情况下，煤的弹性能量指数与含水量增量的关系可用式(5-11)表示：

$$W_{ET} = W_{ET0}e^{b\Delta w} \tag{5-11}$$

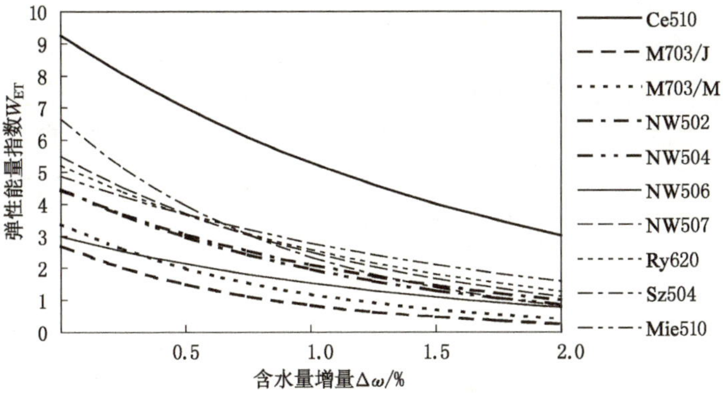

图 5-34　煤的弹性能量指数与含水量增量的关系

式中，W_{ET}为注水后煤的弹性能量指数；W_{ET0}为自然状态下煤的弹性能量指数；Δw 为含水量增量。

煤层不同，式(5-11)的系数也不同。同时，含水量与注水时间并不成正比。另外，煤的含水量增加可改变其切割指数，减少煤尘。

煤层注水的实用方法有三种，即与工作面煤壁垂直的短钻孔注水法，与工作面煤壁平行的长钻孔注水法和联合注水法。

5.3.4.2　短钻孔注水法

短钻孔注水法主要是在工作面的机巷或其他部分进行的，主要看注水钻孔的数量。钻孔通常垂直煤壁，且在煤层中线附近。注水时，依次在每一个钻孔放入注水枪，水压通常为 20～25 MPa。比较有效的注水钻孔间距为 6～10 m，注水钻孔深度不小于 10.0 m，注水钻孔的直径应与注水枪的相适应，且放入注水枪后能自行注水，封孔封在破裂带以外。

5.3.4.3　长钻孔注水法

这种方法通过平行工作面的钻孔，对原煤体进行高压注水，钻孔长度应覆盖整个工作面范围。注水钻孔间距取决于注水时的渗透半径，一般应为 10～20 m。

在工作面区域内应从两巷相对的两个钻孔进行注水，注水从靠工作面最近的钻孔开始，一直持续到整个工作面范围。注水枪应布置在破碎带以外，深度视具体情况而定。一般情况下，注水应在工作面前方 60 m 外进行。

该法的最大优点是工作面前方区域内的注水是均匀的，且注水工作在两巷进行，不影响采煤作业。注水的超前时间不宜过早，因为随时间的推移，注水效果就会降低。实践证明，注水的有效时间为 3 个月。

5.3.4.4　联合注水法

这种方法是上述两种方法的综合，在工作面部分区域采用长钻孔注水，在部分区域采用短钻孔注水，水压不小于 10 MPa，当水压降至 5 MPa 时，认为该钻孔水已注好。在有些情况下，煤壁会滴水。在长钻孔或联合注水法注水的情况下，为了预防早期注过水的煤层干燥，在用高压设备注水结束后，可将注水钻孔和消防龙头相连。

5.3.4.5 注水效果的检测

注水后要通过含水量测定和矿压观测进行效果检验。注水前后含水量分布的测定过程为，在注水前取样测定自然含水量，注水后的煤层含水量分布在回采过程中测定。具体方法为：工作面每推进 5 m，沿工作面倾斜方向，每 5 m 取一组煤样（沿煤层厚度方向按上、中、下层位取 3 个煤样作为一组），测出每组煤样的平均含水量，绘在煤层的层面图上。

煤层开采时，应利用钻屑法等手段检验注水效果。

5.3.5 坚硬顶板断顶爆破

5.3.5.1 断顶爆破的原理

煤层顶板是影响冲击矿压发生的重要因素之一。大面积悬顶破断产生的震动使处于极限应力状态的煤岩体应力超限，从而引发冲击矿压。断顶爆破就是将顶板提前破断，降低其强度，释放因压力而聚集的能量，减少对煤层和支架的冲击震动。

厚层坚硬顶板具有强度大和节理裂隙不发育等特点，在未实施断顶爆破的条件下往往无法随工作面随采随垮，容易在采空区形成悬顶。悬顶岩层中会储存大量的弯曲弹性能，同时会造成工作面周围煤体的静载应力集中，岩层储存的弯曲弹性能和煤体的静载应力集中程度均会随着悬顶长度的增大而大幅度增加。在顶板岩层中实施断顶爆破后，一方面断顶爆破在岩体中形成的粉碎区和裂隙区能够破坏顶板完整性，改变岩体的力学性质，使其不具备储存高弯曲弹性能的能力，从而降低顶板岩层破断垮落时诱发的动载强度，同时粉碎区和裂隙区的存在会加快矿震动载的衰减，从而减弱矿震动载对工作面煤体的影响；另一方面，断顶爆破可以促使采空区顶板岩层及时垮落，减小采空区悬顶长度和削弱采空区顶板岩层与前方煤体上覆岩层的连续性，从而降低工作面周围煤体的静载应力集中程度。综上分析，断顶爆破主要通过改变岩体破坏时的动载强度和煤体内静载应力两方面来防止冲击矿压灾害的发生。断顶爆破前后岩层结构及煤体应力分布如图 5-35 所示。

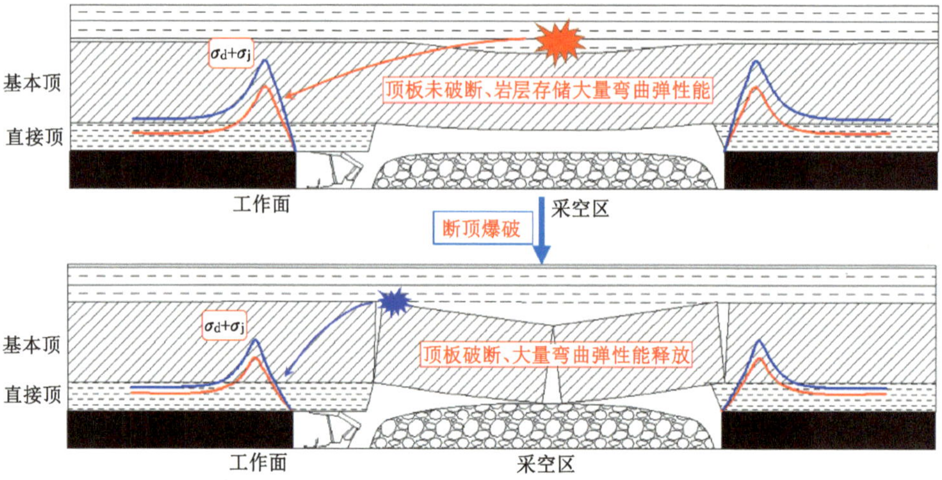

图 5-35　断顶爆破前后岩层结构及煤体应力分布

5.3.5.2　分时分区分级断顶爆破

工作面的不同区域在不同时间段具有不同的冲击危险等级，工作面的冲击危险性具有分时、分区、分级的特征。断顶爆破应基于冲击危险评估的分时、分区、分级特征进行。在时间上分为超前预裂爆破和及时解危爆破；在区域上分为开切眼区域爆破、临空煤柱区域爆破和工作面区域爆破；另外，按照冲击危险等级实施顶板爆破。因此，需要对工作面实施开切眼倾向断顶爆破、临空煤柱侧走向断顶爆破、工作面内超前预裂爆破和及时解危断顶爆破等四种爆破方案。

5.3.5.3　开切眼倾向断顶爆破

在厚层坚硬顶板条件下，在工作面开切眼区域沿倾向实施断顶爆破，使坚硬顶板尽可能在短距离回采后产生第一次垮落，顶板由两侧支撑转变为一侧支撑，减少悬顶施加在煤体中的集中应力和降低顶板初次破断产生的动载强度。

开切眼倾向断顶爆破示意如图5-36所示。沿开切眼倾向布置一排爆破钻孔，在工作面回采3～5 m后，进行开切眼断顶爆破。钻孔深度、间距、装药量等要尽可能保证爆破区域沿开切眼倾向形成连续的破坏面，以达到最佳断顶效果。

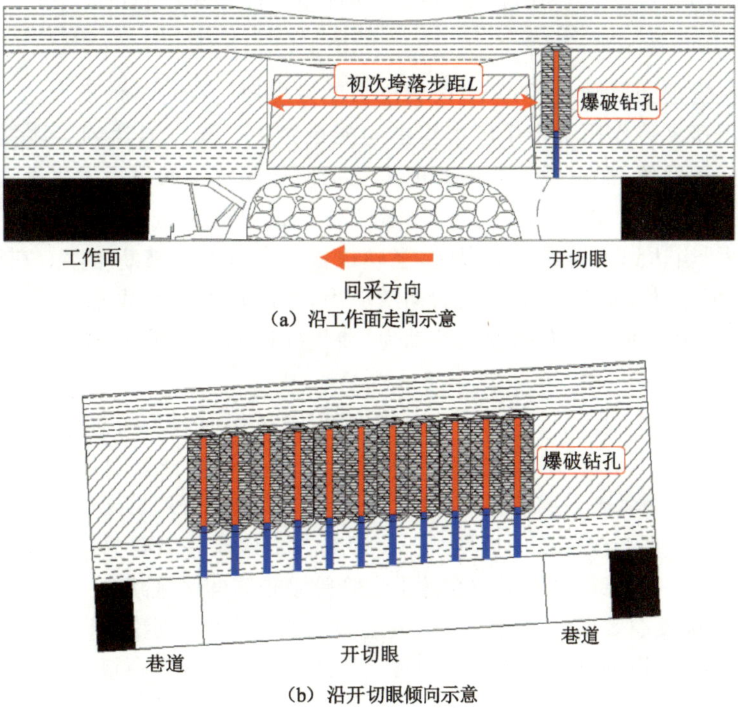

图5-36　工作面开切眼倾向断顶爆破

5.3.5.4　临空煤柱侧走向断顶爆破

留设护巷煤柱是我国煤矿采取的主要护巷方法。在厚层坚硬顶板条件下，当临空侧采空区顶板岩层无法完全垮落时，临空煤柱会在悬顶作用下产生应力集中。临空煤柱内部应力分布及断顶爆破示意如图5-37所示。

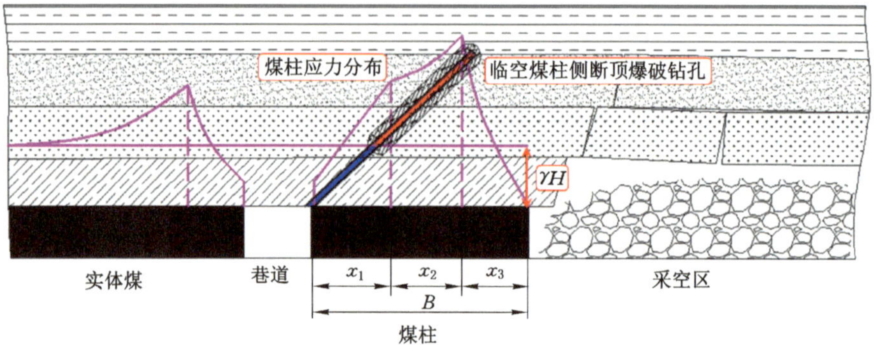

图 5-37　临空煤柱内部应力分布及断顶爆破示意

为此,可对临空侧悬顶进行断顶爆破处理,沿工作面走向在临空煤柱上方顶板岩层中施工倾斜的爆破钻孔。爆破钻孔深度、角度、间距和装药量等需要根据坚硬顶板岩层的分布情况进行设计。为减少爆破震动对工作面的影响,临空煤柱断顶爆破一般要超前工作面进行。断顶爆破能破坏煤柱上方顶板的连续性,降低临空侧悬顶对煤体造成的应力集中程度和顶板破坏时诱发的动载强度,达到防治临空煤柱侧冲击矿压灾害的目的。

5.3.5.5　工作面内超前预裂爆破

工作面顶板岩层初次破断后,采空区岩层由两侧支撑转变为单侧支撑,工作面煤体在顶板悬露弯沉的压挤夹持作用下产生应力集中和能量聚集。当应力达到煤体强度极限时,煤体发生破裂和能量释放,能量释放所引起的震动会使悬露弯沉的顶板发生振动和反弹,极易导致顶板的破断而诱发冲击矿压。另外,随着工作面的不断推进,悬顶面积逐步增大,其拉应力也不断增大,当达到顶板强度极限时,坚硬顶板会自行发生破断垮落。在坚硬顶板破断的瞬间,坚硬顶板振动压缩时产生很大的动载应力,并以较大的加载速率对工作面煤体进行冲击加载,产生较大的垂直压力和侧向驱动力,使煤体迅速发生破坏、扩容,并产生向外的侧向运动。

为降低坚硬顶板对工作面冲击危险的影响,可以在工作面回采前对顶板岩层采用超前预裂爆破措施,如图 5-38 所示。在工作面两巷向工作面内各布置一组扇形孔,对工作面的厚层坚硬顶板岩层进行预裂爆破。扇形孔的角度、长度主要取决于处理岩层的高度和工作面长度。爆破钻孔组间距 L 主要与工作面的周期来压步距和冲击危险等级有关,应尽量保持预裂爆破区域与周期来压位置相一致,同时考虑在冲击危险等级较高的区域减小爆破钻孔间距,增大单孔装药量,提高爆破预裂效果。超前预裂爆破选择超前工作面一定距离 L_1 进行,尽量远离工作面采掘活动区域,这样可以减少爆破震动对工作面煤体和采空区顶板的扰动。

5.3.5.6　断顶爆破效果的检测

在爆破钻孔之间打检验钻孔,通过钻孔窥视仪对检验钻孔不同位置的裂隙进行观察分析,以检测爆破效果。同时,可通过钻屑法、微震法等检验顶板断顶爆破的效果。

5.3.6　顶板定向致裂

5.3.6.1　定向水力致裂

顶板定向水力致裂是指人为地在顶板岩层中预先制造一个裂缝,在较短的时间内,采用

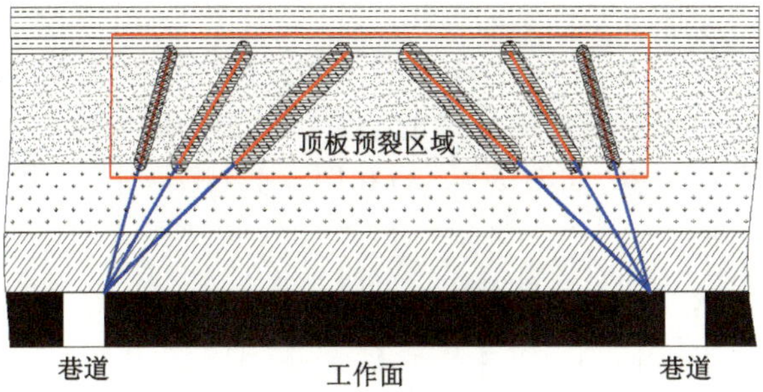

(a) 沿工作面倾向钻孔布置示意

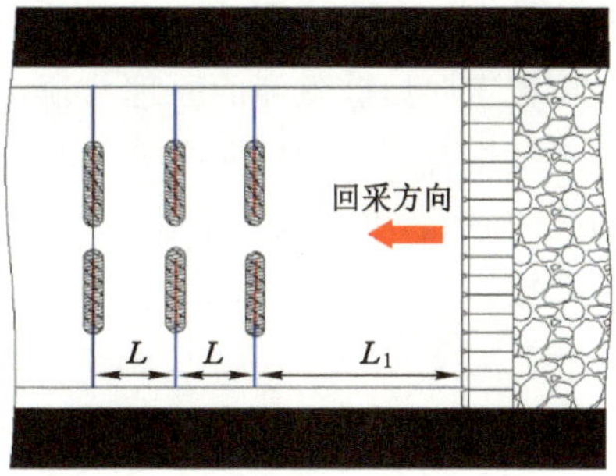

(b) 沿工作面走向钻孔布置示意

图 5-38 顶板超前预裂爆破

高压水将顶板岩体沿预先制造的裂缝破裂。在高压水的作用下,顶板岩体的致裂半径可达6～10 m,有的致裂半径甚至可达 30 m。

采用定向水力致裂方法简单、有效,可低成本地改变岩体的物理力学性质。故这种方法可用于降低冲击矿压危险性,改变顶板岩体的物理力学性质,将坚硬厚层顶板分成几个分层或破坏其完整性;为维护平巷,将悬顶挑落;在煤体中制造裂缝,有利于瓦斯抽采;破坏煤体的完整性,减少开采时产生的煤尘等。

定向水力致裂法有两种,即周向预裂法和轴向预裂法。研究表明,在要形成周向预裂缝的情况下,为了达到较好的效果,周向预裂缝的直径至少应为钻孔直径的两倍以上,且裂缝端部要尖,周向预裂缝钻头如图 5-39(a)所示。高压泵的压力应在 30 MPa 以上,流量应在 60 L/min 以上。而轴向预裂法则是沿钻孔轴向制造预裂缝的,从而沿裂缝将岩体破断。

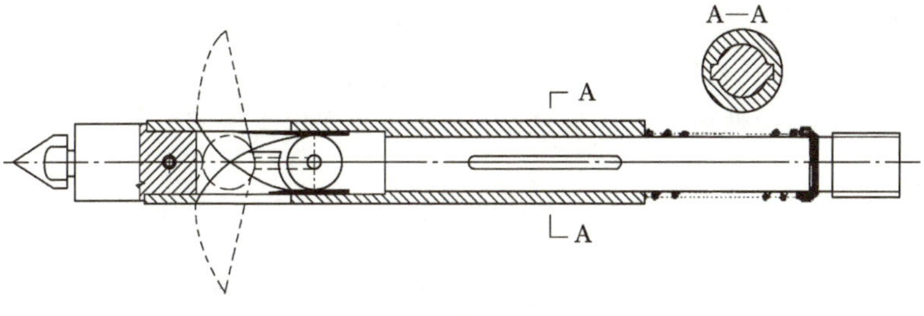

(a) 周向预裂缝钻头示意

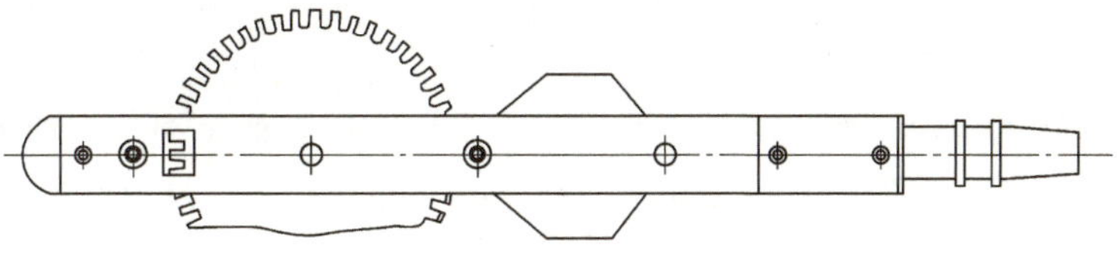

(b) 轴向预裂缝钻头示意

图 5-39 制造裂缝的钻头示意

5.3.6.2 定向爆破致裂

顶板定向爆破致裂的原理与顶板定向水力致裂相同，不同之处是将高压水换成了炸药。其预裂缝也有周向和轴向之分。图 5-39(b)为制造轴向裂缝的钻头。制造的周向裂缝可以在钻孔的底部，也可以在钻孔中形成几个预裂缝，如图 5-40(a)和图 5-40(b)所示。制造的轴向裂缝如图 5-40(c)所示。

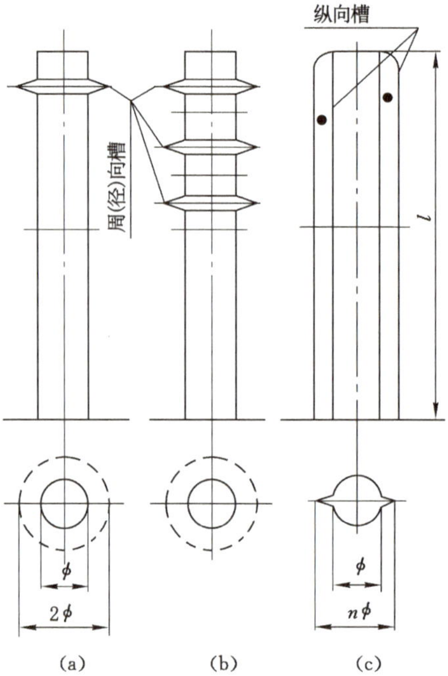

图 5-40　爆破钻孔结构示意

定向爆破致裂的钻孔长度、布置方式以及制造预裂缝的数量、形式等均取决于巷道支护方式、要破坏岩体的力学性质以及破裂的目的，这需要根据生产实际情况进行具体的设计和实施。

5.3.7　断层带爆破

断层附近的冲击矿压是人为开采活动形成的顶板和断层煤柱，与自然存在的断层组成三对象，在静载应力场变化和动载应力波作用下，三对象相互影响和促进，最终导致断层的滑移和煤柱的瞬间失稳破坏而造成的。

断层冲击矿压的防治主要从降低煤柱静载和弱化断层超低摩擦效应两方面进行，也就是降低煤柱积聚弹性变形能的能力和切断或弱化断层冲击矿压三对象之间的关系。

降低煤柱静载的措施包括：① 松动破碎煤体，降低煤体冲击倾向性、抗压强度和积聚能量的能力，使发生冲击的临界应力升高，如大直径钻孔卸压、煤体爆破、煤层高静压注水软化或压裂等；② 预裂顶板，促使砌体梁结构失稳和岩块 A 回转，或者使岩块断裂长度减小，促使岩块滑落失稳，且降低岩块 A、B 载荷，如顶板深孔爆破、定向水力致裂等；③ 充填采空区，减小岩块 B 的回转下沉量，使岩块 A 在煤柱宽度较大时回转；④ 错层位布置巷道，使巷道围岩处于低应力区；⑤ 工作面斜交过断层，避免煤柱整体性减弱。

弱化断层超低摩擦效应的措施包括：① 控制工作面推进速度，降低开采活动产生的动载对断层的扰动；② 弱化顶板和煤体，降低顶板破断和煤体破坏时释放的动载能量，如大直径钻孔卸压、煤体爆破、煤层高静压注水软化或压裂、顶板深孔爆破、定向水力致裂、切顶巷卸压等；③ 在断层与采掘空间之间设置弱化带，通过增大震动波传播过程中的衰减系数来降低动载应力波对断层超低摩擦效应的触发作用，如大直径钻孔卸压、煤体爆破或注水、卸压巷卸压等。此外，巷道的加强支护、软包以及人员个体防护等措施也能有效减小断层冲击矿压事故带来的损失。图5-41和图5-42为在断层区域进行爆破及其效果的示意。

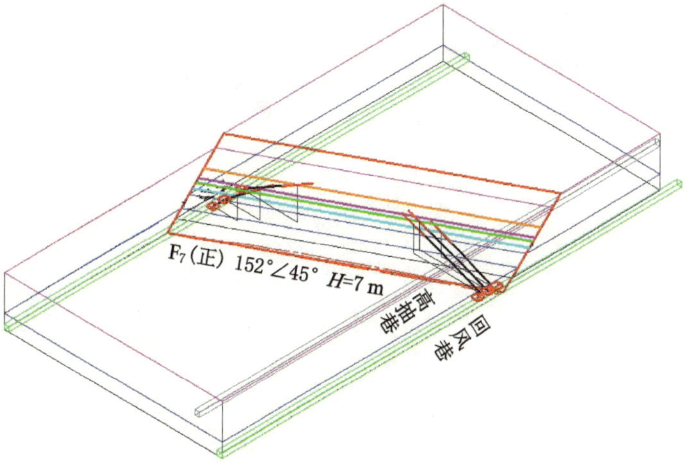

图5-41 断层面爆破示意

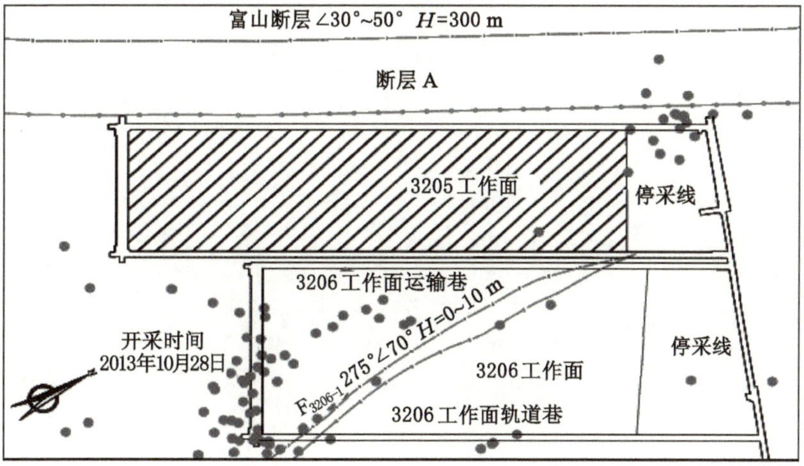

(a)

图5-42 断层面爆破效果示意

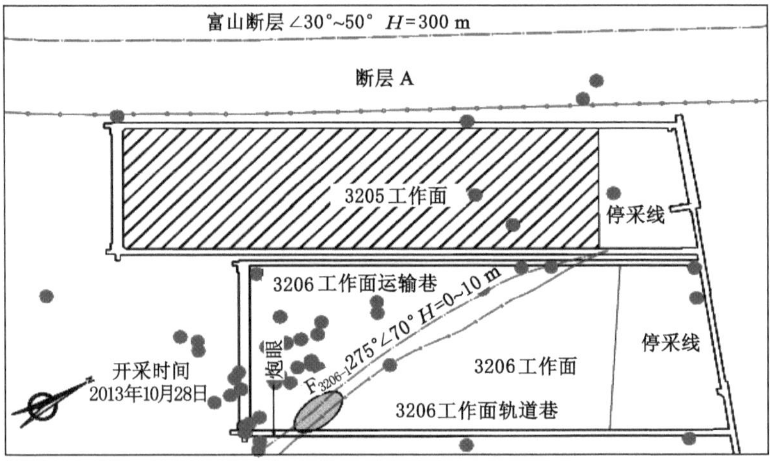
富山断层∠30°~50° H=300 m
断层A
3205工作面
停采线
3206工作面运输巷
F3206-1275°∠70° H=0~10 m
炮眼
开采时间
2013年10月28日
3206工作面
停采线
3206工作面轨道巷

(b)

图 5-42(续)

第 6 章　冲击矿压的防护

冲击矿压的破坏位置一般在巷道和采场。统计表明，约 90％的冲击矿压灾害发生在巷道中，其中超前工作面两巷的 0～80 m 范围内发生的冲击矿压占 75％。冲击矿压发生时，动力将煤岩抛向巷道，堵塞巷道，破坏巷道周围煤岩的结构及支护系统，使其失去功能，并有可能造成人员伤亡事故。冲击矿压发生后，煤体破坏并整体移出，煤壁大范围片帮，煤从煤体中抛出，而煤层顶底板多数没有明显的破坏和变形；巷道断面明显收缩，通常收缩量可达巷道断面的 50％～70％，有的甚至达 90％以上。因此，巷道是防治冲击矿压的重点区域。

6.1　巷道围岩的强弱强结构效应

6.1.1　巷道围岩的强弱强结构

对于存在冲击矿压危险的巷道，对巷道围岩采取松散煤岩体的措施之后，巷道周围的围岩可以看作：最里圈，由巷道支护组成的小结构（强结构）；小结构之外，是经过松散解危后的弱结构；在弱结构之外，是没有经过扰动的原岩结构（强结构）。即巷道围岩由里向外具有强弱强的结构特征，如图 6-1 和图 6-2 所示。

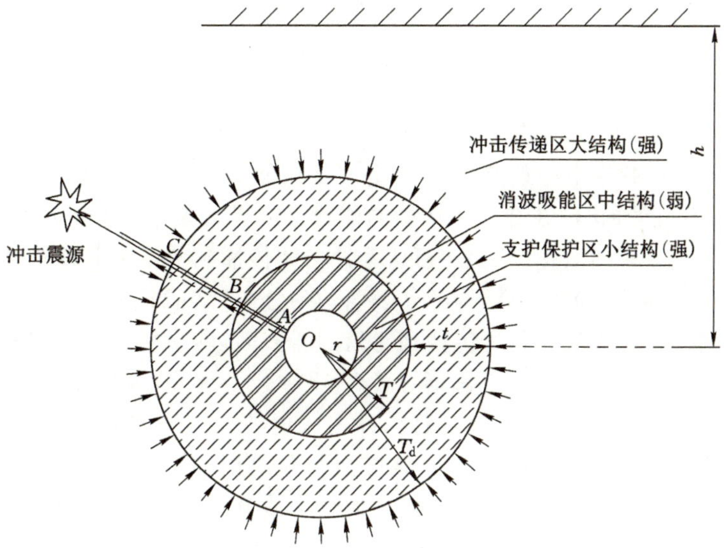

图 6-1　巷道围岩结构

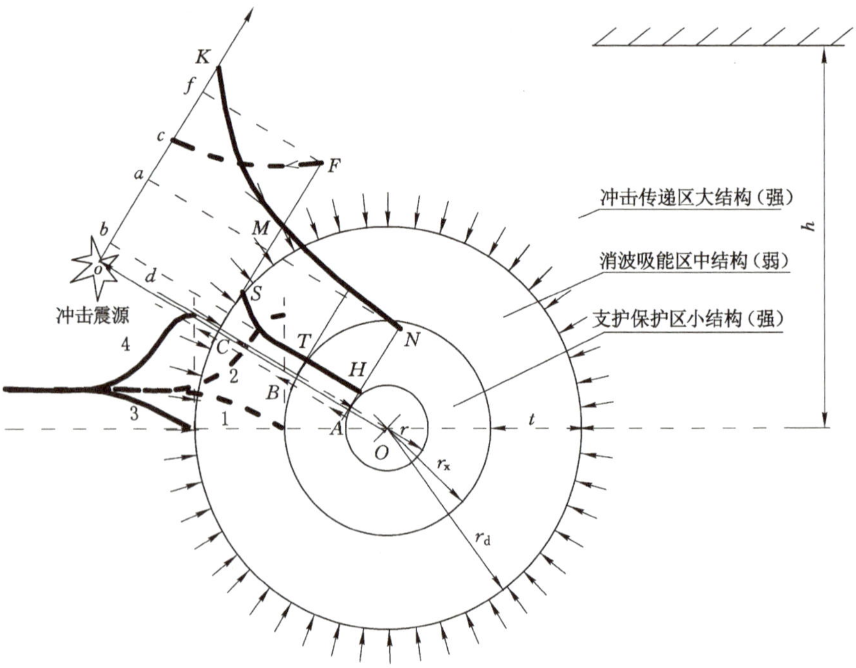

图 6-2　巷道围岩的强弱强结构力学模型

6.1.1.1　巷道围岩强弱强结构力学分析

由弹性力学理论可知，在开采深度为 h 的情况下，开挖前巷道处在 $\sigma_1 = \gamma h$ 的均布应力场中。开挖后在距离巷道中心 R 处（$R \geqslant r$）形成的径向应力和切向应力分别为：

$$\sigma_r = \gamma h \left(1 - \frac{r^2}{R^2}\right) \tag{6-1}$$

$$\sigma_\theta = \gamma h \left(1 + \frac{r^2}{R^2}\right) \tag{6-2}$$

式中，r 为巷道的半径。假定巷道围岩-支护构件形成共同承载小结构厚度为 t_{AB}，支护体强度为 σ_{ZAB}，冲击震源距巷道中心距离为 d，冲击波从初始值 σ_{d} 开始传播，传播到巷道围岩承载小结构外表面 B 处，冲击波在介质中传播的能量衰减指数为 η。由于 $h \gg r$，d 与 r 之间通常也是 1～2 个甚至更大的数量级关系，可认为冲击波传播到巷道周围时同时到达巷道围岩小结构，即震源产生的冲击波在小结构的外表面均匀分布，是正入射。

当巷道无支护时，冲击波从震源传播到巷道围岩表面，震动冲击在 A 处产生的应力为：

$$\sigma_A = \sigma_{\mathrm{d}} (d - r)^{-\eta} \tag{6-3}$$

巷道围岩表面分别为围岩和空气，因此，冲击入射波在巷道围岩表面 A 处几乎全部反射为应力波，其产生的应力大小仍为 σ_A。该应力与巷道周围形成的高应力叠加，从而造成巷道的破坏。即当满足以下条件时，巷道周围的煤岩体就发生破坏。

$$\sigma_A + \sigma_r > \sigma_{\mathrm{m}}$$

即

$$\sigma_{\mathrm{d}} (d - r)^{-\eta} + \gamma h \left(1 - \frac{r^2}{R^2}\right) > \sigma_{\mathrm{m}} \tag{6-4}$$

式(6-4)为无支护巷道在震源冲击下发生破坏的判据。这种破坏首先在巷道近自由表面处发生层裂,同时形成新的自由表面,后续压力脉冲在近新自由表面处又形成第二层层裂,这样形成多层层裂,从而破坏巷道。由此可知,巷道冲击破坏的主要因素与冲击震源的初始震动能量、震源距离、介质的衰减指数、埋藏深度以及原岩应力场等有关。当冲击震源能量越大,震源距离巷道越近,介质的衰减指数越小,埋藏深度越大以及原岩应力越大时,巷道越容易产生瞬间冲击破坏。

当巷道有支护时,冲击波从震源传播到支护小结构 AB 外表面 B 处产生的应力 σ_B 为:

$$\sigma_B = \sigma_d (d - r - t_{AB})^{-\eta} \tag{6-5}$$

此时,B 处受到的应力为:

$$\sigma_{Bh} = \sigma_d (d - r - t_{AB})^{-\eta} + \gamma h\left[1 - \frac{r^2}{(r + t_{AB})^2}\right] \tag{6-6}$$

当满足 $\sigma_{Bh} > \sigma_{ZAB}$ 时,巷道支护小结构将被破坏,即

$$\sigma_d (d - r - t_{AB})^{-\eta} + \gamma h\left[1 - \frac{r^2}{(r + t_{AB})^2}\right] > \sigma_{ZAB} \tag{6-7}$$

式(6-7)为有支护巷道在震源冲击下发生破坏的判据。由此可见,巷道支护小结构对防止冲击矿压的发生起重要的作用。如果巷道支护强度高,就可能防止小的冲击矿压对巷道的破坏。

6.1.1.2 巷道围岩的强弱强结构效应特征

(1) 强弱强结构的强度特征

在巷道围岩的强度方面,受冲击威胁的巷道围岩呈现强弱强结构的强度特征。巷道外部受开挖采动影响较小的原岩结构(外强结构)完整性好,基本为原始强度,围岩强度高;特殊设置的松散破碎区(弱结构),因采用特殊的方法破坏了煤岩的结构,强度大大降低,表现为明显的弱强度特征;巷道最里圈,由支护组成的小结构(内强结构),在支护的作用下,与巷道围岩一起形成自身承载强度较高的加固层。因此,从巷道围岩的自身强度特征来看,明显地呈现出强、弱、强的结构效应。

(2) 强弱强结构的应力转移特征

在无冲击震动的情况下,巷道周围岩体内的应力由于弱结构的存在而重新分布。径向应力和切向应力都向围岩深部转移,由图 6-2 中的曲线 1、2 转移至弱结构外的曲线 3、4,使巷道围岩支护小结构处于应力降低区域,从而有利于巷道的维护和稳定。在有冲击震动时,若没有弱结构,则由冲击震源传递而来的冲击应力分布曲线为 KMN。虽然冲击应力衰减,但由于应力衰减指数较小,传递到巷道围岩的冲击应力仍然较大,当该应力与巷道周围的应力叠加,瞬间超过围岩极限强度时,就会造成巷道的冲击破坏。当有弱结构存在时,由冲击震源传递而来的强冲击应力在强弱结构表面产生反射和透射现象,部分应力被反射回外强结构中(图 6-2 的 FC),使得透射进入弱结构的应力幅值大大降低,并在弱结构内部经过散射和吸收而进一步衰减,传递到巷道围岩支护小结构上的应力就大大减弱(图 6-2 的 STH)。即强弱强结构的存在,使得冲击震动应力分布曲线由 KMN 变为 $KM+STH$。因此,强弱强结构对冲击波起到衰减吸收作用,而且在无冲击震动状态下将巷道周围的高应力转移至围岩深部,使得巷道周围处于较低的应力状态,这对于深部高应力环境下的巷道同样具有显著作用。

(3) 强弱强结构的变形特征

在巷道围岩的强弱强结构中,每一个结构的变形特征是不一样的。外强结构由于距巷道较远,对冲击震动波起了传递作用,冲击震动波对它的损坏作用较小,而且受两边岩层的约束,变形空间小,故变形量也较小。中间的弱结构,由于对岩体进行了松散,岩体具有碎胀扩容特性,故容易向巷道自由空间方向发生较大的变形位移;在冲击震动波传递过来时,弱结构主要起散射和吸收作用,高应力被弱结构的外表面散射,透射进入弱结构的应力被弱结构内部岩体吸收,在内部岩体吸能做功过程中,弱结构发生较大的变形和位移,因此,巷道的变形量主要是由弱结构的设置过程和冲击震动过程产生的。在支护的小结构中,若支护强度高,能有效抵抗冲击余能的震动破坏作用,则变形量不大,在冲击震动过程中随弱结构岩层向巷道自由空间内移而发生整体内移,表现出常规静载状态下巷道变形的特点;但如果不支护或支护强度不高,则在穿过弱结构的冲击余能的作用下,内强结构也可能被破坏。由此可见,在强弱强结构中,巷道围岩的变形量表现为小、大、小的特征,而抵抗变形能力则表现为强、弱、强的特征。

(4) 强弱强结构的环形效应特征

在巷道围岩内部任何一处设置软弱区,由于地层的整体连贯性,特别是在深部,岩体基本处于三向等压应力场环境中,不同岩体基本表现出相同或相近的力学性质。若在巷道围岩某一位置构造一松软破碎区域,岩层整体的强度和连续性则随之发生变化,整层岩层不再保持其原来的强度,产生以巷道周边为包围圈的环形效应,即形成巷道围岩支护保护区小强结构外围的环形弱结构,该环形弱结构可阻隔从巷道任何一方传递而来的冲击震动波,从而使巷道支护体小强结构处于相对均匀分布的圆(环)形应力场中。在该应力场环境下进行巷道支护是所有巷道形状中承载性能最佳的形式,巷道的稳定性也是最好的,这对巷道维护最为有利。

(5) 强弱强结构的能量耗散特征

在强弱强结构中,外强结构岩层完整,冲击震动波传播过程中能量的衰减指数小,只有小部分能量被吸收,冲击震动能量衰减作用不明显,即在能量耗散能力上表现为弱的特征。中间设置的弱结构,岩体的完整性和连续性差,孔隙率高,对冲击震动波的散射和吸收能力强,在对冲击震动能量的耗散能力上表现为强的特征,耗散能力越强,对巷道围岩的保护作用越好。对于支护小强结构,其内部结构相对紧密完整,只随弱结构的变形而发生整体位移,自身变形量较小,耗能能力有限,能量耗散表现为弱的特征。因此,从对冲击震动能量的耗散特征来看,强弱强结构表现为弱强弱的特征。

6.1.2 深部巷道防冲控制对策

由式(6-7)可知,要维护巷道的稳定,防止冲击矿压灾害的发生,就必须从减小震源的震动强度、设置弱结构和提高支护强度方面出发。

(1) 减小巷道围岩深部的震动载荷 σ_d

冲击矿压有压力型(煤柱型)、冲击型(顶板或底板型)和冲击压力型三种类型。压力型冲击矿压的震源在煤柱的高应力集中区;冲击型冲击矿压的震源在顶底板厚岩层破断或滑移运动区,以及断层等构造的活化区。因此,要减小巷道围岩深部的震动载荷,就要减缓应力集中现象,减少能量在顶底板岩层中或构造区的聚集。主要方法有松散煤岩体,降低煤层中的应力集中程度;破坏顶板的完整性,使得顶板中不能聚集大量的弹性能;释放断层等构造中聚集的能量并抑制其活化运动等。

(2) 设置吸能的弱结构

在巷道支护体小结构外，形成一个松散煤岩破坏区，可增大煤岩体的能量衰减指数 η，使得高能量的冲击震动通过该软化区后到达支护体小结构 AB 时衰减，从而满足 $\sigma_{Bh}<\sigma_{ZAB}$ 或 $E_r<E_{kmin}$，起到消波吸能的“过滤”作用，使巷道围岩支护结构免受损坏。采取的主要办法有：深孔爆破松散煤岩，钻孔增加孔隙率，煤体注水弱化软化煤岩等。

(3) 提高巷道的支护强度

由上述分析可知，巷道围岩发生冲击破坏与巷道的支护强度有很大关系。在其他条件不变时，冲击破坏取决于巷道围岩极限承载强度。通过一定的支护手段，提高巷道围岩极限承载强度 σ_z，就可以大大降低巷道冲击破坏的概率。锚杆支护在安装初期就对围岩施加一主动的预紧力，锚杆和围岩组成的锚固体成为强有力的承载体，从而使围岩从一开始就受到较大的支护作用力，阻止巷道围岩层裂屈曲及离层，有效控制围岩的初期变形；围岩内部注浆在浅部形成承载加固环，可提高围岩力学性质，增强巷道围岩支护强度，这些措施都对巷道的防冲有利。

6.2 动载对巷道锚杆支护作用

冲击矿压发生过程中伴随着高能量的释放，巷道围岩产生一定的变形，支护构件屈服收缩，这就要求支护系统不仅要像常规巷道支护一样提供一定程度的静抗力，还要具有适当的屈服和让压特性，吸收煤岩体突然破坏过程中释放的动能。即支护体的3D特性：高的支护强度、适当的变形刚度、一定的让压柔度。

6.2.1 动载对巷道支护作用的力学模型

巷道锚网支护结构在动载作用下有较好的适用性。

(1) 锚杆的轴向变形对P波(纵波)的适应性。锚杆的柔性功能不仅可以对瞬间的突发冲击动载起吸收和缓冲作用，而且使得锚杆在围岩受到较大载荷发生大变形或大位移的过程中仍能保持结构的稳定性，随围岩变形移动而近似与P波方向一致整体刚性位移，从而在对锚固区外岩层保持一定约束的前提下整体刚性移动让压，可以适应冲击对支护体功能特性的刚度和柔度要求。

(2) 锚固结构中锚杆的横向约束对S波(横波)的抵抗作用。锚杆锁紧的厚岩层，在冲击发生时可以有效抵抗冲击震动波中S波的水平剪切作用，从而大大耗散冲击震动波的能量，使传递到巷道围岩表面的应力波相对减少，对巷道围岩结构的稳定有积极的作用。

(3) 金属网的让压缓冲和网兜吸能作用。菱形金属网铺平张紧后不仅对巷道围岩具有很高的护表支撑作用，而且在外界的冲击动载突然作用时其良好的弹性张拉性能可以随围岩鼓出而“顺势”位移，起到一定的让压缓冲和网兜吸能作用，同时全封闭的护表金属网还可以防止煤岩块弹射伤人。

设震源距巷道中心的距离为 d，承载拱的厚度为 t_{AB}，巷道半径为 r，建立如图6-3所示的力学模型。假设矿震动载距巷道一定距离时，弹性球面波可近似按平面波处理；锚固范围内的围岩组合成一个整体承载结构；静水压力($\lambda=1$)下的任意方向的应力波作用都是等效的;围岩为均质、各向同性、线弹性的,无蠕变或黏性行为。令平面 P 波的入射方向与 x 轴正方向一致,如图 6-4 所示。

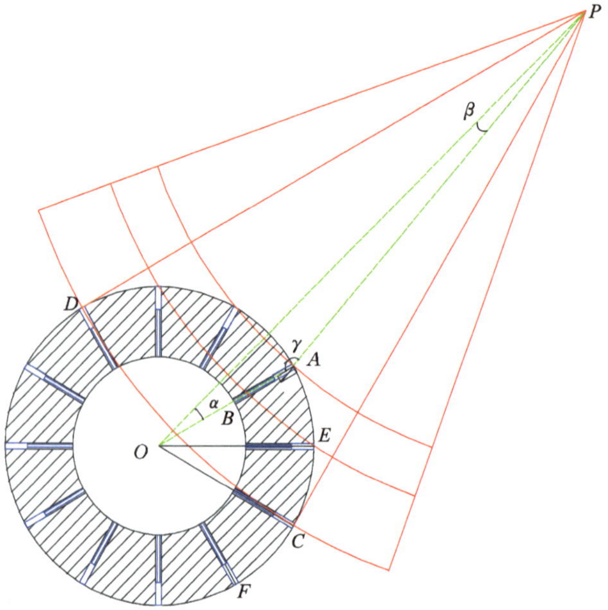

图 6-3　动载作用的力学模型

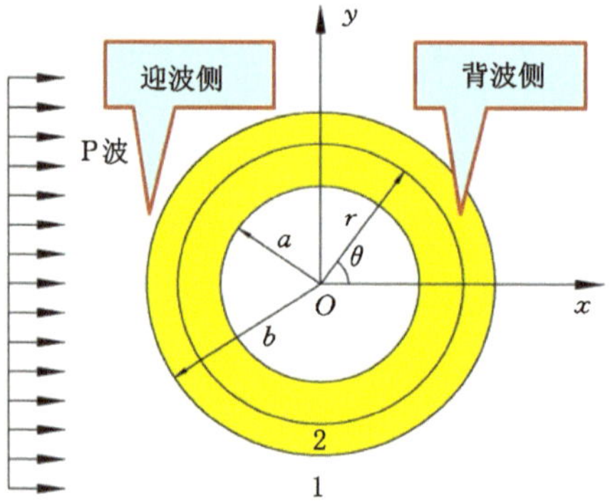

图 6-4　动载作用的简化力学模型

由柱坐标下应力和位移与位移势的关系可得深部围岩和承载拱的应力和位移表达式。联立连续性条件、边界条件以及深部围岩与承载拱应力和位移表达式建立方程组。解方程组,可得深部围岩与承载拱应力和位移表达式,即得平面 P 波作用下深部围岩和承载拱应力与位移的分布情况。

6.2.2 动载对巷道支护作用分析

(1) 深部围岩径向应力

深部围岩($r=b$)径向应力σ_{rr1}分布如图6-5所示。由图6-5可知，靠近震源一侧的径向应力较大，称为迎波侧，最大值在$\theta=180°$处；远离震源一侧的径向应力较小，称为背波侧，最小值在$\theta=0°$处。分析其原因为：① 介质的阻尼作用使得应力波随传播距离增大而衰减。迎波侧距震源较近，能量衰减较少，受动载影响较大。② 应力波在巷道周围会发生绕射，产生绕射波，各个方向的绕射波相互叠加、干涉引起巷道后方应力波削弱。

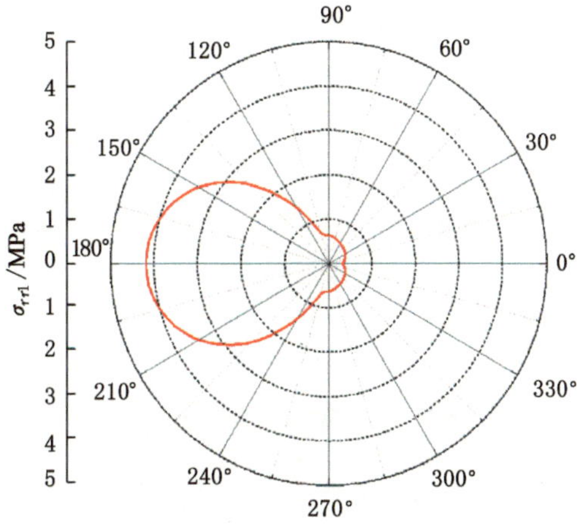

图6-5　深部围岩($r=b$)径向应力σ_{rr1}分布

(2) 巷道表面环向应力

巷道表面($r=a$)环向应力$\sigma_{\theta\theta2}$分布如图6-6所示。由图6-6可知，环向应力最大值在侧向位置($\theta=90°$和$\theta=270°$)，该处应力集中，围岩剪胀变形严重。而静载时圆形巷道表面径向应力$\sigma_r=0$，环向应力$\sigma_\theta=\sigma_{\theta\theta\max}=2\gamma h$。由动静载耦合理论知，静载下的$\sigma_{\theta\max}$与动载下的$\sigma_{\theta\theta2\max}$叠加将使得侧向位置成为应力集中区，是重点支护位置。

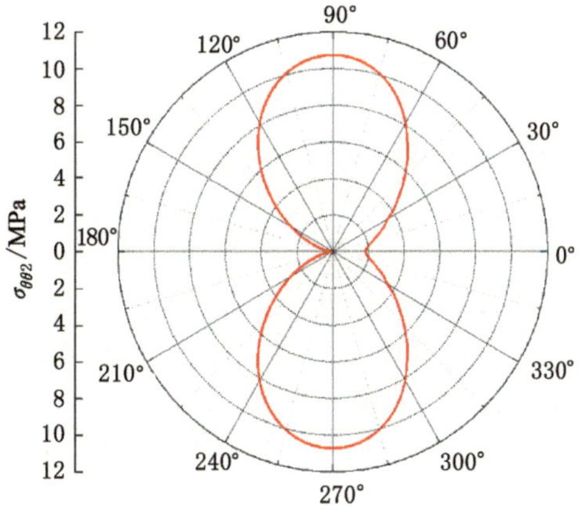

图6-6　巷道表面($r=a$)环向应力$\sigma_{\theta\theta2}$分布

(3) 巷道表面径向位移

巷道表面径向位移u_{r2}分布如图6-7所示。由图6-7可知，动载下迎波侧的u_{r2}远大于背波侧的，最大值在$\theta=180°$处。侧向位置($\theta=90°$和$\theta=270°$)的u_{r2}也较大，这与该处环向应力较大有关，即环向应力集中导致该处围岩剪胀变形严重，向巷道自由空间的变形量大。

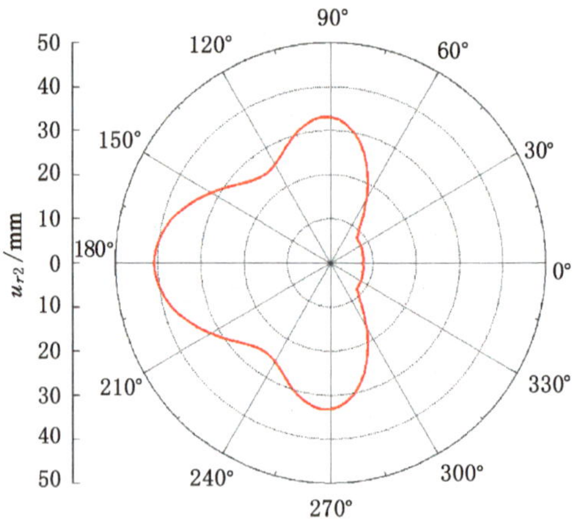

图 6-7　巷道表面径向位移 u_{r2} 分布

(4) 巷道表面与深部围岩径向位移差

巷道表面与深部围岩径向位移差 Δu_r 如图 6-8 所示。巷道表面($r=a$)径向位移 u_{r2} 与深部围岩($r=b$)径向位移 u_{r1} 之差为 Δu_r，即

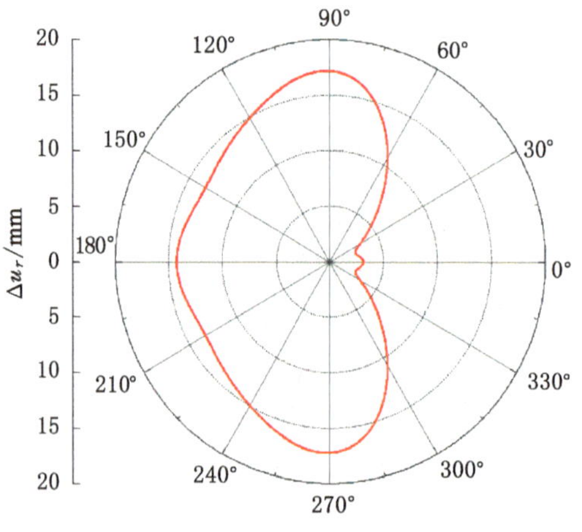

图 6-8　深部围岩与巷道表面径向位移差 Δu_r 分布

$$\Delta u_r = u_{r2} - u_{r1} \tag{6-8}$$

静载下巷道围岩变形量都从表面向深部逐渐减小，动载下也有相同的规律，即 $u_{r2} > u_{r1}$。由图 6-8 可知，迎波侧的 Δu_r 远大于背波侧的；侧向位置($\theta=90°$和$\theta=270°$)的 Δu_r 最大，表明该处围岩不协调变形严重，对支护结构影响大，是重点支护位置。

(5) 巷道重点支护位置

① 迎波侧的深部围岩径向应力远大于背波侧的，受动载影响大，围岩和锚杆锚固端可能受压破坏，导致锚杆松动，从而减弱甚至丧失对围岩加固作用，应重点关注迎波侧围岩受压以及锚杆的松动破坏位置。

② 侧向位置($\theta=90°$和 $\theta=270°$)的巷道表面环向应力和径向位移以及巷道表面与深部围岩径向位移差都较大,表明该处应力集中,围岩剪胀变形严重,同样是重点支护位置。

6.2.3 动载作用下端锚锚杆受力分析

动载下端锚锚杆受力包括:① 静载下锚杆由于施加预紧力而产生的轴应力 σ_s;② 动载下锚杆振动的动应力 σ_{d1};③ 动载下围岩变形引起的附加应力 σ_{d2}。由动静载耦合理论知,动载下端锚锚杆总应力为:

$$\sigma_{总}=\sigma_s+\sigma_{d1}+\sigma_{d2} \tag{6-9}$$

(1) 静载轴应力 σ_s

静载下预紧力端锚锚杆的轴应力为:

$$\sigma_s=\frac{F}{\frac{\pi}{4}d^2} \tag{6-10}$$

式中,F 为锚杆轴力;d 为锚杆直径。静载下端锚锚杆自由段的轴力即托锚力。

(2) 锚杆振动的动应力 σ_{d1}

为研究动应力 σ_{d1},建立如图 6-9 所示的锚杆纵向振动力学模型。

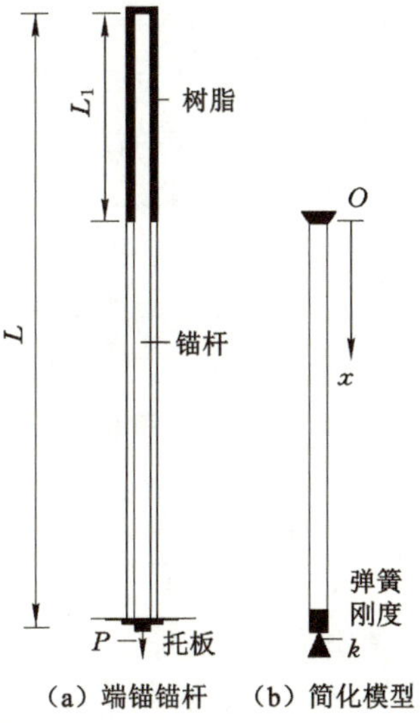

图 6-9　树脂锚杆纵向振动力学模型

建立锚杆振动简化模型的波动方程,由此可得锚杆振动应力表达式:

$$\sigma_x(x,t)=\frac{EI(1-\nu)}{A\rho c_0(1+\nu)(1-2\nu)}\frac{\lambda_1}{1-\cos\lambda_1 l}\sin c_0\lambda_1 t\cos\lambda_1 x=\sigma_{x\max}\sin c_0\lambda_1 t\cos\lambda_1 x \tag{6-11}$$

式中,E 为锚杆弹性模量;A 为锚杆横截面积;ν 为泊松比;$\lambda_1=\arcsin[e^{-kl/(EA)}]/l$。

(3) 动载下围岩变形引起的附加应力 σ_{d2}

巷道周边和岩体深部的位移规律,及周边位移和锚杆深部锚固点的位移差,对锚杆受力性质(锚杆受拉、受压或不受力)和大小影响很大。动载下巷道表面围岩与深部围岩变形不协调引起锚杆的变形量为 Δl_{d2}，杆体应变为 ε_{d2}，显然有 $\Delta l_{d2}=\Delta u_r$，而 $\varepsilon_{d2}=\Delta l_{d2}/L=\Delta u_r/L$。

煤矿常用的 Q235 圆钢锚杆，当杆体应力达到屈服极限时，其变形量 $\Delta l_{d2}=2.2$ mm；由图 6-8 知，小冲击下 Δu_r 最小值为 2.5 mm，表明支护结构各处的锚杆已不同程度地发生塑性变形，其中，Δu_r 在迎波侧的平均值为 16 mm，在侧向位置的平均值为 17.5 mm，在背波侧的平均值为 8.75 mm。由 Q235 圆钢拉伸的应力-应变曲线可知，σ_{d2} 在迎波侧的平均值为 240.96 MPa，在侧向位置的平均值为 241.61 MPa，在背波侧的平均值为 237.83 MPa。

6.2.4 重点支护位置的锚杆动力响应

(1) 迎波侧锚杆受力机制

震动波在传播过程中，两种介质的波阻抗分别为 $\rho_w c_w$ 和 $\rho_k c_k$，波在介质分界面产生的反射波强度和透射波强度分别为

$$\sigma_F=\sigma_0 F,\sigma_T=\sigma_0 T \tag{6-12}$$

式中，$F=\dfrac{1-n}{1+n}$，$T=\dfrac{2}{1+n}$，$n=\dfrac{\rho_w c_w}{\rho_k c_k}$。

当入射波到达深部围岩与锚杆内端头分界面时，$n_1=\rho_{围岩} c_{围岩}/(\rho_{锚杆} c_{锚杆})<1$，$F_1>0$，$T_1>1$，$\sigma_{T1}=T_1\sigma_{0r}$，此时，透射波为压缩波。

当透射压缩波沿锚杆杆体到达巷道表面时，$n_2=\rho_{锚杆} c_{锚杆}/(\rho_{空气} c_{空气})\approx\infty$，$F_2\approx-1$，$T_2\approx 0$，$\sigma_{F2}\approx-\sigma_{T1}$，此时，透射压缩波几乎全反射为拉伸波。

当反射拉伸波再次到达锚杆内端头与深部围岩分界面时，$n_3=\rho_{锚杆} c_{锚杆}/(\rho_{围岩} c_{围岩})>1$，$F_3<0$，$T_3>0$，$\sigma_{F3}=\sigma_{F2}F_3$，此时，反射波又为压缩波。

至此为一个循环周期。在锚杆纵向振动过程中，σ_{d1} 的幅值 σ_{d1max} 逐渐减小，主要原因为巷道表面反射的拉伸波 σ_{F2} 在深部围岩与锚杆内端头分界面产生透射波 σ_{T3}，这部分振动能量耗散到深部围岩中，随着振动持续，能量累积耗散，直到恢复新的平衡。据此，定义衰减系数 γ，并考虑应力方向(拉应力为正值，压应力为负值)，当 $kT<t<(k+1)T$ 时，σ_{d1} 的表达式为：

$$\sigma_{d1}=-\gamma^k\sigma_x(x,t)=-\gamma^k\frac{EI(1-\nu)}{A\rho c_0(1+\nu)(1-2\nu)}\frac{\lambda_1}{1-\cos\lambda_1 l}\cos\lambda_1 x\sin c_0\lambda_1 t \tag{6-13}$$

式中，$k=0,1,2,3,\cdots$；$\gamma=|F_3|$；$T=2\pi/(c_0\lambda_1)$。

以煤矿常用直径为 20 mm 的 Q235 圆钢锚杆为例，其杆体长度为 2 m，锚固段长度为 0.5 m，弹性模量为 210 GPa，密度取 7 800 kg/m^3，泊松比取 0.3，屈服强度 σ_q 为 235 MPa，抗拉强度 σ_t 为 450 MPa，极限伸长率 δ 为 25%；振动模型的弹簧刚度取 20 kN/m，矿震作用时间为 0.5 ms，作用于锚杆横截面的冲击能量为 1.69 N·s。以 $\theta=180^\circ$ 处的锚杆的自由段与锚固段分界面($x_0=0$ m)为例，代入以上参数，得：

$$\begin{aligned}\sigma_{d1}&=-\gamma^k\frac{EI(1-\nu)}{A\rho c_0(1+\nu)(1-2\nu)}\frac{\lambda_1}{1-\cos\lambda_1 l}\cos\lambda_1 x_0\sin c_0\lambda_1 t\\&=-0.62^k\times 39.7\times 10^6\times\sin(5.33\times 10^3 t)\end{aligned} \tag{6-14}$$

$x_0=0$ m 处动应力 σ_{d1} 的时程曲线如图 6-10 所示。

当入射波到达深部围岩与承载拱分界面时，除了引起锚杆振动外，还会引起深部围岩产生径向位移 u_{r1}，在小震动算例中其平均值为 30 mm。此时震动波尚未传播至巷道表面，故

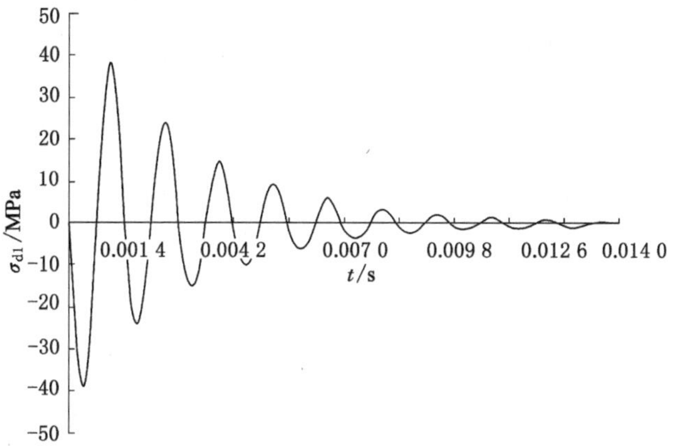

图 6-10 动应力 σ_{d1} 的时程曲线

巷道表面径向位移 $u_{r2}=0$，锚杆变形量 $\Delta l_{d2}=\Delta u_r=0-u_{r1}=-30$ mm。由 Q235 圆钢压缩时的应力-应变曲线知，压缩时的 E 和 σ_q 与拉伸时的大致相同，而进入屈服阶段后，其抗压能力却继续增高。变形量为 30 mm 的锚杆已屈服，此时 σ_{d2} 为压应力，且其值大于屈服强度 235 MPa，故有：

$$\sigma_{总}=\sigma_s+\sigma_{d1}+\sigma_{d2}<127+(-39.7)+(-235)=-147.7(\text{MPa})$$

此时锚杆受压，而锚杆抗压强度较大，不会发生破坏。

当应力波到达巷道表面反射拉伸波时(由于承载拱厚度较小，可近似认为沿锚杆传播的应力波和沿围岩传播的应力波同时到达巷道表面)，引起巷道表面径向位移 u_{r2}，其平均值为 46 mm。锚杆最终变形量 $\Delta l'_{d2}=u_{r2}-u_{r1}=16$ mm>0。此时 σ'_{d2} 为拉应力，由上述分析知，其值为 240.96 MPa，故有：

$$\sigma'_{总}=\sigma'_s+\sigma'_{d1}+\sigma'_{d2}=127+39.7+240.96=407.66(\text{MPa})$$

此时锚杆受拉，由于 $\sigma'_{总}<\sigma_t=450$ MPa，故小冲击算例下的锚杆未发生拉断破坏。

此后，由于动载下围岩变形已达塑性变形，静载 σ'_s 与围岩变形引起的附加应力 σ'_{d2} 叠加成为新的“静载”σ_{s1}，即

$$\sigma_{s1}=\sigma'_s+\sigma'_{d2}=127+240.96=367.96(\text{MPa})$$

由于 σ_{d1} 幅值逐渐减小，此后总应力 $\sigma_{总}$ 的范围为

$$\begin{cases}\sigma_{总\min}=\sigma_{s1}-\sigma'_{d1\max}=367.96-0.62\times39.7=343.346(\text{MPa})\\ \sigma_{总\max}=\sigma_{s1}+\sigma'_{d1\max}=367.96+0.62\times39.7=392.574(\text{MPa})\end{cases}$$

显然，此后锚杆始终受拉，直到 $\sigma_{总}=\sigma_{s1}=367.96$ MPa 时，才恢复到新的平衡。

综上，小震动下迎波侧锚杆先受压后受拉，直到恢复新的平衡。

(2) 支护结构的破坏类型

应力波对煤岩体的破坏表现为两种形式：循环累积损伤破坏和单次瞬间摧垮破坏。当应力波强度较低时，单次震动不会引起迎波侧承载拱内锚杆和围岩破坏。然而，当多次小震动作用于承载拱时，受压围岩会逐渐损伤致裂；同时，锚杆会反复受压和受拉，直至失去锚固基础而松动，对围岩的加固作用逐步减弱直至丧失，这将进一步加剧支护围岩的损伤破裂。当损伤达到一定程度时，极限强度降低的煤岩体就可能被破坏，从而失去联结性和完整性。

据此，定义每次小震动导致的围岩损伤为 D_1，锚杆松动导致的围岩力学性质损伤为 D_2，则循环累积震动后支护体强度为：

$$\sigma'_Z = (1 - \sum a_i D_{1i} - \sum b_i D_{2i})\sigma_Z \tag{6-15}$$

式中，σ_Z 为原支护体强度；a_i，b_i 为待定系数。

此后，一次小震动就可能诱发巷道冲击破坏，此时巷道冲击破坏判据为：

$$\sigma_0(d-r-t)^{-\eta} + \gamma h\left[1 - \frac{a^2}{(r+t)^2}\right] > \sigma'_Z \tag{6-16}$$

式中，d 为震源距巷道中心的距离；t 为承载拱厚度；a 为巷道半径；η 为应力波在深部围岩中传播的能量衰减指数。

当应力波强度足够大时，一次强震动就能满足巷道冲击破坏判据：

$$\sigma_0(d-r-t)^{-\eta} + \gamma h\left[1 - \frac{a^2}{(r+t)^2}\right] > \sigma_Z \tag{6-17}$$

此时，支护体围岩和锚杆锚固端将受压破坏，锚杆将失去锚固基础，锚杆松动并丧失对围岩的加固作用，围岩的力学性质大大降低，在矿震应力波的作用下，引起支护围岩更大范围及更进一步的破裂，直至整个支护结构被冲击破坏。

（3）侧向位置

应力波作用方向与侧向位置的锚杆轴向呈接近 90°，作用于锚杆横截面上的有效径向分量几乎为零，因此可以忽略锚杆振动产生的动应力；此外，动载下支护结构有一个“压扁”的趋势，导致侧向位置（$\theta=90°$ 和 $\theta=270°$）的巷道表面环向应力 $\sigma_{\theta\theta 2}$、巷道表面径向位移 u_{r2} 以及径向位移差 Δu_r 明显偏大，这表明侧向位置的锚杆受力不是动载下锚杆振动的动应力引起的，而是动载下深部围岩与表面围岩的不协调变形导致的，故侧向位置的锚杆总应力为：

$$\sigma_{总} = \sigma_s + \sigma_{d2} = 127 + 241.61 = 368.61(\text{MPa}) < \sigma_t$$

显然，侧向位置的锚杆受拉，在小震动算例中，锚杆未发生拉断破坏。若 σ_0 足够大，当满足 $\sigma_{总} > \sigma_t$ 时，则锚杆将被拉断。

6.3 冲击危险巷道的支护

6.3.1 锚杆支护预防巷道冲击的机理

研究表明，巷道冲击矿压显现与煤壁层裂结构的形成及失稳有关。巷道一经开掘，周围煤岩体原岩应力状态遭到破坏，由原来的三向受力状态变为平面受力状态，甚至出现单向受力状态，局部出现高应力集中区，并在巷道煤壁附近煤岩体内产生大量的次生裂纹。次生裂纹扩展和贯通以及自由表面影响是层裂结构形成的主要因素，对巷道围岩的稳定性起重要作用，是形成巷道冲击矿压显现的根源之一。如图 6-11 所示，煤壁附近裂纹端满足开裂条件 $K_{\mathrm{I}} = K_{\mathrm{IC}}$（$K_{\mathrm{IC}}$ 为材料的断裂韧性）时主应力 σ_1 值为：

$$\sigma_1 = \frac{\sqrt{b\sin(\pi l/b)}\left[K_{\mathrm{IC}} + \sigma_2\sqrt{2b\tan(\pi l/b)}\right]}{2l_0\cos\theta(\sin\theta\cos\theta - \mu\cos^2\theta)} + \frac{\sigma_2(\sin\theta\cos\theta + \mu\sin^2\theta)}{\sin\theta\cos\theta - \mu\cos^2\theta} \tag{6-18}$$

式中，l_0 为初始单个源裂纹长度；θ 为预存裂纹与压应力方向的倾斜角；l 为裂纹扩展后长度；μ 为滑移面摩擦系数；b 为两裂纹间距。

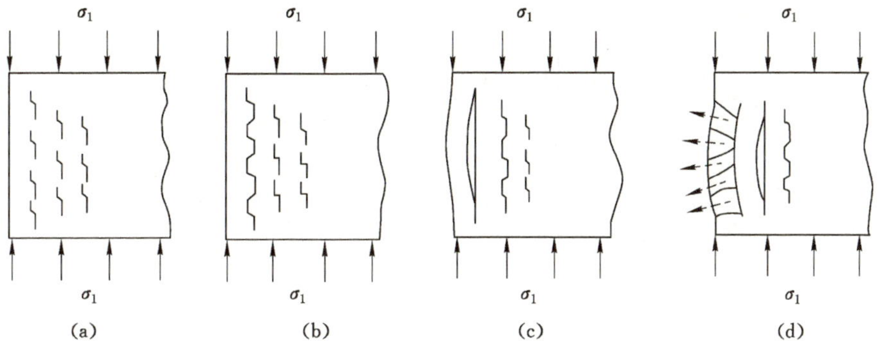

图 6-11 滑移裂纹扩展的冲击矿压模型

层裂结构破坏的临界应力 σ_{cr} 为：

$$\sigma_{cr}=\frac{E}{1-\nu^2}\frac{\pi^2h^2}{3L^2}+\sum_{i=1}^{n}\frac{G}{\lambda_i}h \tag{6-19}$$

式中，ν 为泊松比；L 为裂纹贯穿后总长；h 为裂纹距自由面距离；n 为两板间相互接触面的总个数；λ_i 为第 i 个接触面上有效接触长度。

由以上冲击巷道冲击矿压形成的机理可以明显看出，U 型钢、型钢以及木支护很难主动防止冲击矿压形成，也不能与围岩共同形成防冲"强结构"，不是冲击矿压合理的支护形式。而作为一种主动支护手段，锚杆支护可以改变围岩的力学状态，增强围岩的自承能力，并且能充分利用围岩的自承能力，较好地适应围岩压力的变化，使围岩保持稳定。图 6-12 为锚杆加固作用的示意。根据锚杆支护理论，高强度预应力锚杆能通过预应力以及托盘对巷道围岩表面施加径向应力，从而可以改善巷道表面围岩的应力状态，增加径向的 σ_2。由式(6-18)知，形成层裂结构时所需要的 σ_1 随着 σ_2 的提高而增大，即锚杆的作用能提高形成层裂结构的条件，从一定意义上说可以阻止冲击矿压的形成。由锚杆支护的围岩强度强化理论知，锚杆不只是对巷道围岩施加径向及切向应力，阻止岩层移动和破坏，重要的是，锚杆可以提高围岩自身的力学性质，提高围岩自身的 E、C 和 φ 等值，从而提高围岩的自承能力。从式(6-19)可以看出，裂纹不稳定扩展所需的临界应力随着围岩力学性质的增强而增大，即围岩越完整坚硬，裂纹的失稳滑移越困难；同时，锚杆支护具有组合梁功能，通过锚杆作用可以将层状结构组合在一起，增加层裂板之间的摩擦力，提高层裂板的稳定性。因此，通过高强度预应力锚杆支护作用，可以有效阻止层裂结构的形成与失稳。因此，高强度预应力锚杆能够对巷道围岩施加较高的径向应力，提高围岩自承能力，使围岩形成强度高整体性强的锚固体，从而主动防止冲击矿压的发生，并形成有效的"强结构"，是冲击矿压巷道支护的合理选择。

6.3.2 支护体"强结构"让压抵御冲击

从上面的分析可知，锚杆支护在一定程度上可以阻止巷道围岩层裂结构的形成，防止巷道冲击矿压的发生，但是，现场实践表明，使用高强度预应力锚杆支护系统的巷道，冲击矿压仍然经常发生。特别的，发生在煤体深部的高能级震动，通过应力波的形式携带震动能量对巷道突然施加一冲击载荷，即使增强锚杆支护系统的强度及支护密度，巷道依然变形强烈，

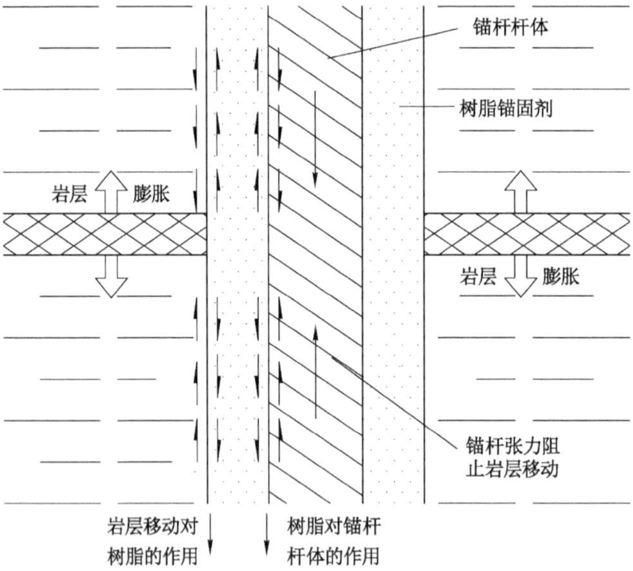

图 6-12 锚杆对巷道围岩加固作用示意

锚杆锚索大面积被拉断。并且利用微震监测系统在现场的实测表明，冲击矿压的震动能量级别一般都在 1.0×10^6 J 以上，因此，单纯依靠提高锚杆支护系统的强度抵御冲击矿压是不现实的。锚杆支护“强结构”不仅要具备比普通支护高的强度，而且更要具有主动让压、卸压的“柔让”蓄能的作用。

冲击发生时，震源所发出的震动波以应力波能量的形式对巷道围岩施加冲击载荷，巷道围岩及锚固体变形速度在极短的时间间隔内发生很大的变化。假设巷道为圆形的，受均匀围压作用，如图 6-13 所示。震源的能量为 E_S，震源到巷道周边的距离为 l，巷道围岩所聚集的弹性应变能为 E_E。震源的能量与巷道围岩聚集的弹性应变能叠加后，在对巷道围岩做功过程中，发生不可逆的能量耗散，主要包括 3 个方面：① 造成一部分巷道围岩破坏成松散体，这部分能量消耗遵守岩体破坏的最小能量原理，即 $E_{min}=\sigma_c^2/(2E)$ 或 $E_{min}=\tau_c^2/(2G)$；② 使巷道围岩发生塑性变形，消耗的能量为 E_P；③ 能量在不均质岩体内传递过程中表面能的耗散，即 E_D。其余能量转化为围岩与锚固体的变形能 E_R 与诱发巷道冲击的动能 E_K。

根据弹性理论，半径为 R_0 的圆形巷道开挖后，单位体积围岩内聚集的弹性应变能为：

$$E_E = p_0^2[3(1-2\mu)+2(1+\mu)R_0^4/r^4]/(2E) \tag{6-20}$$

由能量守恒定律可知：

$$E_S e^{-\lambda l} + E_E - E_{min} - E_P - E_D = E_R = \frac{1}{2}\Delta\sigma_d(\Delta d + \Delta\varepsilon_d) + E_K \tag{6-21}$$

式中，λ 为能量衰减指数，与震源能量以及岩体类型有关；Δd 为锚杆主动让压距离；$\Delta\varepsilon_d$ 为冲击载荷作用下产生的应变。

为了防止冲击矿压的发生，要使 E_K 接近零，则：

$$\Delta\sigma_d = \frac{2(E_S e^{-\lambda l} + E_E - E_{min} - E_P - E_D)}{(\Delta d + \Delta\varepsilon_d)} \tag{6-22}$$

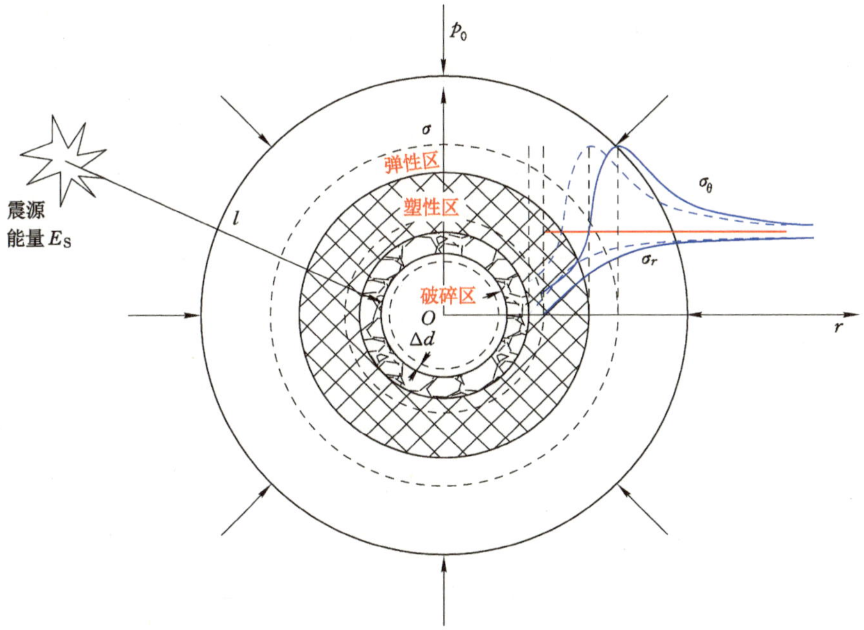

图 6-13　让压锚杆对巷道支护作用

从式(6-22)可以看出，巷道围岩及锚杆支护体所受到的冲击载荷与外部能量成正比，而与围岩允许的变形量成反比。冲击发生的过程一般非常短暂，仅有几秒钟，在如此短的时间内，依靠围岩变形使冲击载荷减小是不可能的，所以冲击矿压发生时，巷道锚杆锚索经常被拉断。其原因是，锚杆支护系统不具有主动"让压"变形功能，导致锚杆受到冲击载荷超过其强度极限而破断。在锚杆支护系统中设置"让压"构件，合理设计"让压"载荷，使锚杆在屈服之前保持高支护阻力下主动让压，这样可以将巷道的变形控制在合理范围内，避免因变形而增加的附加围岩应力影响支护体系，同时可极大地消耗震动过程中的弹性应变能。在外部震源作用下，巷道发生进一步变形与破坏，通过让压锚杆主动向巷道内部让压 Δd 距离后，震动能量大部分被消耗，巷道围岩应力不断调整至与让压锚杆锚固力达到平衡。此时，塑性区会向深部发展，切向应力峰值移动一定距离后平衡，如图 6-13 中实线所示。同时，锚杆支护系统在设计"让压"装置后，还可以通过锚杆的主动让压，顺应围岩应力重分布的调整过程，达到锚杆系统的均压支护，共同承载，从而使巷道围岩处于均压的应力环境中，更加有利于保证巷道的稳定性，避免局部应力集中。因此，支护体系"强结构"必须包括高强让压特征，即"柔让强"。

同时可以得出，震源能量的衰减系数同样影响传播到巷道附近的能量以及动载。故可通过对煤岩体内部采取深孔爆破等措施，破坏煤岩体完整性，释放围岩的弹性应变能，增大震动波传播过程中的衰减系数，达到防冲的目的，也就是形成"强弱强"结构中的弱结构。

6.3.3　巷道支护抗冲击能力评价

(1) 支护构件的吸能能力

巷道支护体与围岩相互作用形成的预应力承载结构，能够较好地适应冲击矿压对支护系统功能特性的要求。研究表明，锚杆和金属网标准支护系统具有 5 kJ/m² 能量耗散能力，喷射混凝土后能量耗散能力增加一倍，加上让压锚杆(柔性锚杆)能量耗散能力可以达到 10～15 kJ/m²。典型支护构件的载荷-位移参数如表 6-1 所示。

表 6-1　典型支护构件的荷载-位移参数

支护构件	峰值载荷/kN	极限位移/mm	吸收能量
ϕ16 mm，2 m 长机械锚杆	70～120	20～50	2～4 kJ/根
ϕ16 mm 砂浆光滑锚杆	70～130	50～100	4～10 kJ/根
ϕ19 mm 树脂锚杆	100～170	10～30	1～4 kJ/根
ϕ16 mm 锚索	160～240	20～40	2～6 kJ/根
ϕ39 mm 管缝式锚杆	50～100	80～200	5～15 kJ/根
让压胀管式锚杆	80～90	100～150	8～12 kJ/根
高级让压胀管式锚杆	180～190	100～150	18～25 kJ/根
ϕ16 mm 锥形锚杆	90～150	100～200	10～25 kJ/根
6 号线焊接金属网	20～30	100～200	1.5～2.5 kJ/m²
4 号线焊接金属网	30～45	150～200	2.5～4 kJ/m²
9 号线焊接金属网	30～35	350～450	3～4 kJ/m²
喷射混凝土＋焊接金属网	金属网峰值载荷的 2 倍	小于金属网的极限位移	3～4 kJ/m²

(2) 巷道围岩支护体系抗冲击能力

支护体系能够吸收的能量：

$$U_z \geqslant U_j + U_0(l-r)^{-\eta} - U_{bmin} = U_p + U_r \tag{6-23}$$

式中，U_z 为支护体系吸能能力；U_j 为巷道围岩静载能量；U_0 为震源能量；U_{bmin} 为煤岩体冲击最小能量；U_p 为煤岩体抛射动能；U_r 为顶板煤岩体势能；η 为矿震能量衰减指数；l 为震源到巷道中心距离；r 为巷道半径。

煤岩体冲击抛出的动能：

$$U_p = \frac{1}{2}mv^2 \tag{6-24}$$

式中，m 为煤岩体质量；v 为煤岩体运动速度。

顶板煤岩体的势能：

$$U_r = mg\Delta h \tag{6-25}$$

式中，Δh 为煤岩体下移高度。

锚网索支护体系的吸能能力：

$$U_z = U_{db} + U_{bb} \tag{6-26}$$

式中，U_{db} 为顶板支护系统吸能能力；U_{bb} 为帮部支护系统吸能能力。

其中，顶板支护系统(锚网索)的吸能能力：

$$U_{db} = \frac{(n_{mg}U_{mg} + n_{ms}U_{ms})}{ab} \tag{6-27}$$

帮部支护系统(锚网索)的吸能能力：

$$U_{bb}=\frac{(n_{mg}U_{mg}+n_{ms}U_{ms})}{cd} \tag{6-28}$$

式(6-27)和式(6-28)中，U_{mg} 为单根锚杆吸能能力；U_{ms} 为单根锚索吸能能力；n_{mg} 为锚杆数量；n_{ms} 为锚索数量；a 为顶板锚杆、锚索排距；b 为顶板宽度；c 为帮部锚杆、锚索排距；d 为帮部高度。

煤岩体运动的动能与势能之和等于支护体系承受的极限能量，则巷道周边围岩失效的最小运动速度为：

$$U_z=U_p+U_r=\frac{1}{2}mv^2+mg\Delta h \tag{6-29}$$

$$v_{db}=\sqrt{\frac{2U_{db}-2mg\Delta h}{m}} \tag{6-30}$$

$$v_{bb}=\sqrt{\frac{2U_{bb}-2mg\Delta h}{m}} \tag{6-31}$$

式(6-30)和式(6-31)中，v_{db} 为顶板岩体失效的最小运动速度；v_{bb} 为帮部岩体失效的最小运动速度。

上述速度可作为巷道支护系统防冲能力的评价指标。

(3) 抗冲击能力评价实例——某矿 3206 工作面巷道支护抗冲击能力分析

图 6-14 为 3206 工作面胶带巷优化前后的支护设计。3206 工作面胶带巷原始支护参数为：断面尺寸(宽×高)为 4 200 mm×3 400 mm，采用锚网索联合支护方式。锚杆为 ϕ20 mm×2 000 mm 的等强度螺纹钢锚杆，间排距为 800 mm×800 mm，端头锚固。锚索直径为 18.9 mm，间排距为 1 400 mm×1 600 mm，长为 6.5 m。

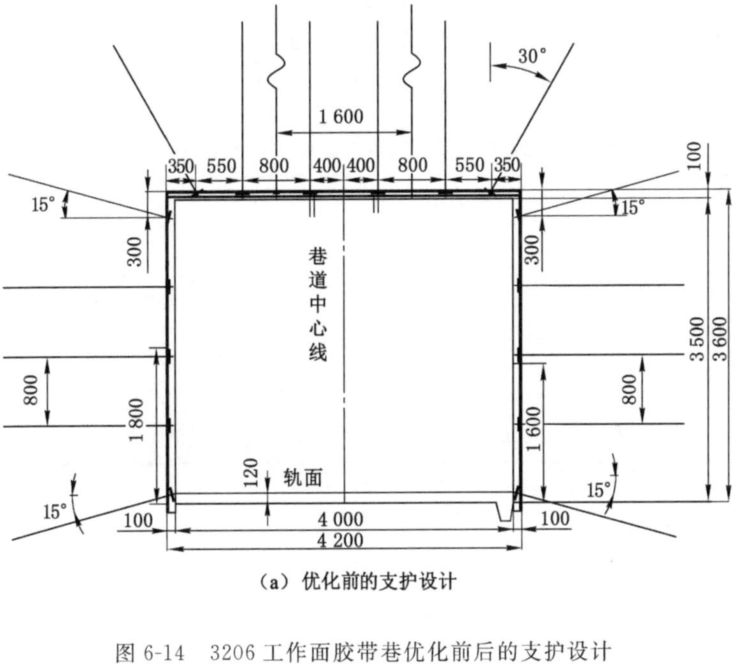

(a) 优化前的支护设计

图 6-14　3206 工作面胶带巷优化前后的支护设计

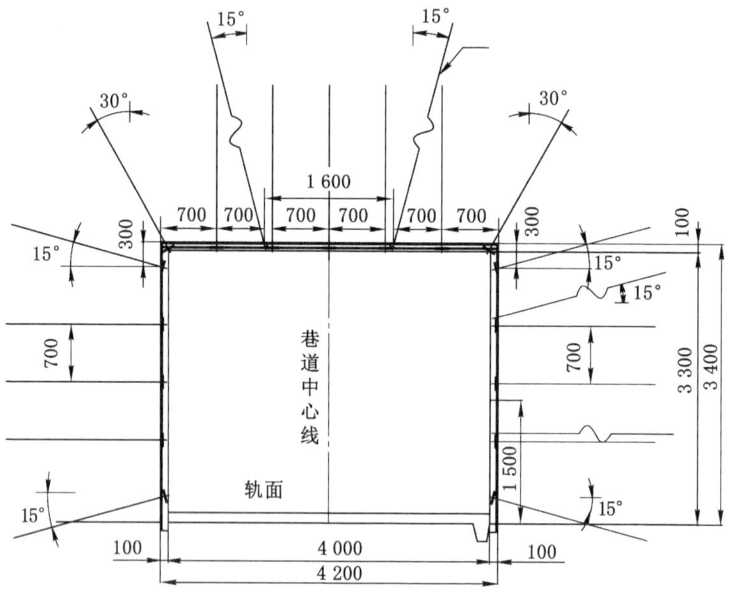

（b）优化后的支护设计

图 6-14(续)

3206 工作面胶带巷优化后的支护参数为:采用锚杆＋W 钢带＋锚索支护方式。锚杆选用 ϕ22 mm×2 400 mm 的左旋螺纹钢锚杆,间排距调整为 700 mm×700 mm;顶板锚索直径为 21.8 mm,间排距调整为 1 400 mm×1 600 mm。表 6-2 和表 6-3 为 3206 工作面胶带巷优化设计前后的抗冲能力评价结果。胶带巷支护方式优化后,对应质点振动峰值速度为 0.9 m/s;与原有支护的 0.575 m/s 相比,抗冲能力提高了 56.5%;与具有类似条件的某矿 3303 工作面的 0.765 m/s 相比,优化后的支护系统能够满足巷道抗冲击的要求。

表 6-2　3206 工作面胶带巷原始支护系统防冲能力

U_{db}/(kJ/m²)	U_{bb}/(kJ/m²)	U_r/(kJ/m²)	U_f/(kJ/m²)	v_{db}/(m/s)	v_{bb}/(m/s)	v/(m/s)	v_p/(m/s)
4.76	3.68	$0.65v^2$	3.9	1.15	2.38	1.15	0.575

注:U_{db}为顶板支护系统吸能能力;U_{bb}为帮部支护系统吸能能力;U_r为顶板煤岩体势能;U_f 为围岩破坏消耗能量;v_{db}为顶板岩体失效的最小运动速度;v_{bb}为帮部岩体失效的最小运动速度;v 为巷道围岩失效的最小运动速度;v_p 为巷道围岩失效时的质点振动峰值速度。

表 6-3　3206 工作面胶带巷优化后支护系统防冲能力

U_{db}/(kJ/m²)	U_{bb}/(kJ/m²)	U_r/(kJ/m²)	U_f/(kJ/m²)	v_{db}/(m/s)	v_{bb}/(m/s)	v/(m/s)	v_p/(m/s)
6.12	4.2	$0.65v^2$	3.9	1.8	2.54	1.8	0.9

注:表中各物理量的含义与表 6-2 中的相同。

我们对 3206 工作面采掘期间(2013 年 5 月至 2014 年 3 月)的矿震数据进行了分析。工作面矿震能量分级统计如表 6-4 所示,由此可以得出,3206 工作面掘进和回采期间矿震能量均主要集中在 0～1.0×10^2 J、1.0×10^2～1.0×10^3 J、1.0×10^3～1.0×10^4 J,1.0×10^4 J 以上的矿震

仅占 10.4%，1.0×10^5 J 以上的大能量矿震仅占 1.0%，说明工作面在掘进和回采期间主要受小能量的矿震影响。

表 6-4 工作面矿震能量分级统计

能量分级/J	震动次数	所占比例/%
$0\sim1.0\times10^2$	261	24.0
$1.0\times10^2\sim1.0\times10^3$	423	38.9
$1.0\times10^3\sim1.0\times10^4$	290	26.7
$1.0\times10^4\sim1.0\times10^5$	102	9.4
$>1.0\times10^5$	11	1.0

6.4 冲击危险区域的防护

6.4.1 及时预警危险并撤离人员

根据冲击矿压发生前的一般规律，可以观察到某些宏观前兆。例如，冲击矿压发生前，岩体应力和变形将发生变化。特别是顶板岩层活动加剧，下沉量增加，支柱受压变形加大。在顶板活动方面，表现为断裂声加剧，能听到清脆的断裂声和采空区里的闷雷声，当响声逐渐增大加密，由清脆到沉闷时，可能预示着冲击危险。

在煤体方面，表现为煤壁有片帮、炸帮现象。煤壁内有受压咕咕叫声，钻孔时，钻杆跳动剧烈，且易被卡住拔不出来。在支柱方面，表现为支柱折断劈裂，柱帽和顶梁变形加剧。

采用爆破法掘进或采煤时，在通过或遇到冲击危险地带时，将发生某些特殊现象，主要有爆破效率异常提高，炮眼利用率增加，残眼减少，甚至没有；岩石的破碎程度加剧，崩落的单个岩块失去整体结构；爆破后的岩壁上出现鳞片状痕迹，产生岩石分化或薄片。

冲击矿压对井下工作人员的危害，主要为可使人员受外伤，以及被抛出和冒落的煤岩石击伤和埋住，另外还有瓦斯等有害气体的威胁。因此，为了保证井下工作人员的安全，必须采取防护措施。

必须将肉眼可见的冲击矿压危险性特征、冲击矿压前兆信息以及减缓或消除冲击矿压事故的方法和自救措施等有关事项，向井下人员进行培训和详细指导；平时应积极组织冲击矿压的预测预报工作；出现危险时应积极组织人员撤离。

6.4.2 个体防护

冲击矿压发生时能量突然释放，易造成大量煤体或巷道内堆积物品的抛出或弹起伤人；人体在颠簸过程中与巷道帮顶、支架、设备及杆等突出物碰撞会造成人员伤害。防冲帽、防冲服可以很大程度地保护人体头部、胸部等主要器官，降低作业人员身体所受的冲击伤害。

因此，进入严重冲击矿压危险区域的人员，必须采取个体防护措施，穿戴防冲服与防冲帽等。

6.4.3 特别支护装备

冲击矿压矿井巷道要用可缩性拱形支架或圈形金属支架支护。在采煤工作面，用全部垮落法管理顶板时，必须用高强度切顶支柱（如金属支柱）支护。移架后必须从采空区撤除全部支柱。必须加强单体金属支柱之间的整体性，以免冲击时震倒棚子，引起冒顶伤人。为了尽可能地用机械设备保护工人，应采用专用的支架、护架和保护板，以及其他结构设施，以便在发生岩石弹射和冲击时起保护作用。例如，苏联、波兰、德国等国家在有冲击或突出危险的情况下，安装保护安全的护架和隔离物。它们通常被安装在离工作面 3～4 m 处，有足够的强度和可缩性，并且能够快速安装。

在冲击矿压和突出危险性特别大的情况下，应远距离控制和操纵采掘机械，实现“无人工作面”的回采和掘进方式。

在急倾斜煤层采煤工作面，冲击地点下方的工人易遭伤害，而上方工人易受瓦斯威胁。所以必须预先规定撤人路线。常用矸石带维护专用小巷经采空区撤出的安全出口。

为了防止瓦斯积聚，必须规定有快速恢复正常通风条件和向被垮落矸石隔离的地区供给新鲜空气的专门措施，以及用于个人自救的工具（自救器等）。

6.4.4 特殊的工作制度

在冲击矿压和突出危险地点，根据监测预警情况，某一时间内采用无人工作的制度，甚至临时撤离人员；有条件的尽量采用远距离操纵方式；必须按有关规程、细则、规定的要求，执行特殊的爆破制度。对于冲击矿压危险巷道，应把人员通过和停留的时间减到最小限度。

附录 《防治煤矿冲击地压细则》

国家煤矿安监局关于印发《防治煤矿冲击地压细则》的通知 煤安监技装〔2018〕8号

各产煤省、自治区、直辖市及新疆生产建设兵团煤矿安全监管部门、煤炭行业管理部门,各省级煤矿安全监察局,司法部直属煤矿管理局,有关中央企业:

《防治煤矿冲击地压细则》已经2018年4月16日国家煤矿安监局第14次局长办公会议审议通过,现予印发,自2018年8月1日起施行,请认真贯彻落实。

原煤炭工业部发布的《冲击地压煤层安全开采暂行规定》((87)煤生字第337号)和《冲击地压预测和防治试行规范》(1987)同时废止。

国家煤矿安全监察局
2018年5月2日

防治煤矿冲击地压细则

第一章 总 则

第一条 为了加强煤矿冲击地压防治工作,有效预防冲击地压事故,保障煤矿职工安全,根据《中华人民共和国安全生产法》《中华人民共和国矿山安全法》《国务院关于预防煤矿生产安全事故的特别规定》《煤矿安全规程》等法律、法规、规章和规范性文件的规定,制定《防治煤矿冲击地压细则》(以下简称《细则》)。

第二条 煤矿企业(煤矿)和相关单位的冲击地压防治工作,适用本细则。

第三条 煤矿企业(煤矿)的主要负责人(法定代表人、实际控制人)是冲击地压防治的第一责任人,对防治工作全面负责;其他负责人对分管范围内冲击地压防治工作负责;煤矿企业(煤矿)总工程师是冲击地压防治的技术负责人,对防治技术工作负责。

第四条 冲击地压防治费用必须列入煤矿企业(煤矿)年度安全费用计划,满足冲击地压防治工作需要。

第五条 冲击地压矿井必须编制冲击地压事故应急预案,且每年至少组织一次应急预案演练。

第六条 冲击地压矿井必须建立冲击地压防治安全技术管理制度、防治岗位安全责任制度、防治培训制度、事故报告制度等工作规范。

第七条　鼓励煤矿企业(煤矿)和科研单位开展冲击地压防治研究与科技攻关,研发、推广使用新技术、新工艺、新材料、新装备,提高冲击地压防治水平。

第二章　一般规定

第八条　冲击地压是指煤矿井巷或工作面周围煤(岩)体由于弹性变形能的瞬时释放而产生的突然、剧烈破坏的动力现象,常伴有煤(岩)体瞬间位移、抛出、巨响及气浪等。

冲击地压可按照煤(岩)体弹性能释放的主体、载荷类型等进行分类,对不同的冲击地压类型采取针对性的防治措施,实现分类防治。

第九条　在矿井井田范围内发生过冲击地压现象的煤层,或者经鉴定煤层(或者其顶底板岩层)具有冲击倾向性且评价具有冲击危险性的煤层为冲击地压煤层。有冲击地压煤层的矿井为冲击地压矿井。

第十条　有下列情况之一的,应当进行煤层(岩层)冲击倾向性鉴定:

(一)有强烈震动、瞬间底(帮)鼓、煤岩弹射等动力现象的。

(二)埋深超过400米的煤层,且煤层上方100米范围内存在单层厚度超过10米、单轴抗压强度大于60 MPa的坚硬岩层。

(三)相邻矿井开采的同一煤层发生过冲击地压或经鉴定为冲击地压煤层的。

(四)冲击地压矿井开采新水平、新煤层。

第十一条　煤层冲击倾向性鉴定按照《冲击地压测定、监测与防治方法 第2部分:煤的冲击倾向性分类及指数的测定方法》(GB/T 25217.2)进行。

第十二条　顶板、底板岩层冲击倾向性鉴定按照《冲击地压测定、监测与防治方法 第1部分:顶板岩层冲击倾向性分类及指数的测定方法》(GB/T 25217.1)进行。

第十三条　煤矿企业(煤矿)应当委托能够执行国家标准(GB/T 25217.1、GB/T 25217.2)的机构开展煤层(岩层)冲击倾向性的鉴定工作。鉴定单位应当在接受委托之日起90天内提交鉴定报告,并对鉴定结果负责。煤矿企业应当将鉴定结果报省级煤炭行业管理部门、煤矿安全监管部门和煤矿安全监察机构。

第十四条　开采具有冲击倾向性的煤层,必须进行冲击危险性评价。煤矿企业应当将评价结果报省级煤炭行业管理部门、煤矿安全监管部门和煤矿安全监察机构。

开采冲击地压煤层必须进行采区、采掘工作面冲击危险性评价。

第十五条　冲击危险性评价可采用综合指数法或其他经实践证实有效的方法。评价结果分为四级:无冲击地压危险、弱冲击地压危险、中等冲击地压危险、强冲击地压危险。

煤层(或者其顶底板岩层)具有强冲击倾向性且评价具有强冲击地压危险的,为严重冲击地压煤层。开采严重冲击地压煤层的矿井为严重冲击地压矿井。

经冲击危险性评价后划分出冲击地压危险区域,不同的冲击地压危险区域可按冲击危险等级采取一种或多种的综合防治措施,实现分区管理。

第十六条　新建矿井在可行性研究阶段应当根据地质条件、开采方式和周边矿井等情况,参照冲击倾向性鉴定规定对可采煤层及其顶底板岩层冲击倾向性进行评估,当评估有冲击倾向性时,应当进行冲击危险性评价,评价结果作为矿井立项、初步设计和指导建井施工的依据,并在建井期间完成煤层(岩层)冲击倾向性鉴定。

第十七条 煤层(矿井)、采区冲击危险性评价及冲击地压危险区划分可委托具有冲击地压研究基础与评价能力的机构或由具有5年以上冲击地压防治经验的煤矿企业开展，编制评价报告，并对评价结果负责。

采掘工作面冲击危险性评价可由煤矿组织开展，评价报告报煤矿企业技术负责人审批。

第十八条 有冲击地压矿井的煤矿企业必须明确分管冲击地压防治工作的负责人及业务主管部门，配备相关的业务管理人员。冲击地压矿井必须明确分管冲击地压防治工作的负责人，设立专门的防冲机构，并配备专业防冲技术人员与施工队伍，防冲队伍人数必须满足矿井防冲工作的需要，建立防冲监测系统，配备防冲装备，完善安全设施和管理制度，加强现场管理。

第十九条 冲击地压防治应当坚持“区域先行、局部跟进、分区管理、分类防治”的原则。

第二十条 冲击地压矿井必须编制中长期防冲规划和年度防冲计划。中长期防冲规划每3至5年编制一次，执行期内有较大变化时，应当在年度计划中补充说明。中长期防冲规划与年度防冲计划由煤矿组织编制，经煤矿企业审批后实施。

中长期防冲规划主要包括防冲管理机构及队伍组成、规划期内的采掘接续、冲击地压危险区域划分、冲击地压监测与治理措施的指导性方案、冲击地压防治科研重点、安全费用、防冲原则及实施保障措施等。

年度防冲计划主要包括上年度冲击地压防治总结及本年度采掘工作面接续、冲击地压危险区域排查、冲击地压监测与治理措施的实施方案、科研项目、安全费用、防冲安全技术措施、年度培训计划等。

第二十一条 有冲击地压危险的采掘工作面作业规程中必须包括防冲专项措施，防冲专项措施应当依据防冲设计编制，应当包括采掘作业区域冲击危险性评价结论、冲击地压监测方法、防治方法、效果检验方法、安全防护方法以及避灾路线等主要内容。

第二十二条 开采冲击地压煤层时，必须采取冲击地压危险性预测、监测预警、防范治理、效果检验、安全防护等综合性防治措施。

第二十三条 冲击地压矿井必须依据冲击地压防治培训制度，定期对井下相关的作业人员、班组长、技术员、区队长、防冲专业人员与管理人员进行冲击地压防治的教育和培训，保证防冲相关人员具备必要的岗位防冲知识和技能。

第二十四条 新建矿井和冲击地压矿井的新水平、新采区、新煤层有冲击地压危险的，必须编制防冲设计。防冲设计应当包括开拓方式、保护层的选择、巷道布置、工作面开采顺序、采煤方法、生产能力、支护形式、冲击危险性预测方法、冲击地压监测预警方法、防冲措施及效果检验方法、安全防护措施等内容。

新建矿井防冲设计还应当包括：防冲必须具备的装备、防冲机构和管理制度、冲击地压防治培训制度和应急预案等。

新水平防冲设计还应当包括：多水平之间相互影响、多水平开采顺序、水平内煤层群的开采顺序、保护层设计等。

新采区防冲设计还应当包括：采区内工作面采掘顺序设计、冲击地压危险区域与等级划分、基于防冲的回采巷道布置、上下山巷道位置、停采线位置等。

第二十五条 冲击地压矿井应当按照采掘工作面的防冲要求进行矿井生产能力核定，在冲击地压危险区域采掘作业时，应当按冲击地压危险性评价结果明确采掘工作面安全推进速度，确定采掘工作面的生产能力。提高矿井生产能力和新水平延深时，必须组织专家进行论证。

第二十六条　矿井具有冲击地压危险的区域，采取综合防冲措施仍不能消除冲击地压危险的，不得进行采掘作业。

第二十七条　开采冲击地压煤层时，在应力集中区内不得布置 2 个工作面同时进行采掘作业。2 个掘进工作面之间的距离小于 150 米时，采煤工作面与掘进工作面之间的距离小于 350 米时，2 个采煤工作面之间的距离小于 500 米时，必须停止其中一个工作面，确保两个回采工作面之间、回采工作面与掘进工作面之间、两个掘进工作面之间留有足够的间距，以避免应力叠加导致冲击地压的发生。相邻矿井、相邻采区之间应当避免开采相互影响。

第二十八条　开拓巷道不得布置在严重冲击地压煤层中，永久硐室不得布置在冲击地压煤层中。开拓巷道、永久硐室布置达不到以上要求且不具备重新布置条件时，需进行安全性论证。在采取加强防冲综合措施，确认冲击危险监测指标小于临界值后方可继续使用，且必须加强监测。

第二十九条　冲击地压煤层巷道与硐室布置不应留底煤，如果留有底煤必须采取底板预卸压等专项治理措施。

第三十条　严重冲击地压厚煤层中的巷道应当布置在应力集中区外。冲击地压煤层双巷掘进时，2 条平行巷道在时间、空间上应当避免相互影响。

第三十一条　冲击地压煤层应当严格按顺序开采，不得留孤岛煤柱。采空区内不得留有煤柱，如果特殊情况必须在采空区留有煤柱时，应当进行安全性论证，报企业技术负责人审批，并将煤柱的位置、尺寸以及影响范围标在采掘工程平面图上。煤层群下行开采时，应当分析上一煤层煤柱的影响。

第三十二条　冲击地压煤层开采孤岛煤柱前，煤矿企业应当组织专家进行防冲安全开采论证，论证结果为不能保障安全开采的，不得进行采掘作业。

严重冲击地压矿井不得开采孤岛煤柱。

第三十三条　对冲击地压煤层，应当根据顶底板岩性适当加大掘进巷道宽度。应当优先选择无煤柱护巷工艺，采用大煤柱护巷时应当避开应力集中区，严禁留大煤柱影响邻近层开采。

第三十四条　采用垮落法管理顶板时，支架(柱)应当具有足够的支护强度，采空区中所有支柱必须回净。

第三十五条　冲击地压煤层采掘工作面临近大型地质构造(幅度在 30 米以上、长度在 1 千米以上的褶曲，落差大于 20 米的断层)、采空区、煤柱及其它应力集中区附近时，必须制定防冲专项措施。

第三十六条　编制采煤工作面作业规程时，应当确定回采工作面初次来压、周期来压、采空区“见方”等可能的影响范围，并制定防冲专项措施。

第三十七条　在无冲击地压煤层中的三面或者四面被采空区所包围的区域开采或回收煤柱时，必须进行冲击危险性评价、制定防冲专项措施，并组织专家论证通过后方可开采。

有冲击地压潜在风险的无冲击地压煤层的矿井，在煤层、工作面采掘顺序，巷道布置、支护和煤柱留设，采煤工作面布置、支护、推进速度和停采线位置等设计时，应当避免应力集中,防止不合理开采导致冲击地压发生。

第三十八条 冲击地压煤层内掘进巷道贯通或错层交叉时,应当在距离贯通或交叉点50米之前开始采取防冲专项措施。

第三十九条 具有冲击地压危险的高瓦斯、煤与瓦斯突出矿井,应当根据本矿井条件,综合考虑制定防治冲击地压、煤与瓦斯突出、瓦斯异常涌出等复合灾害的综合技术措施,强化瓦斯抽采和卸压措施。

具有冲击地压危险的高瓦斯矿井,采煤工作面进风巷(距工作面不大于10米处)应当设置甲烷传感器,其报警、断电、复电浓度和断电范围同突出矿井采煤工作面进风巷甲烷传感器。

第四十条 具有冲击地压危险的复杂水文地质、容易自燃煤层的矿井,应当根据本矿井条件,在防治水、煤层自然发火时综合考虑防治冲击地压。

第四十一条 冲击地压矿井必须制定避免因冲击地压产生火花造成煤尘、瓦斯燃烧或爆炸等事故的专项措施。

第四十二条 开采具有冲击地压危险的急倾斜煤层、特厚煤层时,在确定合理采煤方法和工作面参数的基础上,应当制定防冲专项措施,并由企业技术负责人审批。

第四十三条 具有冲击地压危险的急倾斜煤层,顶板具有难垮落特征时,应当对顶板活动进行监测预警,制定强制放顶或顶板预裂等措施,实施措施后必须进行顶板处理效果检验。

第三章 冲击危险性预测、监测、效果检验

第四十四条 冲击地压矿井必须进行区域危险性预测(以下简称区域预测)和局部危险性预测(以下简称局部预测)。区域预测即对矿井、水平、煤层、采(盘)区进行冲击危险性评价,划分冲击地压危险区域和确定危险等级;局部预测即对采掘工作面和巷道、硐室进行冲击危险性评价,划分冲击地压危险区域和确定危险等级。

第四十五条 区域预测与局部预测可根据地质与开采技术条件等,优先采用综合指数法确定冲击危险性,还可采用其他经实践证明有效的方法。预测结果分为四类:无冲击地压危险区、弱冲击地压危险区、中等冲击地压危险区、强冲击地压危险区。根据不同的预测结果制定相应的防治措施。

第四十六条 冲击地压矿井必须建立区域与局部相结合的冲击危险性监测制度,区域监测应当覆盖矿井采掘区域,局部监测应当覆盖冲击地压危险区,区域监测可采用微震监测法等,局部监测可采用钻屑法、应力监测法、电磁辐射法等。

第四十七条 采用微震监测法进行区域监测时,微震监测系统的监测与布置应当覆盖矿井采掘区域,对微震信号进行远距离、实时、动态监测,并确定微震发生的时间、能量(震级)及三维空间坐标等参数。

第四十八条 采用钻屑法进行局部监测时,钻孔参数应当根据实际条件确定。记录每米钻进时的煤粉量,达到或超过临界指标时,判定为有冲击地压危险;记录钻进时的动力效应,如声响、卡钻、吸钻、钻孔冲击等现象,作为判断冲击地压危险的参考指标。

第四十九条 采用应力监测法进行局部监测时,应当根据冲击危险性评价结果,确定应力传感器埋设深度、测点间距、埋设时间、监测范围、冲击地压危险判别指标等参数,实现远

距离、实时、动态监测。

可采用矿压监测法进行局部补充性监测，掘进工作面每掘进一定距离设置顶底板动态仪和顶板离层仪，对顶底板移近量和顶板离层情况进行定期观测；回采工作面通过对液压支架工作阻力进行监测，分析采场来压程度、来压步距、来压征兆等，对采场大面积来压进行预测预报。

第五十条　冲击地压矿井应当根据矿井的实际情况和冲击地压发生类型，选择区域和局部监测方法。可以用实验室试验或类比法先设定预警临界指标初值，再根据现场实际考察资料和积累的数据进一步修订初值，确定冲击危险性预警临界指标。

第五十一条　冲击地压矿井必须有技术人员专门负责监测与预警工作；必须建立实时预警、处置调度和处理结果反馈制度。

第五十二条　冲击地压危险区域必须进行日常监测，防冲专业人员每天对冲击地压危险区域的监测数据、生产条件等进行综合分析、判定冲击地压危险程度，并编制监测日报，报经矿防冲负责人、总工程师签字，及时告知相关单位和人员。

第五十三条　当监测区域或作业地点监测数据超过冲击地压危险预警临界指标，或采掘作业地点出现强烈震动、巨响、瞬间底（帮）鼓、煤岩弹射等动力现象，判定具有冲击地压危险时，必须立即停止作业，按照冲击地压避灾路线迅速撤出人员，切断电源，并报告矿调度室。

第五十四条　冲击地压危险区域实施解危措施时，必须撤出冲击地压危险区域所有与防冲施工无关的人员，停止运转一切与防冲施工无关的设备。实施解危措施后，必须对解危效果进行检验，检验结果小于临界值，确认危险解除后方可恢复正常作业。

第五十五条　停采 3 天及以上的冲击地压危险采掘工作面恢复生产前，防冲专业人员应当根据钻屑法、应力监测法或微震监测法等检测监测情况对工作面冲击地压危险程度进行评价，并采取相应的安全措施。

第四章　区域与局部防冲措施

第五十六条　冲击地压矿井必须采取区域和局部相结合的防冲措施。在矿井设计、采（盘）区设计阶段应当先行采取区域防冲措施；对已形成的采掘工作面应当在实施区域防冲措施的基础上及时跟进局部防冲措施。

第五十七条　冲击地压矿井应当选择合理的开拓方式、采掘部署、开采顺序、煤柱留设、采煤方法、采煤工艺及开采保护层等区域防冲措施。

第五十八条　冲击地压矿井进行开拓方式选择时，应当参考地应力等因素合理确定开拓巷道层位与间距，尽可能地避免局部应力集中。

第五十九条　冲击地压矿井进行采掘部署时，应当将巷道布置在低应力区，优先选择无煤柱护巷或小煤柱护巷，降低巷道的冲击危险性。

第六十条　冲击地压矿井同一煤层开采，应当优化确定采区间和采区内的开采顺序，避免出现孤岛工作面等高应力集中区域。

第六十一条　冲击地压矿井进行采区设计时，应当避免开切眼和停采线外错布置形成应力集中，否则应当制定防冲专项措施。

第六十二条　应当根据煤层层间距、煤层厚度、煤层及顶底板的冲击倾向性等情况综合考虑保护层开采的可行性，具备条件的，必须开采保护层。优先开采无冲击地压危险或弱冲击地压危险的煤层，有效减弱被保护煤层的冲击危险性。

第六十三条　保护层的有效保护范围应当根据保护层和被保护层的煤层赋存情况、保护层采煤方法和回采工艺等矿井实际条件确定；保护层回采超前被保护层采掘工作面的距离应当符合本细则第二十七条的规定；保护层的卸压滞后时间和对被保护层卸压的有效时间应当根据理论分析、现场观测或工程类比综合确定。

第六十四条　开采保护层后，仍存在冲击地压危险的区域，必须采取防冲措施。

第六十五条　冲击地压煤层应当采用长壁综合机械化采煤方法。

第六十六条　缓倾斜、倾斜厚及特厚煤层采用综采放顶煤工艺开采时，直接顶不能随采随冒的，应当预先对顶板进行弱化处理。

第六十七条　冲击地压矿井应当在采取区域措施基础上，选择煤层钻孔卸压、煤层爆破卸压、煤层注水、顶板爆破预裂、顶板水力致裂、底板钻孔或爆破卸压等至少一种有针对性、有效的局部防冲措施。

采用爆破卸压时，必须编制专项安全措施，起爆点及警戒点到爆破地点的直线距离不得小于 300 米，躲炮时间不得小于 30 分钟。

第六十八条　采用煤层钻孔卸压防治冲击地压时，应当依据冲击危险性评价结果、煤岩物理力学性质、开采布置等具体条件综合确定钻孔参数。必须制定防止打钻诱发冲击伤人的安全防护措施。

第六十九条　采用煤层爆破卸压防治冲击地压时，应当依据冲击危险性评价结果、煤岩物理力学性质、开采布置等具体条件确定合理的爆破参数，包括孔深、孔径、孔距、装药量、封孔长度、起爆间隔时间、起爆方法、一次爆破的孔数。

第七十条　采用煤层注水防治冲击地压时，应当根据煤层条件及煤的浸水试验结果等综合考虑确定注水孔布置、注水压力、注水量、注水时间等参数，并检验注水效果。

第七十一条　采用顶板爆破预裂防治冲击地压时，应当根据邻近钻孔顶板岩层柱状图、顶板岩层物理力学性质和工作面来压情况等，确定岩层爆破层位，依据爆破岩层层位确定爆破钻孔方位、倾角、长度、装药量、封孔长度等爆破参数。

第七十二条　采用顶板水力致裂防治冲击地压时，应当根据邻近钻孔顶板岩层柱状图、顶板岩层物理力学性质和工作面来压情况等，确定压裂孔布置(孔深、孔径、孔距)、高压泵压力、致裂时间等参数。

第七十三条　采用底板爆破卸压防治冲击地压时，应当根据邻近钻孔柱状图和煤层及底板岩层物理力学性质等煤岩层条件等，确定煤岩层爆破深度、钻孔倾角与方位角、装药量、封孔长度等参数。

第七十四条　采用底板钻孔卸压防治冲击地压时，应当依据冲击危险性评价结果、底板煤岩层物理力学性质、开采布置等实际具体条件综合确定卸压钻孔参数。

第七十五条　冲击地压危险工作面实施解危措施后，必须进行效果检验，确认检验结果小于临界值后，方可进行采掘作业。

防冲效果检验可采用钻屑法、应力监测法或微震监测法等，防冲效果检验的指标参考监测预警的指标执行。

第五章　冲击地压安全防护措施

第七十六条　人员进入冲击地压危险区域时必须严格执行“人员准入制度”。准入制度必须明确规定人员进入的时间、区域和人数，井下现场设立管理站。

第七十七条　进入严重(强)冲击地压危险区域的人员必须采取穿戴防冲服等特殊的个体防护措施，对人体胸部、腹部、头部等主要部位加强保护。

第七十八条　有冲击地压危险的采掘工作面，供电、供液等设备应当放置在采动应力集中影响区外，且距离工作面不小于200米；不能满足上述条件时，应当放置在无冲击地压危险区域。

第七十九条　评价为强冲击地压危险的区域不得存放备用材料和设备；巷道内杂物应当清理干净，保持行走路线畅通；对冲击地压危险区域内的在用设备、管线、物品等应当采取固定措施，管路应当吊挂在巷道腰线以下，高于1.2米的必须采取固定措施。

第八十条　冲击地压危险区域的巷道必须采取加强支护措施，采煤工作面必须加大上下出口和巷道的超前支护范围与强度，并在作业规程或专项措施中规定。加强支护可采用单体液压支柱、门式支架、垛式支架、自移式支架等。采用单体液压支柱加强支护时，必须采取防倒措施。

第八十一条　严重(强)冲击地压危险区域，必须采取防底鼓措施。防底鼓措施应当定期清理底鼓，并可根据巷道底板岩性采取底板卸压、底板加固等措施。底板卸压可采取底板爆破、底板钻孔卸压等；底板加固可采用U型钢底板封闭支架、带有底梁的液压支架、打设锚杆(锚索)、底板注浆等。

第八十二条　冲击地压危险区域巷道扩修时，必须制定专门的防冲措施，严禁多点作业，采动影响区域内严禁巷道扩修与回采平行作业。

第八十三条　冲击地压巷道严禁采用刚性支护，要根据冲击地压危险性进行支护设计，可采用抗冲击的锚杆(锚索)、可缩支架及高强度、抗冲击巷道液压支架等，提高巷道抗冲击能力。

第八十四条　有冲击地压危险的采掘工作面必须设置压风自救系统。应当在距采掘工作面25至40米的巷道内、爆破地点、撤离人员与警戒人员所在位置、回风巷有人作业处等地点，至少设置1组压风自救装置。压风自救系统管路可以采用耐压胶管，每10至15米预留0.5至1.0米的延展长度。

第八十五条　冲击地压矿井必须制定采掘工作面冲击地压避灾路线，绘制井下避灾线路图。冲击地压危险区域的作业人员必须掌握作业地点发生冲击地压灾害的避灾路线以及被困时的自救常识。井下有危险情况时，班组长、调度员和防冲专业人员有权责令现场作业人员停止作业，停电撤人。

第八十六条　发生冲击地压后，必须迅速启动应急救援预案，防止发生次生灾害。

恢复生产前，必须查清事故原因，制定恢复生产方案，通过专家论证，落实综合防冲措施，消除冲击地压危险后，方可恢复生产。

第六章　附则

第八十七条　本细则自2018年8月1日起施行。

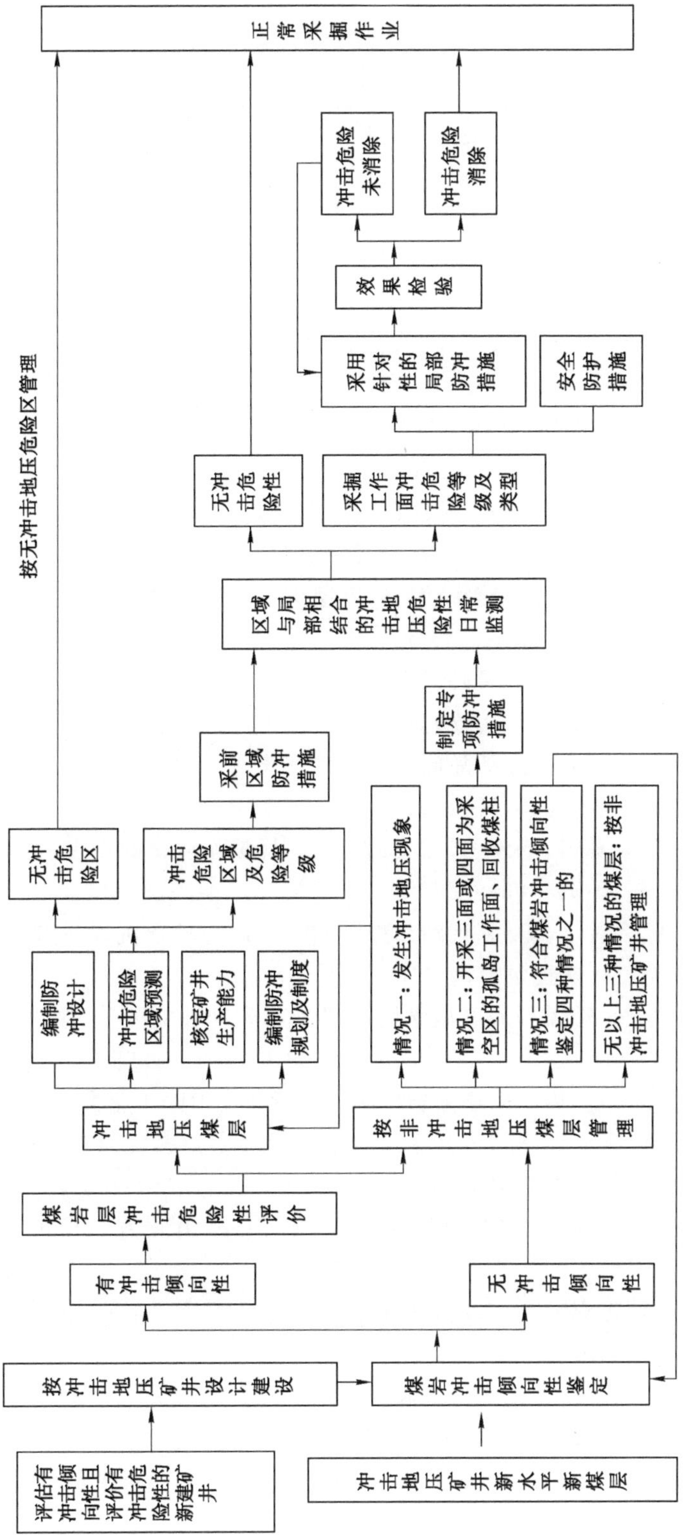

附图　防治煤矿冲击地压基本流程示意图

参考文献

[1] 蔡武，窦林名，韩荣军，等. 基于损伤统计本构模型的煤层冲击倾向性研究[J]. 煤炭学报，2011，36(增刊 2)：346-352.

[2] 蔡武，窦林名，李许伟，等. 基于分区监测的矿震时空强演化规律分析[J]. 煤矿安全，2011，42(12)：130-133.

[3] 蔡武，窦林名，李振雷，等. 微震多维信息识别与冲击矿压时空预测：以河南义马跃进煤矿为例[J]. 地球物理学报，2014，57(8)：2687-2700.

[4] 蔡武. 断层型冲击矿压的动静载叠加诱发原理及其监测预警研究[D]. 徐州：中国矿业大学，2015.

[5] 蔡武，窦林名，李振雷，等. 矿震震动波速度层析成像评估冲击危险的验证[J]. 地球物理学报，2016，59(1)：252-262.

[6] 曹安业，朱亮亮，李付臣，等. 厚硬岩层下孤岛工作面开采“T”型覆岩结构与动压演化特征[J]. 煤炭学报，2014，39(2)：328-335.

[7] 曹安业，井广成，窦林名，等. 孤岛面开采强矿震异常区的被动声波探测技术及应用[J]. 采矿与安全工程学报，2015，32(1)：20-27.

[8] 曹安业，井广成，窦林名，等. 不同加载速率下岩样损伤演化的声发射特征研究[J]. 采矿与安全工程学报，2015，32(6)：923-928.

[9] 曹安业，王常彬，窦林名，等. 临近断层孤岛面开采动力显现机理与震动波 CT 动态预警[J]. 采矿与安全工程学报，2017，34(3)：411-417.

[10] 曹安业，窦林名. 采动煤岩冲击破裂孕育机制与震动效应[M]. 徐州：中国矿业大学出版社，2018.

[11] 陈炎光，钱鸣高. 中国煤矿采场围岩控制[M]. 徐州：中国矿业大学出版社，1994.

[12] 窦林名，谷德钟. 采矿地球物理方法的应用前景[C]//佚名. 第六届全国采矿学术会议论文集. 出版者不详：出版地不详，1999.

[13] 窦林名，谷德钟，曹树刚. 冲击矿压及其防治[J]. 矿山压力与顶板管理，1999(3/4)：215-218.

[14] 窦林名，何学秋，王恩元，等. 冲击矿压与震动的机理及预报研究[J]. 矿山压力与顶板管理，1999(3/4)：199-203.

[15] 窦林名，DRZEZLA B. 冲击地压危险性评定的综合指数法[C]//佚名. 高效洁净开采与支护技术研讨会论文集，徐州：中国矿业大学出版社，2000.

[16] 窦林名，何学秋，DRZEZLA B. 冲击矿压危险性评价的地音法[J]. 中国矿业大学学报，2000，29(1)：85-88.

[17] 窦林名，何学秋，王恩元，等. 隧道围岩活动性监测[C]//2000 年中国博士后学术大会

论文集，出版者不详：出版地不详，2000.
[18] 窦林名，何学秋. 冲击矿压防治理论与技术[M]. 徐州：中国矿业大学出版社，2001.
[19] 窦林名，何学秋. 煤岩特性对应力分布影响的实验研究[J]. 辽宁工程技术大学学报（自然科学版），2001，20(4)：484-486.
[20] 窦林名，何学秋，KOLODZIEJCZYK P. 卸压爆破效果分析及其应用[C]//佚名. 中国煤炭劳保学会矿井通风专业委员会第十届年会论文集，出版者不详：出版地不详，2001.
[21] 窦林名，何学秋. 采矿地球物理学[M]. 北京：中国科学文化出版社，2002.
[22] 窦林名. 深部开采冲击矿压防治研究[J]. 矿山压力与顶板管理，2003(增刊3)：58-60.
[23] 窦林名，曹胜根，刘贞堂，等. 三河尖煤矿坚硬顶板对冲击矿压的影响分析[J]. 中国矿业大学学报，2003，32(4)：388-392.
[24] 窦林名，何烨，张卫东. 孤岛工作面冲击矿压危险及其控制[J]. 岩石力学与工程学报，2003，22(11)：1866-1869.
[25] 窦林名，刘贞堂，曹胜根，等. 坚硬顶板对冲击矿压危险的影响分析[J]. 煤矿开采，2003，8(2)：58-60，66.
[26] 窦林名，何学秋. 煤岩冲击破坏模型及声电前兆判据研究[J]. 中国矿业大学学报，2004，33(5)：504-508.
[27] 窦林名，何学秋，王恩元. 冲击矿压预测的电磁辐射技术及应用[J]. 煤炭学报，2004，29(4)：396-399.
[28] 窦林名，许家林，陆菜平，等. 离层注浆控制冲击矿压危险机理探讨[J]. 中国矿业大学学报，2004，33(2)：145-149.
[29] 窦林名，陆菜平，牟宗龙，等. 冲击矿压的强度弱化减冲理论及其应用[J]. 煤炭学报，2005，30(6)：690-694.
[30] 窦林名，陆菜平，牟宗龙，等. 煤岩体的强度弱化减冲理论[J]. 河南理工大学学报，2005，24(3)：169-175.
[31] 窦林名，何学秋. 煤矿冲击矿压的分级预测研究[J]. 中国矿业大学学报，2007，36(6)：717-722.
[32] 窦林名，杨增强，丁小敏，等. 高压射流割煤技术在防治冲击地压中的应用[J]. 煤炭科学技术，2013，41(6)：10-13.
[33] 窦林名，陆菜平，牟宗龙，等. 煤矿围岩控制及监测技术[M]. 徐州：中国矿业大学出版社，2014.
[34] 窦林名，牟宗龙，陆菜平，等. 采矿地球物理理论与技术[M]. 北京：科学出版社 2014.
[35] 窦林名，巩思园，刘鹏，等. 矿震冲击灾害远程在线预警平台[J]. 煤炭科学技术，2015，43(6)：48-53.
[36] 窦林名，曹安业，巩思园，等. 采矿地球物理学矿山震动[M]. 徐州：中国矿业大学出版社，2016.
[37] 窦林名，李振雷，张敏. 煤矿冲击地压灾害监测预警技术研究[J]. 煤炭科学技术，2016，44(7)：41-46.
[38] 窦林名，姜耀东，曹安业，等. 煤矿冲击矿压动静载的“应力场-震动波场”监测预警技术

[J]. 岩石力学与工程学报,2017,36(4):803-811.
[39] 窦林名,牟宗龙,曹安业,等. 煤矿冲击矿压防治[M]. 北京:科学出版社,2017.
[40] 冯龙飞,窦林名,武光辉,等. 厚煤层巷道冲击矿压的强矿震诱发机制与防治[J]. 煤矿安全,2017,48(8):190-193.
[41] 巩思园,窦林名,马小平,等. 煤矿矿震定位中异向波速模型的构建与求解[J]. 地球物理学报,2012,55(5):1757-1763.
[42] 巩思园,窦林名. 煤矿冲击矿压震动波 CT 预测原理与技术[M]. 徐州:中国矿业大学出版社,2013.
[43] 郭晓强,窦林名,曹安业,等. 临空区回采巷道优化布置防冲技术研究及应用[J]. 湖南科技大学学报(自然科学版),2014,29(2):6-13.
[44] 国家安全生产监督管理总局,国家煤矿安全监察局. 煤矿安全规程[M]. 北京:煤炭工业出版社,2016.
[45] 国家煤矿安全监察局. 防治煤矿冲击地压细则[R]. 国家煤矿安全监察局科技装备司,2018.
[46] 何江,窦林名,蔡武,等. 薄煤层动静组合诱发冲击地压的机制[J]. 煤炭学报,2014,39(11):2177-2182.
[47] 何江,窦林名,王崧玮,等. 坚硬顶板诱发冲击矿压机理及类型研究[J]. 采矿与安全工程学报,2017,34(6):1122-1127.
[48] 何学秋,窦林名. 深部资源开采重大问题:岩爆冲击矿压防治研究[C]//中国国际安全生产论坛,北京,2002:539-542.
[49] 何学秋,窦林名,牟宗龙,等. 煤岩冲击动力灾害连续监测预警理论与技术[J]. 煤炭学报,2014,39(8):1485-1491.
[50] 贺虎,窦林名,巩思园,等. 冲击矿压的声发射监测技术研究[J]. 岩土力学,2011,32(4):1262-1268.
[51] 贺虎,窦林名,巩思园,等. 高构造应力区矿震规律研究[J]. 中国矿业大学学报,2011,40(1):7-13.
[52] 姜福兴,XUN L. 微震监测技术在矿井岩层破裂监测中的应用[J]. 岩土工程学报,2002,24(2):147-149.
[53] 姜福兴,XUN L,杨淑华. 采场覆岩空间破裂与采动应力场的微震探测研究[J]. 岩土工程学报,2003,25(1):23-25.
[54] 姜耀东,潘一山,姜福兴,等. 我国煤炭开采中的冲击地压机理和防治[J]. 煤炭学报,2014,39(2):205-213.
[55] 蒋金泉,毛仲玉,潘立友. 长壁工作面冲击地压发生的区域性与时间性[C]//佚名. 第六届全国岩石动力学学术会议文集,出版者不详:出版地不详,1998.
[56] 解嘉豪,窦林名,张敏,等. 工作面强矿震事件的震动波 CT 时空预测技术[J]. 煤矿安全,2017,48(6):79-82.
[57] 井广成,曹安业,窦林名,等. 煤矿褶皱构造区冲击矿压震源机制[J]. 煤炭学报,2017,42(1):203-211.
[58] 李慧民,李振雷,何荣军,等. 基于粒子群算法和 BP 神经网络的冲击危险性评估[J]. 采

矿与安全工程学报,2014,31(2):203-207.
[59] 李铁,冀林旺,左艳,等.预测较强矿震的地震学方法探讨[J].东北地震研究,2003,19(1):53-59.
[60] 李振雷,窦林名,蔡武,等.深部厚煤层断层煤柱型冲击矿压机制研究[J].岩石力学与工程学报,2013,32(2):333-342.
[61] 李振雷,窦林名,王桂峰,等.坚硬顶板孤岛煤柱工作面冲击特征及机制分析[J].采矿与安全工程学报,2014,31(4):519-524.
[62] 李志华,窦林名,曹安业,等.采动影响下断层滑移诱发煤岩冲击机理[J].煤炭学报,2011,36(增刊1):68-73.
[63] 刘海顺,井广成,谢龙,等.微震信号随能量的变化特征:以张小楼井为例[J].采矿与安全工程学报,2018,35(2):316-323.
[64] 陆菜平,窦林名,吴兴荣,等.岩体微震监测的频谱分析与信号识别[J].岩土工程学报,2005,27(7):772-775.
[65] 陆菜平,窦林名.煤矿冲击矿压强度的弱化控制原理[M].徐州:中国矿业大学出版社,2012.
[66] 闵长江,卜凡启,周廷振,等.煤矿冲击矿压及防治技术[M].徐州:中国矿业大学出版社,1998.
[67] 牟宗龙,窦林名,李位民.顶板岩层诱发冲击矿压的机理[M].徐州:中国矿业大学出版社,2013.
[68] 牟宗龙,巩思园,刘广建,等.深部矿井冲击地压灾害防治研究[M].徐州:中国矿业大学出版社,2016.
[69] 牟宗龙,窦林名,曹安业,等采矿地球物理学基础[M].徐州:中国矿业大学出版社,2018.
[70] 潘立友,蒋宇静,李兴伟,等.煤层冲击地压的扩容理论[J].岩石力学与工程学报,2002,21(增2):2301-2303.
[71] 齐庆新,毛德兵,王永秀.冲击地压的非线性非连续特征[J].岩土力学,2003,24(增刊):575-579.
[72] 钱鸣高,刘听成.矿山压力及其控制[M].北京:煤炭工业出版社,1984.
[73] 钱鸣高,缪协兴,许家林,等.岩层控制的关键层理论[M].徐州:中国矿业大学出版社,2003.
[74] 钱鸣高,石平五,许家林.矿山压力与岩层控制[M].2版.徐州:中国矿业大学出版社,2010.
[75] 秦玉红,窦林名,牟宗龙.义马千秋煤矿冲击地压危险性分析[J].贵州工业大学学报(自然科学版),2004,33(1):30-31.
[76] 沈威,窦林名,刘鹏,等.沿空掘巷应力动态变化规律研究[J].岩土力学,2016,37(增刊1):489-494.
[77] 唐春安.岩石破裂过程中的灾变[M].北京:煤炭工业出版社,1993.
[78] 万志军,刘长友,卫建清,等.煤层与顶板冲击倾向性研究[J].矿山压力与顶板管理,1999(3/4):208-210.

[79] 王桂峰，窦林名，巩思园．冲击矿压灾害综合防治新技术与装备[M]．徐州：中国矿业大学出版社，2014.

[80] 王桂峰，窦林名，李振雷，等．冲击矿压空间孕育机制及其微震特征分析[J]．采矿与安全工程学报，2014，31(1)：41-48.

[81] 王桂峰，窦林名，蔡武，等．冲击地压的不稳定能量触发机制研究[J]．中国矿业大学学报，2018，47(1)：190-196.

[82] 王凯兴，窦林名，潘一山，等．块系覆岩破坏对巷道顶板的防冲吸能效应研究[J]．中国矿业大学学报，2017，46(6)：1211-1217.

[83] 王来贵，黄润秋，张倬元，等．超前强扰诱发岩石力学系统失稳及其防灾意义的探讨[J]．自然灾害学报，1997，6(2)：55-59.

[84] 王淑坤．冲击地压机理[J]．岩石力学与工程学报，1996，15(增刊)：500-503.

[85] 王正义，窦林名，王桂峰．动载作用下圆形巷道锚杆支护结构破坏机理研究[J]．岩土工程学报，2015，37(10)：1901-1909.

[86] 王正义，窦林名，王桂峰，等．锚固巷道围岩结构动态响应规律研究[J]．中国矿业大学学报，2016，45(6)：1132-1140.

[87] 谢龙，窦林名，吕长国，等．不同侧压系数对动载诱发巷道底板冲击的影响[J]．采矿与安全工程学报，2013，30(2)：251-255.

[88] 徐学锋，窦林名，曹安业，等．覆岩结构对冲击矿压的影响及其微震监测[J]．采矿与安全工程学报，2011，28(1)：11-15.

[89] 徐学锋，窦林名，刘军，等．封闭柔性支护结构对底板冲击矿压的抑制机理[J]．采矿与安全工程学报，2014，31(5)：745-749.

[90] 杨增强，窦林名，刘畅，等．深井巷帮煤体冲击机理及水射流卸压技术应用[J]．采矿与安全工程学报，2017，34(4)：670-677，729.

[91] 姚精明，窦林名．采矿振动法在巷道顶板离层中的应用[J]．江苏煤炭，2004(1)：1-3.

[92] 袁亮，姜耀东，何学秋，等．煤矿典型动力灾害风险精准判识及监控预警关键技术研究进展[J]．煤炭学报，2018，43(2)：306-318.

[93] 张万斌，王淑坤，滕学军．我国冲击地压研究与防治的进展[J]．煤炭学报，1992，17(3)：27-36.

[94] 张晓春．冲击矿压的时间相关性研究[D]．徐州：中国矿业大学，2000.

[95] 朱广安，窦林名，刘阳，等．深埋复杂不规则孤岛工作面冲击矿压机制研究[J]．采矿与安全工程学报，2016，33(4)：630-635.

[96] 朱广安，窦林名，刘阳，等．采动影响下断层滑移失稳的动力学分析及数值模拟[J]．中国矿业大学学报，2016，45(1)：27-33.

[97] CAI W，DOU L M，HE J，et al. Mechanical genesis of Henan（China） Yima thrust nappe structure[J]. Journal of Central South University，2014，21(7)：2857-2865.

[98] CAI W，DOU L M，CAO A Y，et al. Application of seismic velocity tomography in underground coal mines：a case study of Yima mining area，Henan，China[J]. Journal of applied geophysics，2014，109：140-149.

[99] CAI W，DOU L M，GONG S Y，et al. Quantitative analysis of seismic velocity tomography

in rock burst hazard assessment[J]. Natural hazards,2015,75(3):2453-2465.

[100] CAI W,DOU L M,LI Z L,et al. Mechanical initiation and propagation mechanism of a thrust fault:a case study of the Yima section of the Xiashi-Yima thrust(north side of the eastern Qinling orogen,China)[J]. Rock mechanics and rock engineering, 2015,48(5):1927-1945.

[101] CAI W,DOU L M,SI G Y,et al. A principal component analysis/fuzzy comprehensive evaluation model for coal burst liability assessment[J]. International journal of rock mechanics and mining sciences,2016,81:62-69.

[102] CAI W,DOU L M,JU Y,et al. A plastic strain-based damage model for heterogeneous coal using cohesion and dilation angle[J]. International journal of rock mechanics and mining sciences,2018,110:151-160.

[103] CAI W,DOU L M,ZHANG M,et al. A fuzzy comprehensive evaluation methodology for rock burst forecasting using microseismic monitoring[J]. Tunnelling and underground space technology,2018,80:232-245.

[104] CAI W,DOU L M,SI G Y,et al. A new seismic-based strain energy methodology for coal burst forecasting in underground coal mines[J]. International journal of rock mechanics and mining sciences,2019,123:104086.

[105] CAO A Y,DOU L M,LUO X,et al. Seismic effort of blasting wave transmitted in coal-rock mass associated with mining operation[J]. Journal of Central South University,2012,19(9):2604-2610.

[106] CAO A Y,DOU L M,CAI W,et al. Case study of seismic hazard assessment in underground coal mining using passive tomography[J]. International journal of rock mechanics and mining sciences,2015,78:1-9.

[107] CAO A Y,DOU L M,CAI W,et al. Tomographic imaging of high seismic activities in underground island longwall face[J]. Arabian journal of geosciences,2016,9(3): 1-10.

[108] CAO A Y,DOU L M,WANG C B,et al. Microseismic precursory characteristics of rock burst hazard in mining areas near a large residual coal pillar:a case study from xuzhuang coal mine,Xuzhou,China[J]. Rock mechanics and rock engineering,2016, 49(11):4407-4422.

[109] CHEN F,CAO A Y,DOU L M,et al. A quantitative evaluation method of coal burst hazard based on zone division and an analytic hierarchy process:a case study on Yanbei coal mine,Gansu province,China[J]. Geosciences journal,2019,23(5): 833-848.

[110] CHEN T J,MUKERJI T,DOU L M. A correlation radius estimate between in-panel faults and high-stress areas using Monte Carlo simulation and point process statistics[J]. International journal of coal geology,2017,175:51-62.

[111] DOU L M. Modyfikacja klasyfikacji stanow zagrozania tapaniami w kopalniach wegla [D]. Katowicac:University of Silesia,1998.

[112] DOU L M, HE X Q, WANG E Y, et al. Monitoring over the mobility of the tunnel's surrounding rocks[J]. Zeszyty naukowe politechniki slaskiej, 2000, 246: 377-384.
[113] DOU L M, WANG B. Risk evaluation of rock burst by use of a numerical simulation method[M]//Roselyn T M S. Computer Applications in the Minerals Industries, Rotterdam: A A Balkema Publishers, 2001.
[114] DOU L M, Drzezla B, Kolodzejczyk P. Analysis effect of shock failure and its applications[C]//Mine Planning and Equipment Selection, Ostrava, Czech, 2002: 133-137.
[115] DOU L M, XU F J, ZHANG X F. EME rockburst monitoring in coal mine Huafeng[C]// International Scientific-Technical Symposium Rockburst, Ustron, 2002: 261-267.
[116] DOU L M, QIN Y H, MU Z L. Environmental of mining in China and control measures[M]//ECDR SINGHAL. Mine Planning and Equipment Selection, Rotterdam: A A Balkema Publishers, 2004: 779-782.
[117] DOU L M, CHEN T J, GONG S Y, et al. Rockburst hazard determination by using computed tomography technology in deep workface[J]. Safety science, 2012, 50(4): 736-740.
[118] DOU L M, HE X Q, HE H, et al. Spatial structure evolution of overlying strata and inducing mechanism of rockburst in coal mine [J]. Transactions of Nonferrous Metals Society of China, 2014, 24(4): 1255-1261.
[119] GONGS Y, DOU L M, MA X P, et al. Study on the improvement of the microseismic network configuration for San He-Jian coal mine[J]. Procedia engineering, 2011, 26: 1398-1405.
[120] GONG S Y, LI J, JU F, et al. Passive seismic tomography for rockburst risk identification based on adaptive-grid method[J]. Tunnelling and underground space technology, 2019, 86: 198-208.
[121] HE H, DOU L M, LI X W, et al. Active velocity tomography for assessing rock burst hazards in a kilometer deep mine[J]. Mining science and technology (China), 2011, 21(5): 673-676.
[122] HE H, DOU L M, FAN J, et al. Deep-hole directional fracturing of thick hard roof for rockburst prevention[J]. Tunnelling and underground space technology, 2012, 32: 34-43.
[123] HE H, DOU L M, GONG S Y, et al. Microseismic and electromagnetic coupling method for coal bump risk assessment based on dynamic static energy principles[J]. Safety science, 2019, 114: 30-39.
[124] HE J, DOU L M, CAO A Y, et al. Rock burst induced by roof breakage and its prevention[J]. Journal of Central South University, 2012, 19(4): 1086-1091.
[125] HE J, DOU L M. Gradient principle of horizontal stress inducing rock burst in coal mine[J]. Journal of Central South University, 2012, 19(10): 2926-2932.
[126] HE J, DOU L M, CAI W, et al. In situ test study of characteristics of coal mining

dynamic load[J/OL]. Shock and vibration, 2015, 2015: 1-8[2015-01-27]. http://dx.doi.org/10.1155/2015/121053.

[127] HE J, DOU L M, MU Z L, et al. Numerical simulation study on hard-thick roof inducing rock burst in coal mine[J]. Journal of Central South University, 2016, 23(9): 2314-2320.

[128] HE J, DOU L M, GONG S Y, et al. Rock burst assessment and prediction by dynamic and static stress analysis based on micro-seismic monitoring[J]. International journal of rock mechanics and mining sciences, 2017, 93: 46-53.

[129] KLECZK Z. Geomechanika gornicza[M]. Katowice: Slaskie Wydawnictwo Techniczne, 1994.

[130] KONOPKO W. Doswiadczalne podstawy kwalifikowania wyrobisk gorniczych w kopalniach wegla kamiennego do stopni zagrozenia tapaniami. Katowice[J]. Prace Naukowe GIG, 1994, 795: 81-93.

[131] KORNOWSKI J. Podstawy aktywnych sejsmoakustycznych metod oceny zagrozenia lokalnym zniszczeniem gorotworu[J]. Praca Naukowe GIG, 1994, 793: 35-46.

[132] LID P, DOU L M, LU C P, et al. Nakamura spectral ratio characteristics of microseism signal induced by relieve-shot[J]. Procedia engineering, 2011, 26: 1296-1304.

[133] LIU H S, DUN C C, DOU L M, et al. Theoretical analysis of magnetic sensor output voltage[J]. Journal of magnetism and magnetic materials, 2011, 323(12): 1667-1670.

[134] LIU Z T, HE X Q, WANG E Y, et al. The fractal rule of AE during the deformation and fracture of coal or rock[J]. Zeszyty naukowe politechniki slaskiej, 2000, 246: 561-568.

[135] LI X Y, ZHANG X F, DOU L M. Research and practice of EME monitoring rock burst[C]//The Proceedings of the 2nd International Conference, 2002: 491-494.

[136] LI Z L, DOU L M, CAI W, et al. Investigation and analysis of the rock burst mechanism induced within fault-pillars[J]. International journal of rock mechanics and mining sciences, 2014, 70: 192-000.

[137] LI Z L, DOU L M, WANG G F, et al. Risk evaluation of rock burst through theory of static and dynamic stresses superposition[J]. Journal of Central South University, 2015, 22(2): 676-683.

[138] LI Z L, DOU LM, CAI W, et al. Roadway stagger layout for effective control of gob-side rock bursts in the longwall mining of a thick coal seam[J]. Rock mechanics and rock engineering, 2016, 49(2): 621-629.

[139] LI Z L, HE X Q, DOU L M, et al. Comparison of rockburst occurrence during extraction of thick coal seams using top-coal caving versus slicing mining methods[J]. Canadian geotechnical journal, 2018, 55: 1433-1450.

[140] LI Z L, HE X Q, DOU L M, et al. Numerical investigation of load shedding and rockburst reduction effects of top-coal caving mining in thick coal seams[J]. International journal of rock mechanics and mining sciences, 2018, 110: 266-278.

[141] LI Z L, HE X Q, DOU L M, et al. Rockburst occurrences and microseismicity in a longwall panel experiencing frequent rockbursts[J]. Geosciences journal, 2018, 22(4):623-639.
[142] LU C P, DOU L M, LIU B, et al. Microseismic low-frequency precursor effect of bursting failure of coal and rock[J]. Journal of applied geophysics, 2012, 79:55-63.
[143] LU C P, DOU L M, LIU H, et al. Case study on microseismic effect of coal and gas outburst process[J]. International journal of rock mechanics and mining sciences, 2012, 53:101-110.
[144] LU C P, DOU L M, ZHANG N, et al. Microseismic frequency-spectrum evolutionary rule of rockburst triggered by roof fall[J]. International journal of rock mechanics and mining sciences, 2013, 64:6-16.
[145] LU C P, DOU L M. The relationship between vertical stress gradient, seismic, and electromagnetic emission signals at Sanhejian coal mine, China[J]. International journal of rock mechanics and mining sciences, 2014, 70:90-100.
[146] LU C P, DOU L M, ZHANG N, et al. Microseismic and acoustic emission effect on gas outburst hazard triggered by shock wave: a case study[J]. Natural hazards, 2014, 73(3):1715-1731.
[147] MARCAK H, ZUBEREK W M. Geofizyka gornicza[M]. Katowice: SWT Press, 1994.
[148] SHEN W, DOU L M, HE H, et al. Rock burst assessment in multi-seam mining: a case study[J]. Arabian journal of geosciences, 2017, 10(8):1-11.
[149] SHEN W, DOU L M, HE H. Mechanical and coal burst breeding mechanism of coal samples under true triaxial loading and unloading[J/OL]. Advances in civil engineering, 2019, 2019:1-15[2019-11-11]. https://doi.org/10.1155/2019/6050975.
[150] WANG G F, GONG S Y, LI Z L, et al. Evolution of stress concentration and energy release before rock bursts: two case studies from Xingan coal mine, Hegang, China [J]. Rock mechanics and rock engineering, 2016, 49(8):3393-3401.
[151] WANG G F, GONG S Y, DOU L M, et al. Rockburst characteristics in syncline regions and microseismic precursors based on energy density clouds[J]. Tunnelling and underground space technology, 2018, 81:83-93.
[152] WANG G F, YUAN X Y, GONG S Y, et al. Understanding rockburst-generating behaviors and associated seismicity by using a spatial calculation methodology with an energy density index[J/OL]. Mathematical problems in engineering, 2018, 2018: 1-10[2018-11-13]. https://doi.org/10.1155/2018/6128368.
[153] WANG G F, GONG S Y, DOU L M, et al. A novel experimental technique to simulate shock behaviour and bursting failure of roadways[J/OL]. Shock and vibration, 2019, 2019: 1-13[2019-11-20]. https://doi.org/10.1155/2019/9395354.
[154] WANG G F, GONG S Y, DOU L M, et al. Behaviour and bursting failure of roadways based on a pendulum impact test facility[J]. Tunnelling and underground space technology, 2019, 92:103042.

[155] WANG G F,JIN F,GONG S Y,et al. Generating behaviors of strong tremors and experimental study of rockburst-triggering criterion[J/OL]. Shock and vibration, 2019,2019:1-12[2019-06-18]. https://doi. org/10. 1155/2019/6319612.

[156] WANG H M,DOU L M,CAI Q X,et al. Research on dynamic prevention of rock burst in Sanhejian coal mine[C]//Progress in safety science and technology, Shanghai,2004:419-424.

[157] WANG L H,CAO A Y,DOU L M,et al. Numerical simulation on failure effect of mining-induced dynamic loading and its influential factors[J]. Safety science,2019, 113:372-381.

[158] WANG S C,DOU L M,MU Z L,et al. Study on roof breakage-induced roadway coal burst in an extrathick steeply inclined coal seam[J/OL]. Shock and vibration,2019, 2019:1-14[2019-10-30]. https://doi. org/10. 1155/2019/2969483.

[159] WANG Z Y,DOU L M,XIE J H,et al. Dynamic analysis of roadway support of rockburst in coal mine[J]. Electronic journal of geotechnical engineering, 2016, 21(25):9995-10015.

[160] WANG Z Y,DOU L M,WANG G F,et al. Resisting impact mechanical analysis of an anchored roadway supporting structure under P-wave loading and its application in rock burst prevention[J]. Arabian journal of geosciences,2018,11(5):81.

[161] WANG Z Y,DOU L M,WANG G F. Mechanism analysis of roadway rockbursts induced by dynamic mining loading and its application[J]. Energies,2018,11(9):2313.

[162] WANG Z Y,DOU L M,WANG G F. Coal burst induced by horizontal section mining of a steeply inclined,extra-thick coal seam and its prevention:a case study from Yaojie No. 3 coal mine,China[J/OL]. Shock and vibration,2019,2019:1-13 [2019-02-26]. https://doi. org/10. 1155/2019/8469019.

[163] WU X Q,DOU L M,LU C G,et al. Research on pressure-relief effort of mining upper-protective seam on protected seam[J]. Procedia engineering,2011,26:1089-1096.

[164] YANG W M,LIU H S,DUN C C,et al. Variations of the effective magnetostriction with annealing conditions for nanocrystalline magnetic alloys[J]. Journal of low temperature physics,2011,164:272-278.

[165] YANG Z Q,LIU C,DONG Y,et al. Study on properties of grouting materials and reinforcement effect in coal roadways influenced by dynamic pressure[J]. Geotechnical and geological engineering,2019,37:3329-3342.

[166] YANG Z Q,LIU C,ZHU H Z,et al. Mechanism of rock burst caused by fracture of key strata during irregular working face mining and its prevention methods[J]. International journal of mining science and technology,2019,29(6):889-897.

[167] YAO J M,DOU L M. Rock burst mechanism and measurement of controlling rock burst in coal mining roadway[C]//Progress in safety science and technology, Shanghai,2004:562-567.

[168] ZHU G A,DOU L M,CAI W,et al. Case study of passive seismic velocity

tomography in rock burst hazard assessment during underground coal entry excavation[J]. Rock mechanics and rock engineering,2016,49(12):4945-4955.
[169] ZHU G A,DOU L M,LI Z L,et al. Mining-induced stress changes and rock burst control in a variable-thickness coal seam[J]. Arabian journal of geosciences,2016,9(5):1-12.
[170] ZHU G A,DOU L M,CAO A Y,et al. Assessment and analysis of strata movement with special reference to rock burst mechanism in island longwall panel[J]. Journal of Central South University,2017,24:2951-2960.
[171] ZHU G A,DOU L M,WANG C B,et al. Experimental study of rock burst in coal samples under overstress and true-triaxial unloading through passive velocity tomography[J]. Safety science,2019,117:388-403.
[172] ZHU G G,DOU L M,WANG C B,et al. Numerical investigation of the evolution of overlying strata and distribution of static and dynamic loads in a deep island coal panel[J]. Arabian journal of geosciences,2017,10(24):1-22.